创新型计算机精品教材

中文版
3ds Max 动画制作案例教程

主审 李家华
主编 蔡 娟 刘 馨 潘奕奕

航空工业出版社
北京

内 容 提 要

本书以理论知识必需、够用为原则，采用项目任务式结构，系统、详细地介绍了使用 3ds Max 2022 制作三维动画的基础知识和技巧。本书分为九个项目，分别为走进三维世界，开启建模之旅，向高级建模进阶，用材质和贴图表现物体的质感，玩转摄影机、灯光和渲染，领略动画制作的魅力，制作炫酷的动画特效，制作逼真的角色动画，通过实战锤炼过硬本领。

本书结构合理，内容实用，体例新颖，模块丰富，讲解详细，并且注重培养学生的实践能力，可作为各类学校数字媒体艺术设计、动画、游戏创意设计等专业及其他相关专业的教材。

图书在版编目（CIP）数据

中文版3ds Max动画制作案例教程 / 蔡娟，刘馨，潘奕奕主编. -- 北京 : 航空工业出版社，2025.1
ISBN 978-7-5165-3718-3

Ⅰ．①中⋯ Ⅱ．①蔡⋯ ②刘⋯ ③潘⋯ Ⅲ．①三维动画软件 Ⅳ．①TP391.414

中国国家版本馆CIP数据核字(2024)第059290号

中文版3ds Max动画制作案例教程
Zhongwenban 3ds Max Donghua Zhizuo Anli Jiaocheng

航空工业出版社出版发行
（北京市朝阳区京顺路5号曙光大厦C座四层　100028）
发行部电话：010-85672666　010-85672683

北京同文印刷有限责任公司印刷	全国各地新华书店经售
2025年1月第1版	2025年1月第1次印刷
开本：889×1194　1/16	字数：432千字
印张：16.5	定价：69.80元

前言 PREFACE

随着科技的快速发展，三维动画的应用领域越来越广泛，并且在室内设计、建筑设计、影视动画制作、游戏开发、产品外观设计等领域的应用也在不断深化和拓展。学习三维动画不仅可以提升个人的技能水平，还可以为个人的职业发展带来更多的机会。

3ds Max 是 Autodesk 公司推出的一款三维图形设计与动画制作软件，具有强大的三维建模、动画制作和渲染功能，并且操作简单、容易上手，是制作三维动画的常用软件之一。为了培养学生使用 3ds Max 独立制作三维动画的能力，编者精心编写了本书。

本书具有以下特色。

1. 育人为本，德技并修

为积极贯彻党的二十大精神，全面践行立德树人、德技并修的育人理念，本书每个项目首页设有"素质目标"，引导学生在学习知识和技能的过程中提升个人的综合素养；正文中设有"素养提升""以艺载道"模块，引导学生成为精益求精、追求卓越的行动者，同时增强学生的文化自信。

2. 校企合作，职业引领

为了突出本书的实用性和适用性，帮助学生实现从校园到企业的平稳过渡，编者在编写本书时，走访了多家设计公司，并且与动画制作人员就其在工作中遇到的问题进行了深入交流，最后结合企业对人才的基本素质和能力要求，确定了本书的结构和各项目的比重。此外，本书中的部分案例由编者走访的设计公司提供。

3. 体例新颖，内容实用

本书采用项目任务式结构，每个项目分为多个任务，除项目九外，每个任务均由"任务描述""理论知识""任务实施"3 个部分组成，部分任务后还设有"经验之谈"。

- ★ **任务描述**：概括介绍本任务的知识点，让学生在开始学习本任务前，对本任务的内容有大致的了解。
- ★ **理论知识**：以理论知识必需、够用为原则，围绕 3ds Max 的功能，介绍每个任务所涉及的知识，并且只讲解 3ds Max 中最常用的功能，让读者在最短的时间内掌握软件的功能。
- ★ **任务实施**：以应用为主线，通过详细讲解一个或多个案例，让学生将所学的理论知识应用到实践中，加深学生对理论知识的理解，提高学生的实践能力和创新能力。为了突出本书的实用性并且方便教师教学，本书中的案例均由编者精心设计，具有操作简单、针对性强、设计精美、符合实际应用等特点。
- ★ **经验之谈**：主要介绍一些三维动画制作技巧和行业的常规操作方法，旨在帮助读者提高学习效率，开拓读者的视野。

4. 讲解详细，易教易学

本书每个任务中的案例与本任务的理论知识紧密结合，项目九中的综合案例为全书知识点的综合应用，这些案例的操作步骤非常详细，并且配有相应的操作图和"答疑解惑""知识库"等模块，既方便教师教学，也方便学生自主学习。

5. 平台支撑，资源丰富

本书提供了丰富的数字资源，读者既可以借助手机或其他移动设备扫描二维码观看微课视频，也可以登录文旌综合教育平台"文旌课堂"查看和下载本书配套资源，如课件、微课、教案、素材与实例等。读者在使用本书的过程中有任何疑问，都可以在该平台上寻求帮助。

本书由李家华担任主审，蔡娟、刘馨、潘变变担任主编，陈君、李琳琳、刘斌、陈晶晶、龚永华、张广东担任副主编。

在编写本书的过程中，编者参考了大量资料并引用了部分图片。这些资料大部分已获授权，但由于部分资料来自网络，我们未能确认出处，暂时也无法联系到原作者。对此，我们深表歉意，欢迎原作者随时与我们联系，我们将按规定支付稿酬。

由于编者水平有限，书中难免存在疏漏与不妥之处，诚请广大读者批评指正。

本书配套资源下载网址和联系方式

- 网址：https://www.wenjingketang.com
- 电话：400-117-9835
- 邮箱：book@wenjingketang.com

目 录
CONTENTS

项目一 走进三维世界 1

知识目标 1
素质目标 1
任务一　认识3ds Max 2
　　任务描述 2
　　一、3ds Max的应用场景 2
　　二、3ds Max的操作界面 3
　　三、文件的基本操作 6
　　任务实施　查看卡通小屋模型——视图的基本操作 8
　　经验之谈——打开文件时出现对话框该怎么办 10
任务二　掌握对象的基本操作 11
　　任务描述 11
　　一、选择和移动对象 11
　　二、旋转、缩放和对齐对象 12
　　三、克隆和镜像对象 15
　　四、隐藏、取消隐藏、冻结和解冻对象 16
　　任务实施　创建木箱模型——对象的基本操作 16
任务三　熟悉三维动画的制作流程 19
　　任务描述 19
　　一、创建三维模型 19
　　二、创建材质并将其赋予模型 19

CONTENTS

  三、布置灯光 …………………………………… 20
  四、创建摄影机 ………………………………… 20
  五、制作动画 …………………………………… 20
  六、渲染输出场景和动画 ……………………… 20
  任务实施　制作投篮动画——三维动画的制作流程 …… 21
  经验之谈——怎样学好本门课程 ……………… 26

项目自测 …………………………………………… 26
  自测习题一　搭建卡通商铺场景 …………… 26
  自测习题二　制作汽车行驶动画 …………… 27

项目二　开启建模之旅 …………………… 28

知识目标 …………………………………………… 28
素质目标 …………………………………………… 28

任务一　利用基本体建模 ………………………… 29
  任务描述 ………………………………………… 29
  一、标准基本体 ………………………………… 29
  二、扩展基本体 ………………………………… 29
  三、布尔操作 …………………………………… 29
  任务实施一　创建路灯模型——标准基本体和布尔操作 …… 30
  任务实施二　创建小桥模型——扩展基本体 …… 35

任务二　利用样条线建模 ………………………… 39
  任务描述 ………………………………………… 39
  一、绘制样条线 ………………………………… 39
  二、编辑样条线 ………………………………… 41
  任务实施　创建花架模型——线和矩形 …… 42
  经验之谈——怎样参照设计图建模 …………… 46

任务三　利用修改器建模 ………………………… 47
  任务描述 ………………………………………… 47
  一、利用修改器建模的方法 …………………… 47
  二、常用修改器的主要功能 …………………… 48
  任务实施一　创建挂物架模型——"弯曲"修改器
       和"晶格"修改器 …………… 51

目录

　　　任务实施二　创建葡萄酒桶模型——"锥化"修改器
　　　　　　　　和FFD修改器 …………………………… 54
　　　任务实施三　创建牌匾模型——"倒角"修改器
　　　　　　　　和"挤出"修改器 ……………………… 56
　　　任务实施四　创建台灯模型——"车削"修改器 ……… 58
　项目自测 ……………………………………………………… 62
　　　自测习题一　创建冰激凌模型 ……………………… 62
　　　自测习题二　创建象棋模型 ………………………… 62
　　　自测习题三　创建飞机轮胎模型 …………………… 63
　　　自测习题四　创建贝斯模型 ………………………… 63

项目三
向高级建模进阶 ……………………………… 65

　知识目标 ……………………………………………………… 65
　素质目标 ……………………………………………………… 65
　任务一　多边形建模 ………………………………………… 66
　　　任务描述 ………………………………………………… 66
　　　一、多边形建模的流程 ………………………………… 66
　　　二、转换为可编辑多边形对象 ………………………… 67
　　　三、选择子对象的方法 ………………………… 67
　　　四、编辑多边形对象的常用命令 ………………………… 69
　　　任务实施一　创建保温杯模型——多边形建模 ……… 73
　　　任务实施二　创建蘑菇屋模型——多边形建模 ……… 77
　任务二　NURBS建模 ………………………………………… 82
　　　任务描述 ………………………………………………… 82
　　　一、NURBS建模的方法 ………………………………… 82
　　　二、NURBS曲线和曲面 ………………………………… 83
　　　三、编辑NURBS对象的常用命令 ……………………… 83
　　　任务实施　创建桌布模型——NURBS建模 …………… 85
　　　经验之谈——关于低模和高模的那些事 …………… 87
　项目自测 ……………………………………………………… 88
　　　自测习题一　创建插头模型 ………………………… 88
　　　自测习题二　创建果盘模型 ………………………… 88

Ⅲ

CONTENTS

项目四 用材质和贴图表现物体的质感 ········ 90

知识目标 ·· 90
素质目标 ·· 90

任务一 利用3ds Max材质和贴图表现物体的质感 ········ 91

任务描述 ·· 91
一、材质编辑器的功能 ··································· 91
二、常用材质的类型 ····································· 92
三、常用贴图的类型 ····································· 95
任务实施一 为雨伞模型创建材质——"双面"材质 ········ 97
任务实施二 为骑士剑模型创建材质——"多维/子对象"材质和环境贴图 ········ 99
任务实施三 为灯笼模型创建材质——"混合"材质 ········ 103
经验之谈——贴图被拉伸或贴图错位该如何解决 ········ 106

任务二 利用V-Ray材质表现物体的质感 ········ 108

任务描述 ·· 108
一、"VRayMtl"材质 ····································· 108
二、VRay_灯光材质 ····································· 109
任务实施一 为洗手池模型创建材质——"VRayMtl"材质 ········ 110
任务实施二 为浴室镜模型创建材质——"VRayMtl"材质和VRay_灯光材质 ········ 111
任务实施三 为戒指模型创建材质——"VRayMtl"材质和VRay_混合材质 ········ 112

项目自测 ·· 114

自测习题一 为画板模型创建材质 ··········· 114
自测习题二 为花瓶模型创建材质 ··········· 115
自测习题三 为沙发模型创建材质 ··········· 115

项目五
玩转摄影机、灯光和渲染 —————— 117

知识目标 ———————————————— 117
素质目标 ———————————————— 117

任务一　认识摄影机 ———————————— 118
  任务描述 ————————————————— 118
  一、摄影机的作用 ——————————————— 118
  二、三种常用摄影机 —————————————— 119
  任务实施一　在汽车行驶场景中创建摄影机
  　　　　　　——物理摄影机 ———————————— 121
  任务实施二　在长城场景中创建摄影机——目标摄影机 — 123

任务二　利用灯光提升视觉效果 ——————— 125
  任务描述 ————————————————— 125
  一、灯光的五个要素 —————————————— 125
  二、灯光的创建流程 —————————————— 126
  三、3ds Max内置的灯光 ———————————— 126
  四、VRay内置的灯光 —————————————— 128
  任务实施一　在音乐厅场景中创建灯光
  　　　　　　——目标平行光和目标聚光灯 ——————— 129
  任务实施二　在卧室场景中创建灯光——VRay太阳光 —— 131
  任务实施三　在林间小道场景中创建灯光
  　　　　　　——VRay灯光和泛光 ————————— 133

任务三　渲染场景并输出画面 ———————— 135
  任务描述 ————————————————— 135
  一、3ds Max内置的渲染器 ——————————— 136
  二、V-Ray渲染器 ——————————————— 136
  三、渲染设置 ————————————————— 141
  任务实施　渲染林间小道场景并输出
  　　　　　——V-Ray渲染器 ————————————— 142
  经验之谈——使用光子贴图加快渲染的进程 ——————— 143

CONTENTS

项目自测 ·········· 145
   自测习题一　在小木屋场景中创建摄影机并调试灯光 ········ 145
   自测习题二　在售货车场景中创建灯光并输出图像 ·········· 146

项目六
领略动画制作的魅力 ········ **148**

知识目标 ·········· 148
素质目标 ·········· 148

任务一　制作属性动画 ·········· 149
   任务描述 ·········· 149
   一、关键帧与关键点 ·········· 149
   二、轨迹视图 ·········· 149
   任务实施一　制作挂钟动画——属性动画 ·········· 150
   任务实施二　制作蝴蝶飞舞动画——属性动画 ·········· 152

任务二　制作摄影机动画和灯光动画 ·········· 154
   任务描述 ·········· 154
   一、摄影机动画 ·········· 154
   二、灯光动画 ·········· 155
   任务实施一　制作古街漫游动画——摄影机动画 ·········· 155
   任务实施二　制作海上日落动画——灯光动画 ·········· 157

任务三　利用修改器制作动画 ·········· 159
   任务描述 ·········· 159
   一、制作动画时的常用修改器 ·········· 160
   二、利用修改器制作动画的步骤 ·········· 161
   任务实施一　制作海面动画——"噪波"修改器 ·········· 162
   任务实施二　制作网球弹跳动画——"拉伸"修改器 ·········· 163
   任务实施三　制作人物表情动画——"变形器"修改器 ·········· 166
   经验之谈——实际应用中角色面部表情的操控方法 ·········· 169

目录

任务四 利用约束和控制器制作动画 …………… 170
 任务描述 …………………………………………… 170
 一、常用的约束 …………………………………… 170
 二、常用的控制器 ………………………………… 173
 任务实施一 制作眼神动画——注视约束 ……… 173
 任务实施二 制作山路行车动画——链接约束、
      路径约束和控制器 ……………… 176
项目自测 ……………………………………………… 179
 自测习题一 制作秋千动画 ……………………… 179
 自测习题二 制作水中游鱼动画 ………………… 180
 自测习题三 制作旋转木马动画 ………………… 181

项目七
制作炫酷的动画特效 …………… 183

知识目标 ………………………………………………… 183
素质目标 ………………………………………………… 183
任务一 制作粒子动画 ………………………………… 184
 任务描述 …………………………………………… 184
 一、创建粒子系统的方法 ………………………… 184
 二、常用的粒子系统及其功能 …………………… 184
 任务实施一 制作漫天飞雪动画——"雪"粒子系统 ……… 186
 任务实施二 制作海底气泡动画——"超级喷射"
      粒子系统 ………………………… 188
 任务实施三 制作火星迸发动画——"粒子流源"
      粒子系统 ………………………… 191

任务二 利用空间扭曲制作动画 …………………… 194
 任务描述 …………………………………………… 194
 一、力 ……………………………………………… 194
 二、导向器 ………………………………………… 196
 三、几何/可变形 …………………………………… 196

VII

CONTENTS

  任务实施一 制作水面涟漪动画——"涟漪"
       空间扭曲 ………………………………… 197
  任务实施二 制作喷泉喷水动画——"重力"
       和"导向板"空间扭曲 ……………… 200
项目自测 ………………………………………………… 203
  自测习题一 制作花瓣飞舞动画 ………………… 203
  自测习题二 制作茶壶倒水动画 ………………… 204

项目八
制作逼真的角色动画 ——— 205

知识目标 ………………………………………………… 205
素质目标 ………………………………………………… 205
任务一 创建骨骼和蒙皮 ………………………………… 206
  任务描述 ……………………………………………… 206
  一、骨骼和骨架 ……………………………………… 206
  二、蒙皮 ……………………………………………… 208
  三、权重 ……………………………………………… 208
  任务实施一 为人物模型创建骨骼——Biped ……… 209
  任务实施二 蒙皮并调整权重——"蒙皮"修改器 …… 212

任务二 制作角色动画 ………………………………… 215
  任务描述 ……………………………………………… 215
  一、按照足迹模式制作角色动画 …………………… 215
  二、按照传统模式制作动画 ………………………… 216
  任务实施一 制作人物行走动画——足迹模式 …… 217
  任务实施二 制作老鹰翱翔动画——传统模式 …… 220
  经验之谈——动作捕捉技术的应用 ………………… 223
项目自测 ………………………………………………… 224
  自测习题一 制作小蛇爬行动画 ………………… 224
  自测习题二 制作小男孩过马路动画 …………… 224

目录

项目九
通过实战锤炼过硬本领 ················ 225

知识目标 ··· 225
素质目标 ··· 225
任务一　制作产品展示动画——汽车展示动画 ········ 226

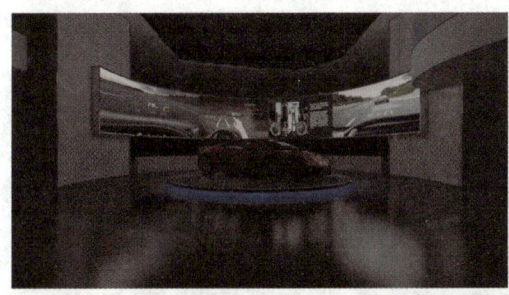 

 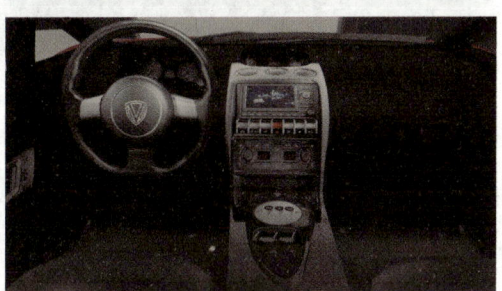

任务二　制作节日主题动画——端午节片头动画 ········ 234

CONTENTS

任务三　制作角色动画——推箱子动画 …………………… 241

参考文献 ………………………… **250**

项目一
走进三维世界

3ds Max 是 Autodesk 公司推出的一款集三维建模、渲染和动画制作于一体的三维图形设计软件，具有操作简单、容易上手等特点，是制作三维动画的常用软件之一。

本项目将通过介绍 3ds Max 的应用场景，操作界面，文件、视图和对象的基本操作，动画制作流程等内容，带领读者开启 3ds Max 的大门，走进三维世界。

知识目标

- 了解 3ds Max 的应用场景。
- 熟悉 3ds Max 的操作界面。
- 掌握文件、视图和对象的基本操作。
- 熟悉三维动画的制作流程。

素质目标

- 通过学习文件的基本操作，明白规范文件的名称并对文件进行归档的重要性，养成规范存储文件的良好习惯。
- 通过学习视图和对象的基本操作，明白"万丈高楼平地起"的道理，一步一个脚印，打好基础。

任务一 认识 3ds Max

【任务描述】

识人先识面，学习软件也是如此。本任务将先介绍 3ds Max 的应用场景，然后介绍 3ds Max 的操作界面和文件的基本操作。读者在初步熟悉 3ds Max 后通过上机操作，继续学习视图的基本操作，如切换视图的显示模式与切换、缩放、平移、旋转视图。

一、3ds Max 的应用场景

3ds Max 广泛应用于室内设计、建筑设计、影视动画制作、游戏开发、产品外观设计等领域。下面介绍 3ds Max 在这些领域中的具体应用。

（1）室内设计与建筑设计。3ds Max 拥有强大的三维建模和渲染功能，利用该软件可以创建各种复杂的模型，并且通过合理创建材质、灯光与设置渲染参数，可以使渲染输出的对象呈现出逼真的材质、纹理和光影效果。在室内设计和建筑设计领域，常用 3ds Max 制作室内效果图（见图 1-1-1）、建筑效果图、建筑漫游动画（见图 1-1-2）等。

图 1-1-1 室内效果图

图 1-1-2 建筑漫游动画效果截图

（2）影视动画制作。3ds Max 在影视动画领域也有不俗的表现，常用来搭建场景，与其他软件（如 ZBrush、Marvelous Designer 等）配合进行角色设计，制作摄影机动画、灯光动画、角色动画等。国产三维动画电影《西游记之大圣归来》《白蛇：缘起》《哪吒之魔童降世》《长安三万里》中的角色模型和场景都可以使用 3ds Max 和其他软件共同制作。图 1-1-3 和图 1-1-4 分别为《白蛇：缘起》和《长安三万里》画面截图。

（3）游戏开发。游戏画面的细腻程度与场景中模型的面数有关。在渲染设置和其他参数不变的情况下，模型的面数越多，画面越细腻。但是模型面数增多会增加渲染的负担，导致游戏运行缓慢甚至崩溃。在保证画面细腻程度的情况下，要使游戏在各种设备上都能够流畅地运行，就需要减少模型的面数。3ds Max 的优势在于可以与其他软件（如 ZBrush、BodyPaint 等）配合，在保证模型面数较少的前提下创建出复杂的模型。图 1-1-5 中精致的角色和生动的场景均可使用 3ds Max 和其他软件共同来制作。

图 1-1-3 《白蛇：缘起》画面截图

图 1-1-4 《长安三万里》画面截图

图 1-1-5 游戏画面截图

（4）产品外观设计。如今，同类产品在功能和质量方面的差距越来越小，企业为了能够在激烈的市场竞争中赢得一席之地，越来越重视产品的外观设计。企业在开发一款产品时，一般会要求设计部门先进行产品外观设计。设计人员常用 3ds Max 进行产品造型设计，然后为所创建的产品模型创建材质，并在场景中创建灯光。图 1-1-6 为使用 3ds Max 制作的产品外观设计图。

图 1-1-6 产品外观设计图

二、3ds Max 的操作界面

安装好 3ds Max 后，若是第一次打开该软件，则首先显示的是欢迎屏幕。将光标移至欢迎屏幕右上角的"语言"列表框处，该欢迎屏幕上会出现如图 1-1-7 所示的下拉列表，选择其中的"中文"选项，可将 3ds Max 的语言环境设为中文环境。设置好语言环境后，单击欢迎屏幕右上角的"关闭"按钮，可进入 3ds Max 的操作界面（见图 1-1-8）。

图 1-1-7 下拉列表

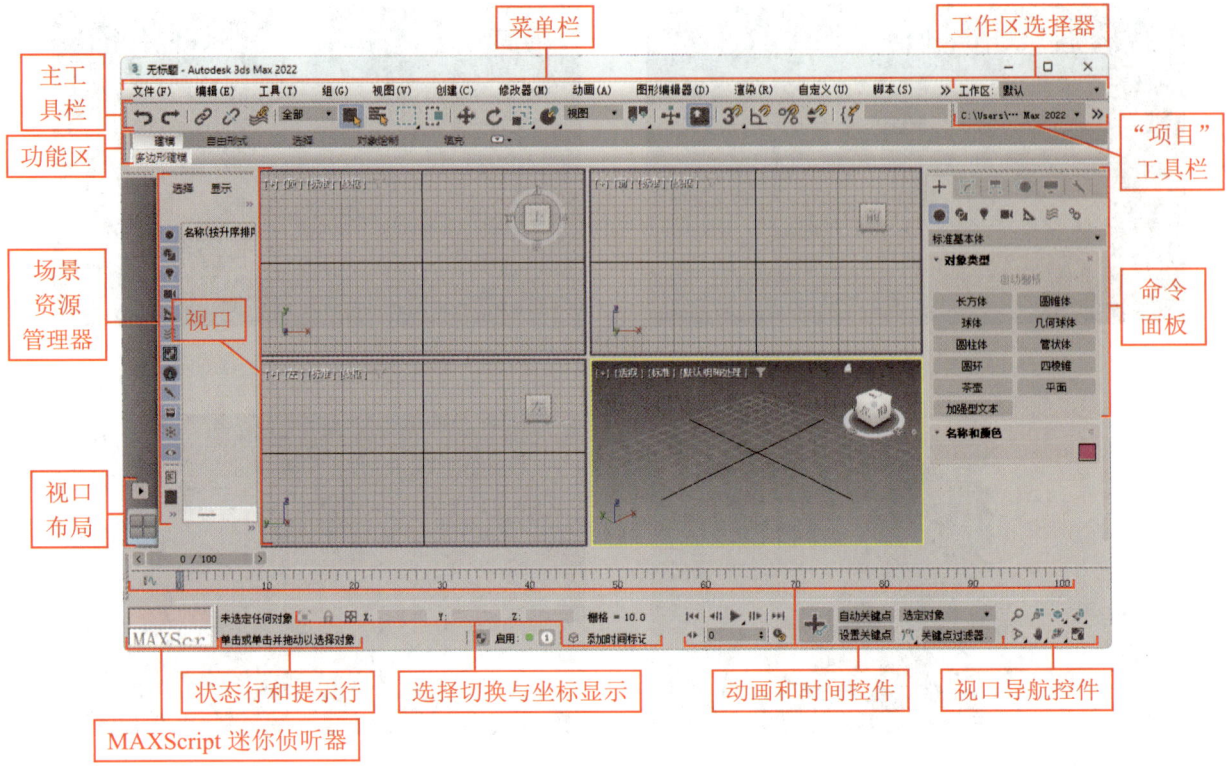

图 1-1-8　3ds Max 的操作界面

下面仅介绍 3ds Max 的操作界面中常用的组成部分。

（一）菜单栏和主工具栏

3ds Max 几乎所有的命令都集中在菜单栏和主工具栏中。其中，主工具栏用来放置一些常用的按钮，如"撤消""选择对象""选择并移动""选择并旋转""选择并均匀缩放"等。右下角有三角符号的按钮为弹出按钮，弹出按钮下隐藏着其他按钮。将光标移至弹出按钮上，然后按住左键，可显示该弹出按钮下的所有按钮，如图 1-1-9 所示。

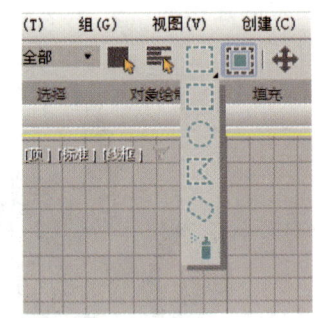

图 1-1-9　弹出按钮下的所有按钮

（二）功能区

功能区中的每个选项卡都包含许多面板，每个面板中都有许多命令。单击主工具栏中的"显示功能区"按钮，可隐藏或显示功能区。在不选中任何对象的情况下，"建模"选项卡"多边形建模"面板中的大多数命令为灰色；将模型转换为可编辑多边形对象后将其选中，"多边形建模"面板中的部分命令将被激活（见图 1-1-10），利用激活后的命令可对模型进行编辑。

（三）场景资源管理器

场景资源管理器（见图 1-1-11）包含了在场景中创建的所有对象（如基本体、样条线、灯光、摄影机等）的名称。单击场景资源管理器左侧的某个按钮，可隐藏或显示场景资源管理器中与该按钮对应的对象的名称；单击该面板中对象名称前、后的 、 图标，可隐藏（或显示）、冻结（或解冻）视口中与该图标对应的对象。此外，在场景资源管理器中选中某个对象的名称并右击，利用弹出的快捷菜单还可以对所选对象进行重命名、删除、隐藏、克隆等操作。

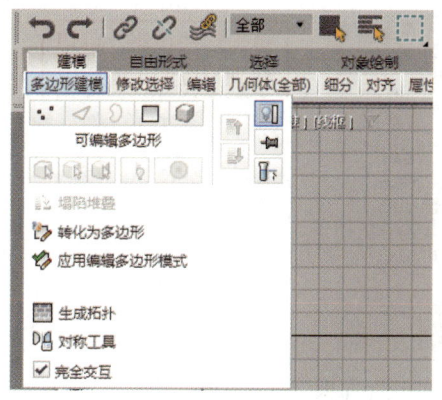

图 1-1-10 "多边形建模"面板中的命令被激活　　　图 1-1-11 场景资源管理器

（四）视口和视口布局

视口主要用于创建、编辑和观察场景中的对象。在默认状态下，3ds Max 会同时显示顶视图、前视图、左视图和透视图共 4 个视口，读者可根据需要对视口重新布局。对视口重新布局的常用方法有两种：① 单击视口布局中的"创建新的视口布局选项卡"按钮，在弹出的"标准视口布局"面板（见图 1-1-12）中选择所需选项；② 在某个视口中单击，以激活该视口，然后按空格键，在弹出的快捷菜单中选择"最大化视口"菜单项（见图 1-1-13），或者按"Alt+W"组合键，或者单击视口导航控件中的"最大化视口切换"按钮，均可将该视口最大化显示或在一个视口与多个视口间切换。

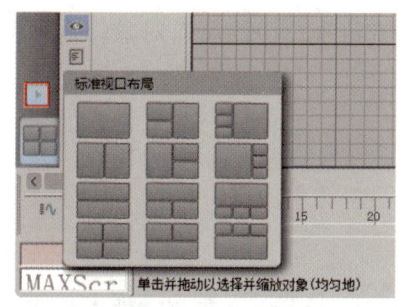

图 1-1-12 "标准视口布局"面板　　　图 1-1-13 选择"最大化视口"菜单项

> 将光标移至视口的交界线上，待光标变成 、 或 时按住左键并拖动鼠标，可调整各视口的面积。

（五）命令面板

命令面板由"创建""修改""层次""运动""显示""实用程序"6 个用户界面面板组成。"创建"面板（见图 1-1-14）中包含多个子面板，对象的创建和编辑大多是利用"创建"面板和"修改"面板中的命令来完成的。

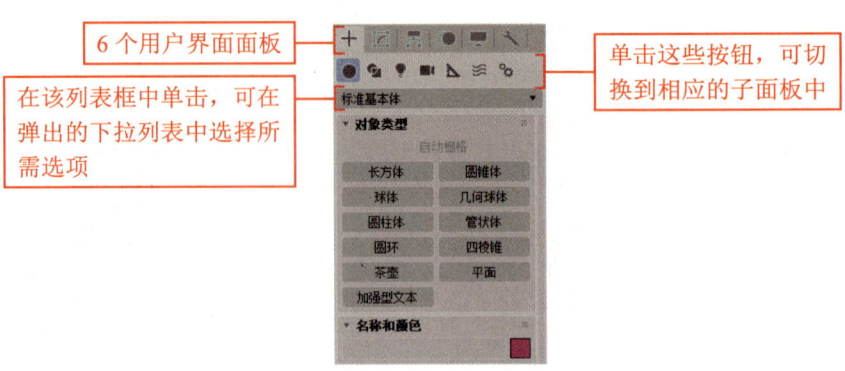

图 1-1-14 "创建"面板

（六）状态行和提示行

状态行位于提示行的上方，用于显示所选对象的类型和数量。未执行任何操作时，状态行显示"未选定任何对象"。提示行位于状态行的下方，是 3ds Max 根据当前光标的位置和正在执行的程序提醒用户如何操作的区域。

（七）动画和时间控件

动画和时间控件可以用来设置动画开始和结束的时间，设置和编辑关键点，控制动画的播放与暂停，等等。

（八）视口导航控件

利用视口导航控件中的按钮可缩放、平移和旋转视图，或者将视口中的所有对象、选中的对象最大化显示在某个视口或所有视口中。

三、文件的基本操作

（一）新建、打开和保存文件

（1）新建文件。启动 3ds Max 时，该软件会自动创建一个文件，用户可在该文件中建模、创建材质与灯光、制作动画等。如果用户想要新建文件，可选择"文件"→"新建"→"新建全部"菜单或按"Ctrl+N"组合键。

问："新建"命令与"重置"命令有何不同？

答：利用"新建"命令新建文件时，视口中的所有对象将被清除，但是不会更改软件的设置，如视口配置、捕捉设置、材质编辑器中的设置等。利用"重置"命令新建文件时，视口中的所有对象将被清除，软件的设置也会被重置，相当于重新打开了软件。

（2）打开文件。打开文件的常用方法有两种：① 选择"文件"→"打开"菜单或按"Ctrl+O"组合键，在弹出的"打开文件"对话框中选择要打开的文件并单击"打开"按钮；② 选中要打开的文件，然后按住左键并将其拖至 3ds Max 的视口中，接着释放左键，在弹出的快捷菜单（见图 1-1-15）中选择"打开文件"菜单项。

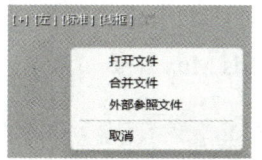

图 1-1-15　快捷菜单

知识库

图 1-1-15 中各菜单项的功能如下：

（1）打开文件：将当前选中的文件打开。

（2）合并文件：将当前选中的文件中的所有对象加载到当前场景中，并且可在该场景中直接编辑所加载的对象。

（3）外部参照文件：将当前选中的文件中的所有对象作为参照加载到当前场景中，但是在该场景中无法编辑所加载的对象。

（4）取消：取消当前操作。

（3）保存文件。选择"文件"→"保存"菜单或按"Ctrl+S"组合键，可保存当前文件。如果是首次保存某个文件，则执行"保存"命令后，软件会弹出"文件另存为"对话框，在该对话框中选择文件的储存位置并输入文件名，最后单击"保存"按钮即可。如果文件曾被保存，则执行"保存"命令后，软件会直接保存该文件，不会弹出"文件另存为"对话框。如果希望将保存过的文件以其他名称或路径储存，则可选择"文件"→"另存为"菜单或按"Shift+Ctrl+S"组合键。

答疑解惑

问：3ds Max 无响应或者计算机突然断电该怎么办？

答：如果 3ds Max 无响应或者计算机突然断电，读者可在计算机通电后，在"C 盘"→"用户"→"用户名称"→"文档"→"3ds Max 2022"→"autoback"文件夹中找到自己还没有来得及保存的文件。

默认情况下，3ds Max 每隔 5 分钟就会自动保存一次文件。选择"自定义"→"首选项"菜单，在打开的"首选项设置"对话框中选择"文件"选项卡，然后在"自动备份"设置区中可自定义文件备份的时间间隔。

（二）导出和导入文件

在实际工作中，有时需要将 3ds Max 中的对象导入其他软件中，或者将其他软件中的对象导入 3ds Max 中。3ds Max 在与其他软件配合使用时，经常需要导出、导入"fbx"或"obj"格式的文件。

（1）导出对象。选择"文件"→"导出"→"导出"菜单，然后在弹出的"选择要导出的文件"对话框中输入文件名称并选择文件的储存位置，在"保存类型"下拉列表中选择文件的格式（见图 1-1-16），接着单击"保存"按钮，在弹出的对话框中根据需要进行设置，最后单击"确定"或"导出"按钮，即可将对象导出。

（2）导入对象。选择"文件"→"导入"→"导入"菜单，在弹出的对话框中选择要导入的文件并单击"打开"按钮，在弹出的对话框中根据需要进行设置，最后单击"确定"或"导入"按钮，即可将所选文件中的对象导入 3ds Max 中。

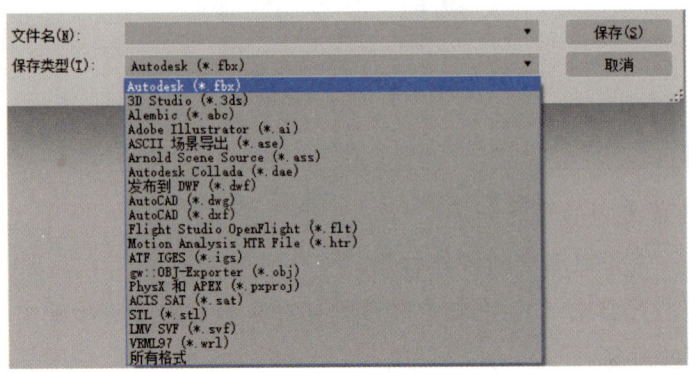

图 1-1-16　选择文件的格式

（三）文件归档

执行"归档"命令后，3ds Max 会自动创建一个压缩文件，其中包含场景文件及其引用的贴图、外部参照等。如果不对文件进行归档，那么再次打开该文件时，软件会因该文件所引用的其他文件的路径、名称已改变而提示用户找不到引用的其他文件。选择"文件"→"归档"菜单，在弹出的"文件归档"对话框中输入文件名称并选择文件的储存位置，最后单击"保存"按钮，即可对该文件进行归档。

> **素养提升**
>
> 　　没有规矩，不成方圆。在日常生活中，无论是个人还是集体，都要遵守一定的规则，以维护社会秩序。同理，在制作动画时，动画制作者也要遵守相应的规则。规范文件的名称和对文件进行归档就是遵守规则的重要体现。
> 　　一部优秀的动画作品是数名动画制作者分工合作、相互协调，并且经过多次修改和不断优化后完成的，涉及的文件和素材非常多。规范文件的名称并对文件进行归档，不仅能够有效避免文件丢失，还有助于动画制作者更好地与他人协同工作。读者在学习过程中，应养成规范存储文件的良好习惯。

任务实施　查看卡通小屋模型——视图的基本操作

在建模的过程中，为了更好地观察和编辑模型，经常需要切换视图的显示模式，切换视图，对视图进行缩放、平移、旋转。下面通过查看卡通小屋模型，学习切换视图的显示模式和切换、缩放、平移、旋转视图的具体操作。

步骤 1　打开素材文件。打开 3ds Max，将本书配套素材"素材与实例"→"项目一"→"卡通小屋"→"卡通小屋 .max"文件拖到视口中后释放左键，在弹出的快捷菜单中选择"打开文件"菜单项。

步骤 2　切换视图的显示模式。在前视图中单击，然后按"Alt+W"组合键最大化显示该视口，接着在"按视图首选项视口标签"菜单（见图 1-1-17）中根据需要选择菜单项。图 1-1-18 是 4 种常用的显示模式的显示效果。

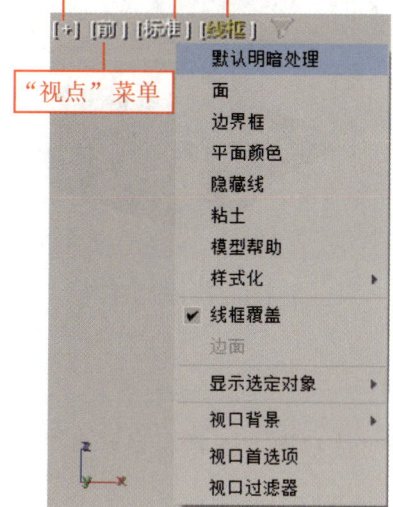

"明暗处理视口标签"菜单
"常规"菜单
"按视图首选项视口标签"菜单
"视点"菜单

"默认明暗处理"模式

"平面颜色"模式

"线框覆盖"模式

"平面颜色+边面"模式

图 1-1-17 "按视图首选项视口标签"菜单

图 1-1-18 4种常用的显示模式的显示效果

按"G"键可关闭或显示栅格。为了更好地观察模型，本例中的栅格已关闭。

步骤 3 切换视图。选择"视点"菜单中的"透视"菜单项或按"P"键，可将当前视图切换为透视图，如图 1-1-19 所示。

步骤 4 缩放视图。单击视口导航控件中的"缩放"按钮 或按"Alt+Z"组合键，在视口中按住左键不放并向上（或向下）拖动鼠标，可使视图放大（或缩小）显示，如图 1-1-20 所示。右击或按"Esc"键，可终止执行"缩放"命令。

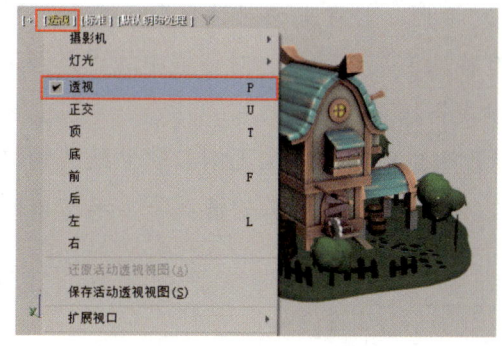

图 1-1-19 切换为透视图

图 1-1-20 缩放视图

透视图和顶、前、左视图对应的快捷键依次为"P""T""F""L"。激活任一视口，然后按这些快捷键，可将当前视图切换为相应的视图。

将光标移至视口中的合适位置后滚动鼠标中键，软件会以光标所在位置为中心缩放视图。

步骤5 平移视图。单击视口导航控件中的"平移视图"按钮 后按住左键拖动鼠标,或者直接按住鼠标中键拖动鼠标,均可平移视图。

步骤6 旋转视图。选中卡通小屋模型,然后单击视口导航控件中的"环绕子对象"按钮 ,视口中会出现用于调整视图观察角度的线圈。将光标分别移至线圈内、线圈外或线圈的4个控制点上,然后按住左键并拖动鼠标,可绕卡通小屋模型的中心旋转视图,如图1-1-21所示。选中卡通小屋模型,然后按住"Alt"键和中键并拖动鼠标,也可旋转视图。

图 1-1-21　旋转视图

探索 与 分享

选择视口左上方的"常规""视点""明暗处理视口标签""按视图首选项视口标签"菜单,探索其下的菜单项的功能,然后在课堂上进行分享。

★ 经验之谈 ——打开文件时出现对话框该怎么办

在3ds Max中打开文件或将文件中的对象加载到当前场景中时,软件经常会弹出"缺少外部文件""文件加载:Gamma和LUT设置不匹配""文件加载:单位不匹配""在场景中发现损坏""场景转换器"等对话框。下面简要介绍出现上述对话框的原因与处理方法。

(1)"缺少外部文件"对话框。如果文件所引用的贴图、外部参照等文件的路径、名称已发生改变,则在打开该文件时,软件会弹出"缺少外部文件"对话框。若单击其中的"全部移除"按钮,可移除缺失的文件并打开要打开的文件;若单击"浏览"按钮,可在打开的对话框中重新设置缺失文件的路径;若单击"继续"按钮,可在忽略缺失的外部文件的情况下,打开要打开的文件。

(2)"文件加载:Gamma和LUT设置不匹配"对话框。若弹出该对话框,则表示正在打开的文件的设置与软件目前的设置不一致。此时若没有特殊要求,可单击对话框中的"是否采用文件的Gamma和LUT设置?"单选钮,然后单击"确定"按钮。

(3)"文件加载:单位不匹配"对话框。如果打开的文件中的单位比例与软件默认的单位比例不一致,软件就会弹出如图1-1-22所示的对话框。在没有特殊要求的情况下,单击该对话框中的"采用文件单位比例?"单选钮即可。

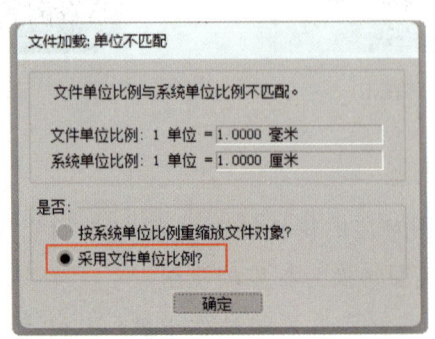

图 1-1-22　"文件加载:单位不匹配"对话框

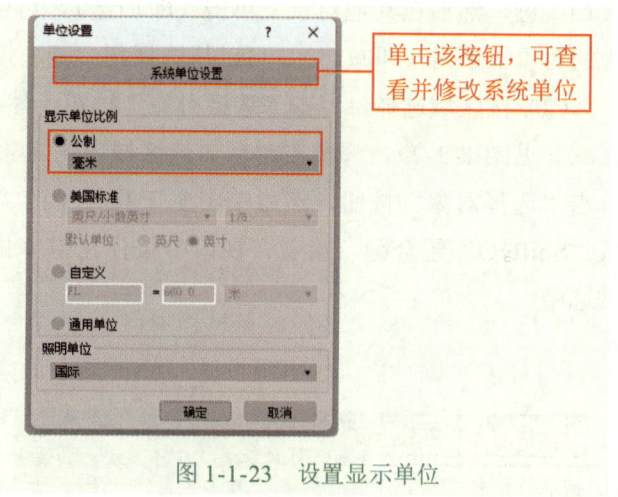

默认状态下，系统单位和显示单位均为英寸，因此在建模前，通常需要将系统单位和显示单位设置为毫米。设置单位的具体操作为：选择"自定义"→"单位设置"菜单，然后单击"单位设置"对话框中的"系统单位设置"按钮，在打开的"系统单位设置"对话框中选择"毫米"选项并单击"确定"按钮，接着参照图1-1-23设置显示单位，最后单击"确定"按钮。

图 1-1-23 设置显示单位

（4）"在场景中发现损坏"对话框。该对话框经常出现在打开不同版本的 3ds Max 文件时，单击该对话框中的"清理损坏"按钮，可打开该文件。

（5）"场景转换器"对话框。如果打开的文件中包含材质、灯光、摄影机等，并且该文件来自比当前软件版本低的软件，则当前软件会弹出"场景转换器"对话框，询问用户在使用不同渲染器时是否需要进行场景转换。在 3ds Max 中，常用 V-Ray 渲染器和扫描线渲染器渲染场景。在不需要使用其他渲染器渲染时，可单击"场景转换器"对话框右上角的"关闭"按钮 ×。

任务二　掌握对象的基本操作

【任务描述】

对象的基本操作包括对象的选择、移动、旋转、缩放、对齐、克隆、镜像、隐藏、取消隐藏、冻结、解冻等。无论是使用 3ds Max 建模、赋予模型材质，还是在场景中创建摄影机、灯光或者制作动画，都需要用到对象的基本操作知识。对象的基本操作均可利用主工具栏中的按钮和右键快捷菜单中的菜单项来完成。

本任务将先介绍对象的基本操作，然后以创建木箱模型为例，帮助读者巩固这些知识点。

一、选择和移动对象

（一）选择对象

利用如图 1-2-1 所示的主工具栏中的按钮可选择对象。选择对象的方法有 3 种，分别是单击选择、按区域选择和利用对话框选择。

（1）单击选择。单击"选择对象"按钮后在视口中的对象上单击，可选中该对象；按住"Ctrl"键，然后在其他对象上单击（即加选），可以选中多个对象；按住"Alt"键，然后在已选中的对象上单击（即减选），可以从选择集中减去该对象。

（2）按区域选择。单击"选择对象"按钮，然后在视口中按住左键并拖动鼠标，可创建一个区域（见图1-2-2），释放左键后，该区域内的对象以及与该区域的边界相交的对象都会被选中。单击"选择对象"按钮，然后单击主工具栏中的"窗口/交叉"按钮（单击后该按钮变亮）或按"Shift+O"组合键，接着在视口中按住左键并拖出一个区域，则完全处于该区域内的对象将被选中。

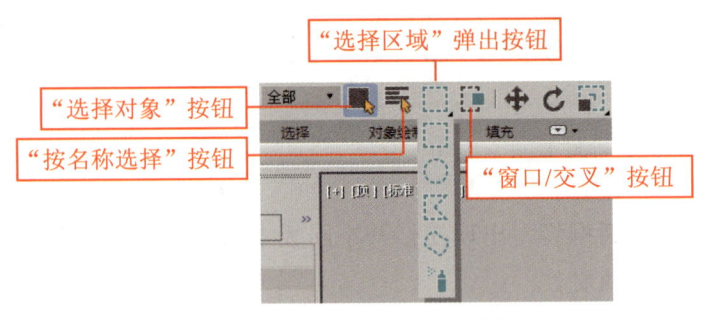
图1-2-1　主工具栏中的按钮

图1-2-2　创建一个区域

在视口中按住左键拖出的区域的形状取决于"选择区域"弹出按钮当前显示的图标。按"Q"快捷键或者选择图1-2-1中展开的按钮，均可改变在视口中按住左键拖出的区域的形状。

（3）利用对话框选择。单击"按名称选择"按钮，在弹出的"从场景选择"对话框中选择一个或多个列表项后单击"确定"按钮，可选中相应的对象。

（二）移动对象

利用主工具栏中的"选择并移动"按钮（快捷键为"W"键）可移动对象。执行"选择并移动"命令并选中要移动的对象后，利用视口中出现的移动Gizmo可移动该对象。

移动对象的方法有沿坐标轴方向移动、沿坐标平面移动（见图1-2-3）、自由移动3种。移动对象的具体操作为：将光标移至移动Gizmo的某个坐标轴、坐标平面或坐标原点上，然后按住左键并拖动鼠标。要想按指定的距离移动对象，可右击"选择并移动"按钮，在弹出的"移动变换输入"对话框中设置移动参数。

图1-2-3　沿坐标平面移动对象

二、旋转、缩放和对齐对象

（一）旋转对象

利用主工具栏中的"选择并旋转"按钮（快捷键为"E"键）可旋转对象。执行"选择并旋转"命令并选中要旋转的对象后,利用视口中出现的旋转 Gizmo 可旋转该对象。

旋转对象的方法有沿坐标轴方向旋转(见图 1-2-4)和自由旋转两种。旋转对象的具体操作为:将光标移至旋转 Gizmo 的某个线圈上(被选中的线圈为黄色),然后按住左键并拖动鼠标,可绕该线圈所代表的坐标轴(蓝、绿、红色线圈分别代表 z 轴、y 轴、x 轴)旋转所选中的对象;将光标移至旋转 Gizmo 的内部后按住左键并拖动鼠标,可自由旋转所选中的对象。要想按指定的角度旋转对象,可右击"选择并旋转"按钮,在弹出的"旋转变换输入"对话框中设置旋转参数。

 提 示

若主工具栏中的"角度捕捉切换"按钮处于激活状态,右击该按钮,在弹出的"栅格和捕捉设置"对话框的"角度"文本框中输入角度值(默认角度为 5°),则在利用鼠标在视口中旋转对象时,该对象将以指定的角度值为增量进行旋转。

(二)缩放对象

利用主工具栏中的"选择并均匀缩放"按钮(快捷键为"R"键)可缩放对象。执行"选择并均匀缩放"命令并选中要缩放的对象后,利用视口中出现的缩放 Gizmo 可缩放该对象。

缩放对象的方法有沿坐标轴方向缩放、沿坐标平面缩放和均匀缩放(见图 1-2-5)3 种。缩放对象的具体操作为:将光标移至缩放 Gizmo 的某个坐标轴、坐标平面或坐标原点上,然后按住左键并拖动鼠标。要想按指定的比例缩放对象,可右击"选择并均匀缩放"按钮,在弹出的"缩放变换输入"对话框中设置缩放参数。

图 1-2-4 沿坐标轴方向旋转对象

图 1-2-5 均匀缩放对象

探索 与 分享

打开本书配套素材"素材与实例"→"项目一"→"卡通松树"→"卡通松树.max"文件,分别利用主工具栏中的"选择并均匀缩放"按钮、"选择并非均匀缩放"按钮和"选择并挤压"按钮缩放对象。教师随机选择几名学生,让其讲解这 3 个命令的不同。

(三)对齐对象

利用主工具栏中的"对齐"按钮、"快速对齐"按钮,或者"选择并移动"按钮和"捕捉开关"按钮,均可对齐对象。

（1）利用"对齐"按钮对齐对象。选中要对齐的对象，然后单击"对齐"按钮，接着选中目标对象，在弹出的"对齐当前选择"对话框（见图1-2-6）中根据需要进行设置，最后单击"确定"按钮，即可将要对齐的对象与目标对象对齐。

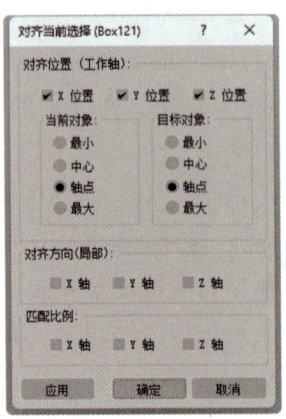

图1-2-6 "对齐当前选择"对话框

知识库

图1-2-6中各设置区的功能如下：

（1）"对齐位置"设置区：利用"X位置""Y位置""Z位置"复选框可使要对齐的对象在世界坐标轴方向上与目标对象对齐，利用"当前对象"组和"目标对象"组中的单选钮可设置要对齐的对象与目标对象对齐时的参照。

（2）"对齐方向"设置区：可使要对齐的对象在目标对象的局部坐标轴方向上与目标对象对齐。

（3）"匹配比例"设置区：如果要匹配的对象和/或目标对象曾被缩放，则在该设置区中可以设置沿哪些轴进行匹配。

（2）利用"快速对齐"按钮对齐对象，选中要对齐的对象，然后单击主工具栏的"对齐"弹出按钮中的"快速对齐"按钮，在选中目标对象，即可将要对齐的对象与目标对象以坐标原点（即轴点）为基准对齐。

（3）利用"选择并移动"按钮和"捕捉开关"按钮对齐对象。默认情况下，利用这两个按钮只能将所选对象与栅格点对齐，如图1-2-7所示。要将所选对象与其他对象上的特征点对齐，可右击"捕捉开关"按钮，在弹出的"栅格和捕捉设置"对话框中勾选相应的复选框。通常勾选该对话框中的"顶点""端点""中心""中心面"复选框，如图1-2-8所示。

图1-2-7 将所选对象与栅格点对齐

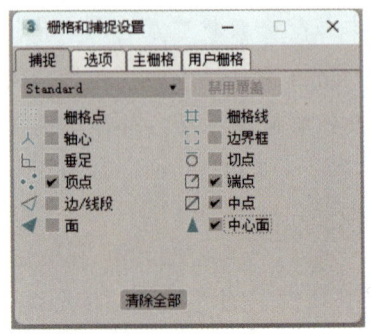

图1-2-8 "栅格和捕捉设置"对话框

14

三、克隆和镜像对象

（一）克隆对象

克隆对象即创建对象的副本。克隆对象的方法有 3 种，分别是原位克隆、移动克隆和旋转克隆。

（1）原位克隆。原位克隆对象时，生成的副本与对象完全重合。原位克隆对象的具体操作为：选中需要原位克隆的对象，然后选择"编辑"→"克隆"菜单或按"Ctrl+V"组合键，在弹出的"克隆选项"对话框（见图 1-2-9）的"对象"设置区中选择副本的类型，最后单击"确定"按钮。

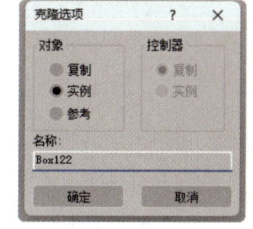

图 1-2-9 "克隆选项"对话框

> **知识库**
>
> 如图 1-2-9 所示的"对象"设置区中各单选钮的功能如下：
>
> （1）"复制"单选钮：利用该单选钮创建的副本与原对象是独立的，修改其中任意一个对象的属性值（如 x 轴、y 轴、z 轴方向上的尺寸值和分段数量）均不会影响其他对象。
>
> （2）"实例"单选钮：利用该单选钮创建的副本与原对象互相关联，修改其中任意一个对象的属性值，其余对象的属性值也会随之改变。
>
> （3）"参考"单选钮：利用该单选钮创建的副本与原对象有主次关系，修改原对象会影响其副本，但是修改副本不会影响原对象。

（2）移动克隆。移动克隆对象时，生成的副本沿一个方向均匀地排列，如图 1-2-10 所示的书本。移动克隆对象的具体操作为：单击"选择并移动"按钮，然后选中要克隆的对象，按住"Shift"键并沿某个坐标轴方向移动该对象至合适的位置后释放左键，接着在弹出的"克隆选项"对话框中设置副本的数量，最后单击"确定"按钮。

（3）旋转克隆。旋转克隆对象时，生成的副本按一定角度围绕一个中心排列，如图 1-2-11 所示的杯子。旋转克隆对象的具体操作为：① 选中要克隆的对象，利用主工具栏的"使用中心"弹出按钮中的"使用变换坐标中心"按钮调整对象的变换中心；② 单击"选择并旋转"按钮，然后按住"Shift"键并绕某个坐标轴旋转对象至合适的角度后释放左键，在弹出的"克隆选项"对话框中设置副本的数量，最后单击"确定"按钮。

图 1-2-10 移动克隆对象

图 1-2-11 旋转克隆对象

（二）镜像对象

利用主工具栏中的"镜像"按钮可将原对象以指定的坐标轴或坐标平面进行镜像（见图 1-2-12）。镜像对象的具体操作为：选中要镜像的对象，然后执行"镜像"命令，在弹出的"镜像：世界 坐标"对话框中根据需要进行设置，最后单击"确定"按钮。

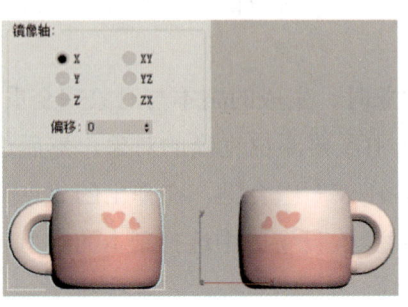

图 1-2-12　镜像对象

四、隐藏、取消隐藏、冻结和解冻对象

在制作动画的过程中，为了方便操作和观察，经常需要将部分暂时不需要编辑的对象隐藏或冻结，在需要使用时再将这些对象取消隐藏或解冻。对象的隐藏、取消隐藏、冻结和解冻均可利用右键快捷菜单的"显示"区域（见图 1-2-13）中的菜单项来完成。

（1）隐藏和冻结。选中要隐藏（或冻结）的对象并右击，然后在弹出的快捷菜单中选择"隐藏选定对象"（或"冻结当前选择"）菜单项，即可隐藏（或冻结）该对象。

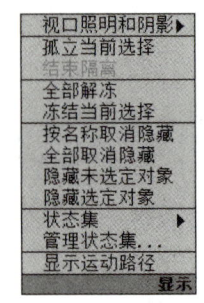

图 1-2-13　"显示"区域

（2）取消隐藏和解冻。在视口中右击，然后在弹出的快捷菜单中选择"全部取消隐藏"（或"全部解冻"）菜单项，即可取消隐藏（或解冻）被隐藏（或冻结）的全部对象。

任务实施　创建木箱模型——对象的基本操作

下面通过创建图 1-2-14 中的木箱模型，学习对象的选择、移动、旋转、对齐、克隆、镜像等操作。

木箱模型

渲染效果

图 1-2-14　木箱模型及其渲染效果

制作思路

首先创建一个立方体,将其作为箱体;然后创建一个长方体并将其绕箱体地面的中心旋转克隆,生成木箱的4个侧棱;接着创建一个长方体并将其移动克隆,生成木箱的底板;最后将木箱的底板镜像克隆,生成木箱的顶板。

扫一扫

创建木箱模型

制作步骤

步骤1 单击"创建"面板"几何体"对象类别"标准基本体"分类中的"长方体"按钮,在透视图中按住左键并拖动鼠标,软件自动生成长方体的底面,然后释放左键,向上移动光标并在合适的位置单击,以指定长方体的高,最后在"参数"卷展栏中将长方体的长度、宽度、高度参数均设为600 mm,如图1-2-15所示。

 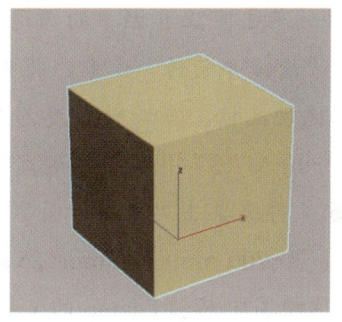

图1-2-15 创建箱体

答疑解惑

问:建模时,怎样才能快速选中文本框中的参数?

答:在文本框中双击,可选中该文本框中的参数,按"Tab"键可选中下一个文本框中的参数。

步骤2 参照步骤1,在透视图中创建一个70 mm×70 mm×600 mm的长方体,将其作为木箱的一个侧棱,然后在视口中右击,终止执行"长方体"命令。

步骤3 单击主工具栏中的"捕捉开关"按钮,将其激活,然后在该按钮上右击,勾选弹出的"栅格和捕捉设置"对话框中的"端点"复选框。按"W"键执行"选择并移动"命令,然后在顶、前视图中将木箱的侧棱移至合适的位置,结果如图1-2-16所示。

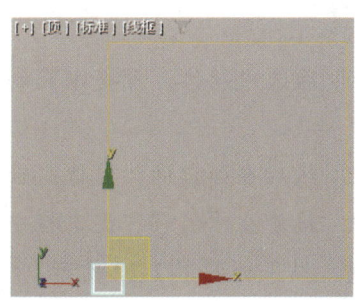 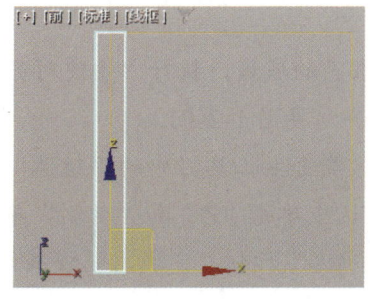

图1-2-16 木箱侧棱的位置

步骤4　选中木箱的侧棱，单击"层次"面板"轴"选项卡中的"仅影响轴"按钮，然后单击主工具栏的"对齐"弹出按钮中的"快速对齐"按钮，接着选中箱体，即可将木箱侧棱的轴点与箱体的轴点对齐，如图1-2-17所示。再次单击"仅影响轴"按钮，关闭轴点调整功能。

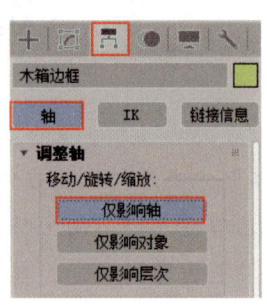 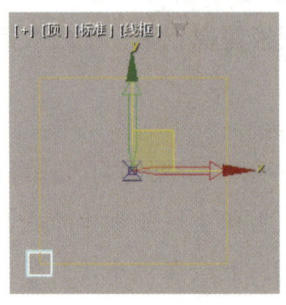 

图1-2-17　调整木箱侧棱的轴点

步骤5　单击主工具栏中的"角度捕捉切换"按钮，将其激活。选中木箱的侧棱，然后按"E"键执行"选择并旋转"命令，将光标移至透视图中旋转Gizmo的蓝色线圈上，按住"Shift"键和左键并拖动鼠标，当旋转角度为90°时释放左键，在弹出的"克隆选项"对话框的"副本数"文本框中输入"3"并单击"确定"按钮，结果如图1-2-18所示。

步骤6　再次单击"捕捉开关"按钮和"角度捕捉切换"按钮，使其处于禁用状态。在顶视图中创建一个700 mm×170 mm×25 mm的长方体，然后按"W"键执行"选择并移动"命令，将光标移至顶视图中移动Gizmo的x轴上，按住"Shift"键和左键并拖动鼠标，将该长方体的副本移至合适的位置（见图1-2-19）后释放左键，接着在弹出的"克隆选项"对话框的"副本数"文本框中输入"3"，最后单击"确定"按钮，即可完成木箱底板的创建，结果如图1-2-20所示。

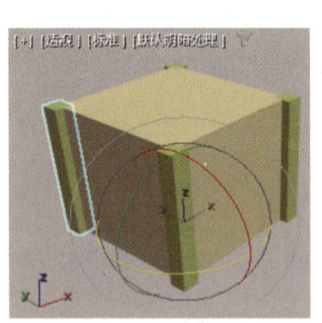 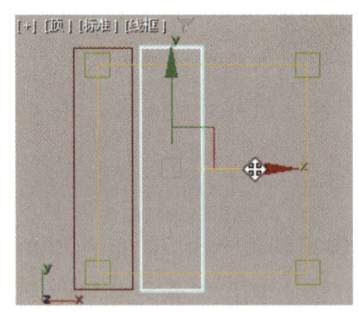 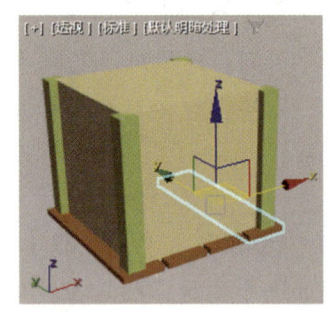

图1-2-18　旋转克隆木箱的侧棱　　　图1-2-19　长方体副本的位置　　　图1-2-20　木箱的底板

步骤7　按住"Ctrl"键，然后选中木箱的底板（4个长方体），接着选择"组"→"组"菜单，在弹出的"组"对话框中输入组名"木箱的底板"，最后单击"确定"按钮，使木箱的底板成为一个整体。

步骤8　在顶视图中选中木箱的底板，执行"快速对齐"命令后选中箱体，可将木箱的底板与箱体的底面以轴点为基准对齐（见图1-2-21）。

步骤9　选中木箱的底板，单击主工具栏中的"镜像"按钮，然后在弹出的"镜像：世界坐标"对话框的"镜像轴"设置区中单击"Z"和"复制"单选钮，接着在"偏移"文本框中输入偏移距离"600"，最后单击"确定"按钮，完成木箱模型的创建，结果如图1-2-22所示。

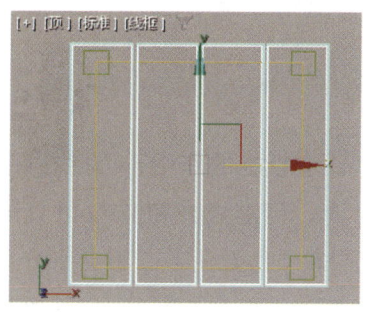
图 1-2-21 将木箱的底板与箱体的底面对齐

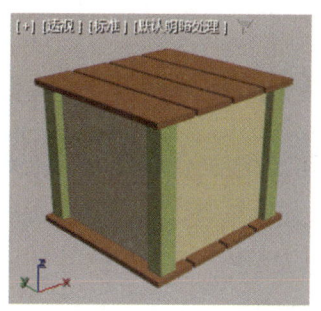
图 1-2-22 木箱模型

任务三 熟悉三维动画的制作流程

【任务描述】

通过学习前两个任务中的知识，读者已经认识了 3ds Max 并掌握了对象的基本操作。本任务将按照三维动画的制作流程，依次简要介绍创建三维模型、创建材质并将其赋予模型、布置灯光、创建摄影机、制作动画、渲染输出场景和动画等环节的理论知识，最后让读者通过上机制作投篮动画，进一步熟悉使用 3ds Max 制作动画的流程。

一、创建三维模型

创建三维模型的过程叫作建模。制作动画要从建模开始。创建好模型后，才能为其创建材质，在场景中布置灯光、创建摄影机、制作动画。3ds Max 提供了多种建模方法，如利用基本体、样条线、修改器建模和多边形建模、NURBS 建模等。本书项目二和项目三将详细介绍上述 5 种建模方法和相应的命令。图 1-3-1 为利用 3ds Max 创建的三维模型。

图 1-3-1 利用 3ds Max 创建的三维模型

二、创建材质并将其赋予模型

创建好三维模型后，需要为其创建材质，然后将创建的材质赋予模型。合适的材质能够增强模型的真实感，使模型看起来更加逼真。利用 3ds Max 中的材质编辑器可以创建材质；对于在创建材质的过程中需要使用的贴图（常用贴图表现模型的纹理），一般使用 Photoshop、Substance Painter 等软件来制作。本书项目四将详细介绍各种常见材质的创建方法。赋予模型材质后的效果如图 1-3-2 所示。

图 1-3-2 赋予模型材质后的效果

三、布置灯光

灯光不仅能够照亮场景,还能够起到美化场景、营造氛围的作用,因此在赋予模型材质后,还需要在场景中布置灯光。3ds Max 提供了光度学灯光、标准灯光和 Arnold 灯光等 3 种灯光类型,在实际应用中,经常还使用 VRay 内置的灯光。本书项目五任务二将详细介绍灯光的布置与相关参数的功能。

四、创建摄影机

布置灯光后,需要在场景中创建摄影机,以确定画面的视角。摄影机镜头就像导演的眼睛,观众从摄影机视图中可以看出拍摄者的意图,了解画面所要表达的内容。3ds Max 中的常用摄影机有目标摄影机、物理摄影机和自由摄影机,本书项目五任务一将详细介绍上述 3 种标准摄影机的使用方法。图 1-3-3 为摄影机视图。

 提 示

> 创建材质并将其赋予模型后,既可以先布置灯光,再创建摄影机,也可以先创建摄影机,再布置灯光。为了便于查看灯光的效果,本书项目五先介绍了创建摄影机的相关知识,然后介绍了布置灯光的相关知识。

五、制作动画

制作动画就是为场景中的模型或其他对象添加动画效果。3ds Max 具有十分强大的动画制作功能,利用它可以制作多种类型的动画,如属性动画、摄影机动画、灯光动画,复杂的粒子动画、角色动画,等等。本书项目六~项目八将详细介绍各种动画的制作方法。

六、渲染输出场景和动画

完成上述 5 个环节的相关操作之后,还需要将场景和制作好的动画渲染输出为视频软件可以播放的格式,如 ".avi" ".mov" 等。图 1-3-4 为渲染输出的视频画面截图。

图 1-3-3 摄影机视图　　　　　　　　　　图 1-3-4 视频画面截图

任务实施 制作投篮动画——三维动画的制作流程

下面通过制作投篮动画,继续学习在 3ds Max 中制作动画的流程。投篮动画效果截图如图 1-3-5 所示。

图 1-3-5 投篮动画效果截图

制作思路

打开"篮球场 .max"文件,创建一个球体作为篮球,然后在材质编辑器中创建篮球的材质,并将其赋予篮球,接着在场景中布置灯光、创建摄影机,最后制作投篮动画,并对场景和动画进行渲染输出。

扫一扫

制作投篮动画

制作步骤

1. 创建篮球模型

步骤 1 将本书配套素材"素材与实例"→"项目一"→"投篮动画"→"篮球场 .max"文件拖到视口中后释放左键,在弹出的快捷菜单中选择"打开文件"菜单项,打开该文件。

步骤 2 单击"创建"面板"几何体"对象类别"标准基本体"分类中的"球体"按钮,在任一视口中按住左键并拖动鼠标,创建一个球体,然后在"参数"卷展栏中将该球体的半径设为 5 mm,最后在任一视口中单击,退出参数编辑状态。

步骤 3 按"W"键执行"选择并移动"命令,在前视图中移动篮球至如图 1-3-6(a)所示的位置,然后在左视图中沿 x 轴方向移动篮球至如图 1-3-6(b)所示的位置。

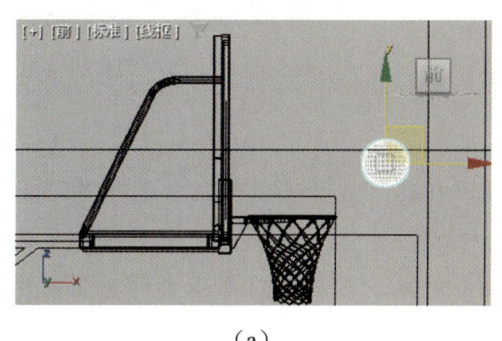 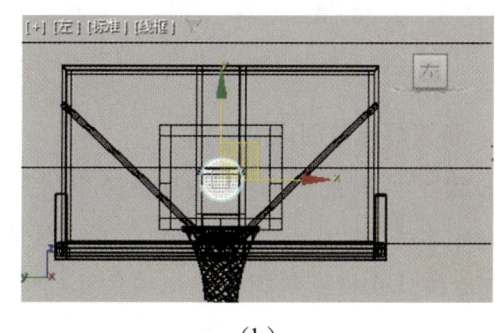

(a) (b)

图 1-3-6 移动篮球

2. 创建材质并将其赋予篮球

步骤 1 单击主工具栏中的"材质编辑器"按钮,打开材质编辑器,选择其中一个未使用的材质球，将其命名为"篮球"，如图1-3-7所示。

步骤2　在"Blinn基本参数"卷展栏中设置高光级别和光泽度参数，然后单击"漫反射"右侧的"无"按钮，在弹出的"材质/贴图浏览器"对话框中选择"位图"选项并单击"确定"按钮（见图1-3-8），接着在弹出的"选择位图图像文件"对话框中选择本书配套素材"素材与实例"→"项目一"→"投篮动画"→"maps"→"篮球贴图.jpg"文件，最后单击"打开"按钮。

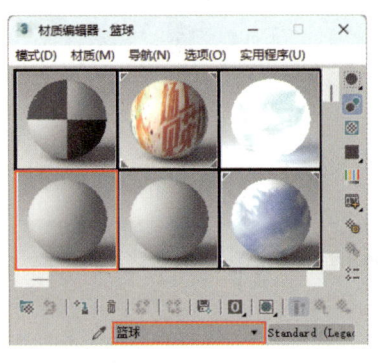
图1-3-7　对材质球重命名

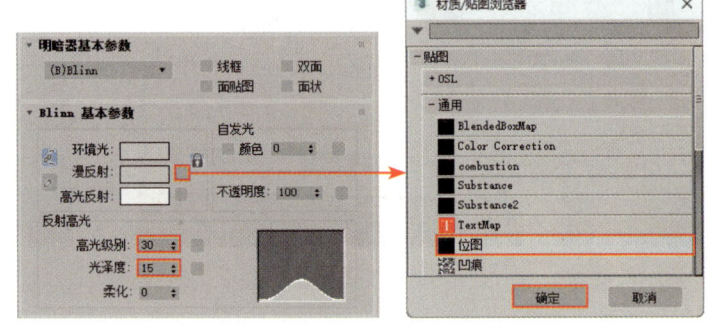
图1-3-8　创建"篮球"材质①

步骤3　单击材质编辑器中的"转到父对象"按钮，返回到"篮球"材质的第一层级，然后展开"贴图"卷展栏，将"漫反射颜色"通道中的贴图拖到"凹凸"通道的"无贴图"按钮上，并在弹出的"复制（实例）贴图"对话框中单击"实例"单选钮，最后单击"确定"按钮，如图1-3-9所示。

步骤4　选中篮球，依次单击材质编辑器中的"将材质指定给选定对象"按钮和"视口中显示明暗处理材质"按钮。此时，透视图中篮球的材质效果如图1-3-10所示。最后关闭材质编辑器。

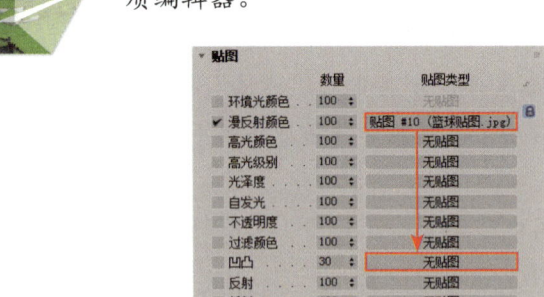 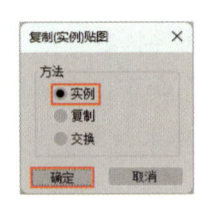 

图1-3-9　创建"篮球"材质②　　　　　　　图1-3-10　篮球的材质效果

3．布置灯光并创建摄影机

步骤1　单击"创建"面板中的"灯光"按钮，在其下方的下拉列表中选择"VRay"选项，然后单击"VRay灯光"按钮，在"常规"卷展栏的"类型"下拉列表中选择"平面"选项，接着按住左键在顶视图中拖动鼠标，以创建VRay灯光，最后在前视图中调整其高度，如图1-3-11所示。

步骤2　选中VRay灯光，然后在"修改"面板的"常规"卷展栏和"选项"卷展栏中设置该灯光的亮度，并且勾选"不可见"复选框，确保在渲染时不渲染灯光本身，如图1-3-12所示。

步骤3　利用"Alt+W"组合键最大化显示透视图，然后调整视角，使透视图中的画面接近如图 1-3-13 所示的画面，最后按"Ctrl+C"组合键创建物理摄影机。此时，透视图自动切换为摄影机视图。

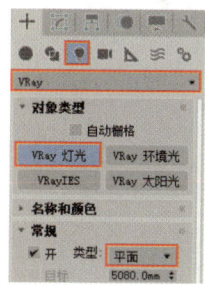 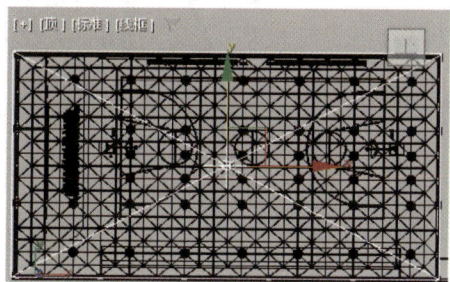 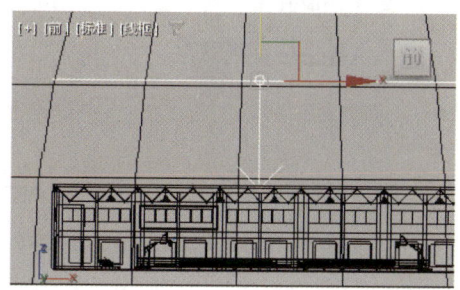

图 1-3-11　创建 VRay 灯光并调整其高度

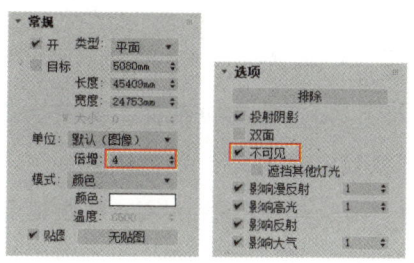 

图 1-3-12　设置 VRay 灯光的参数　　　　　图 1-3-13　透视图中的画面

步骤 4　根据需要，利用操作界面右下角视口导航控件中的"推拉摄影机"按钮、"环游摄影机"按钮、"平移摄影机"按钮对摄影机视图进行微调整。

4．制作投篮动画

步骤 1　单击动画和时间控件中的"时间配置"按钮，然后参照图 1-3-14，在弹出的"时间配置"对话框中设置帧速率和动画的开始时间与结束时间，最后单击"确定"按钮。

步骤 2　确认时间滑块位于第 0 帧，单击动画和时间控件中的"自动关键点"按钮，然后按"W"键执行"选择并移动"命令，在前视图中将篮球移至如图 1-3-15 所示的位置，确保在摄影机视图中看不到篮球。

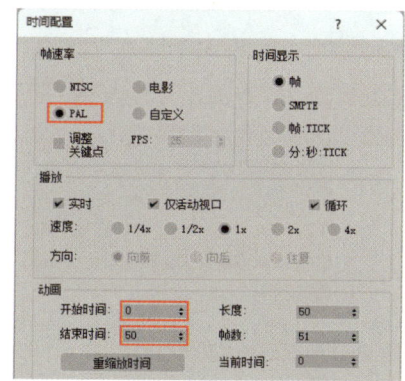 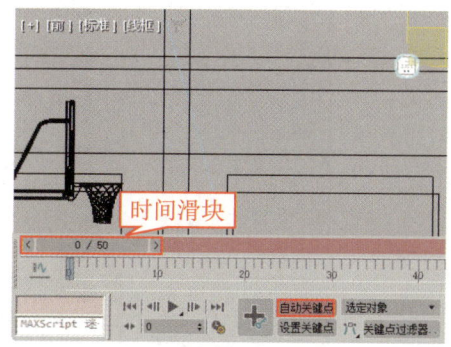

图 1-3-14　设置帧速率和动画的时间　　　　图 1-3-15　篮球的位置（第 0 帧）

步骤 3　将时间滑块拖至第 20 帧，在前视图中将篮球移至篮板处，如图 1-3-16 所示。将时间滑块拖至第 30 帧，在前视图中将篮球移至篮圈中，如图 1-3-17 所示。

23

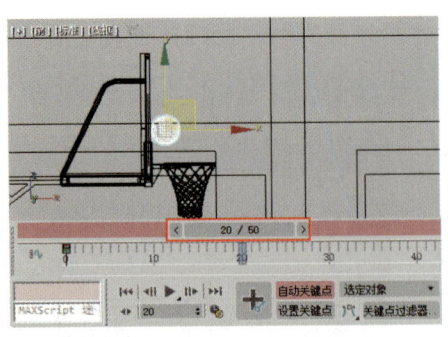
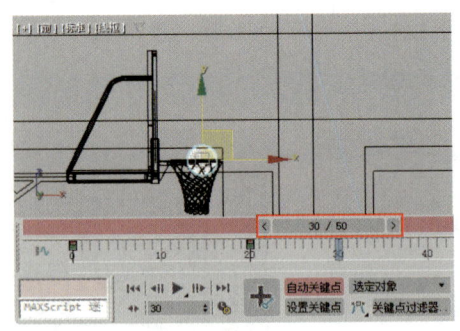

图 1-3-16　篮球的位置（第 20 帧）　　　　图 1-3-17　篮球的位置（第 30 帧）

步骤 4　将时间滑块拖至第 20 帧，然后右击主工具栏中的"选择并旋转"按钮，在"旋转变换输入"对话框"绝对：世界"设置区的"Z"文本框中输入"180"（见图 1-3-18）并按回车键。

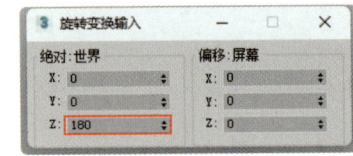

图 1-3-18　设置篮球在第 20 帧的旋转角度

步骤 5　将时间滑块拖至第 30 帧，在"旋转变换输入"对话框"绝对：世界"设置区的"Z"文本框中输入"-90"并按回车键。关闭"旋转变换输入"对话框，单击动画和时间控件中的"自动关键点"按钮，使其处于禁用状态。

步骤 6　激活摄影机视图，单击动画和时间控件中的"播放动画"按钮▶，可在摄影机视图中看到篮球的运动效果。

5. 渲染输出场景和投篮动画

步骤 1　激活摄影机视图，选择"工具"→"预览-抓取视口"→"创建预览动画"菜单，在弹出的"生成预览"对话框中设置预览范围和视觉样式，然后单击"文件…"按钮，在弹出的"生成动画序列文件"对话框中输入文件名"投篮动画-预览"，接着将输出的预览文件的类型设为"AVI 文件（*.avi）"，最后单击"保存"按钮，在弹出的"AVI 文件压缩设置"对话框的"压缩器"下拉列表中选择"DV Video Encoder"选项，如图 1-3-19 所示。单击"确定"按钮，关闭"AVI 文件压缩设置"对话框。

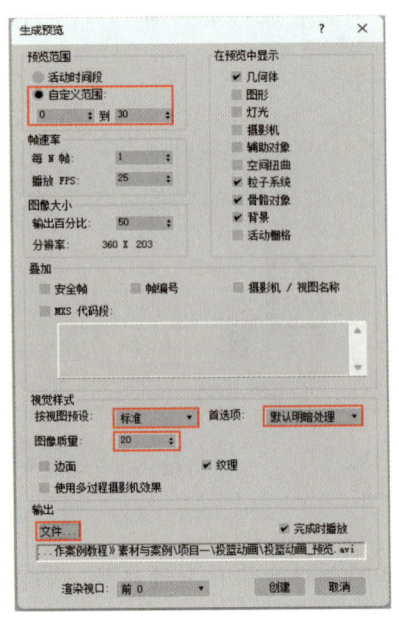
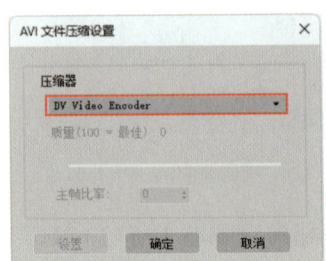

图 1-3-19　设置预览参数

步骤 2　单击"生成预览"对话框中的"创建"按钮，软件进入渲染状态，并且在渲染完成后自动播放生成的视频文件。

 提 示

> 是否需要创建预览动画，取决于场景中模型的数量、复杂程度和其他对象的参数。一般来说，单击动画和时间控件中的"播放动画"按钮，若在摄影机视图中就能清楚地看到动画效果，则不需要创建预览动画；否则，需要创建预览动画。在本任务实施中，为了向读者介绍创建预览动画的方法，创建了预览动画，实际上可以不创建预览动画。

步骤 3　预览结束后，若认为动画效果未达到预期，则应根据需要进行修改；若认为动画效果符合预期，则可以进行最终的渲染输出。选择"渲染"→"渲染设置"菜单或按"F10"键，在弹出的"渲染设置"对话框中选择渲染器和需要渲染的视图，然后在"公用"选项卡中设置视频的时长和画面的大小（见图 1-3-20），接着单击"渲染输出"设置区中的"文件…"按钮，在弹出的"渲染输出文件"对话框中输入文件名"投篮动画"并将该文件的保存类型设为"AVI 文件（*.avi）"，最后单击"保存"按钮，在弹出的"AVI 文件压缩设置"对话框的"压缩器"下拉列表中选择"未压缩"选项。单击"确定"按钮，关闭"AVI 文件压缩设置"对话框。

 提 示

> 在渲染输出预览动画时，通常在"AVI 文件压缩设置"对话框中选择"DV Video Encoder"选项，以加快预览动画的输出速度。在进行最终的渲染输出时，通常在"AVI 文件压缩设置"对话框中选择"未压缩"选项，以保证输出的动画画面的效果。

步骤 4　在"渲染设置"对话框的"V-Ray"选项卡中设置图像采样器的类型和渲染输出的动画画面的质量（见图 1-3-21），在"GI"选项卡中设置场景中物体的间接照明效果（见图 1-3-22）。

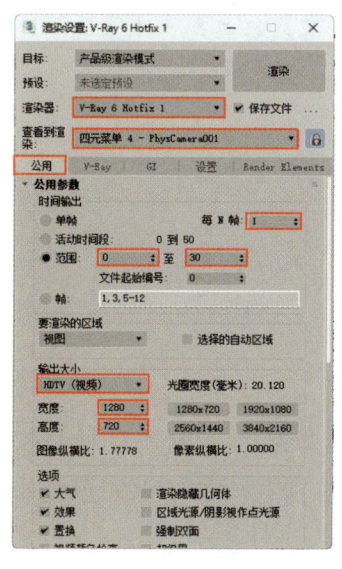 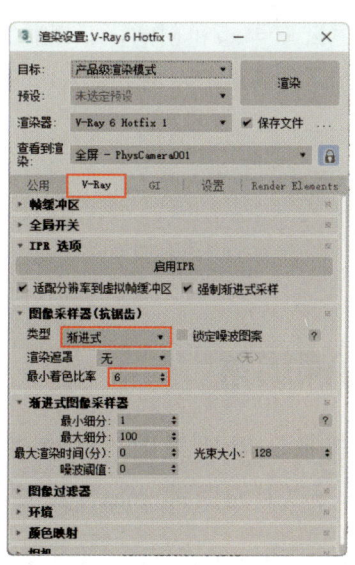 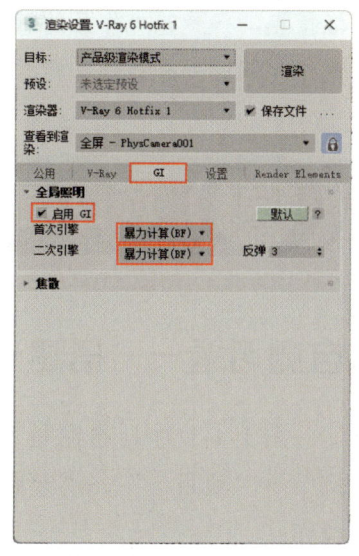

图 1-3-20　设置渲染参数 ①　　　图 1-3-21　设置渲染参数 ②　　　图 1-3-22　设置渲染参数 ③

步骤 5　单击"渲染设置"对话框中的"渲染"按钮，等待一段时间，软件会生成视频文件。

★ 经验之谈 ——怎样学好本门课程

初次接触 3ds Max 时，读者可能会觉得该软件操作界面复杂，操作烦琐，甚至在学习过程中还遇到了一些看似无法解决的问题。其实在学习任何一款软件的过程中，每个人都会遇到这样或那样的问题，只要认真思考，动手实践，问题总能解决。在学习 3ds Max 的过程中，读者牢记下面 4 点，就可以轻松、高效地学好本门课程。

（1）精准学习，择要而学。3ds Max 中的命令和参数数不胜数，熟练掌握所有命令的使用方法和参数的功能不太现实，也没有必要，因为有些命令和参数在工作中极少使用。就本门课程而言，读者只需要掌握建模、材质、灯光、动画、渲染模块中常用命令的使用方法和相关参数的功能即可，对于不太常用的粒子系统和空间扭曲，只需要会使用命令制作最常见的粒子动画即可。本书介绍了各模块中常用的命令，读者务必要认真学习。

（2）知行合一，探本溯源。读者在学习理论知识后，一定要及时上机操作。只有多练习，才能真正掌握命令的使用方法，从而达到学以致用的目的。此外，在制作作品时，不要急于求成，而要认真思考每个步骤的作用和所涉及的参数的含义，这样做不仅有助于自己做出满意的作品，还能达到举一反三、触类旁通的目的。

（3）善用资源，深耕细作。对于在学习过程中遇到的问题，读者首先应在本书中寻找答案，或者打开 3ds Max 后按"F1"键，在打开的帮助文档中查找答案。如果未得到满意的答案，读者还可以借助网络查找答案。网络上有海量的资源，读者在学习本门课程的过程中，要充分发挥主观能动性，利用网络资源拓宽自己的视野，更新自己的知识结构，在深学、细悟、笃行中不断提高专业技能。

（4）提高艺术修养，培养创意思维。掌握软件操作固然重要，但是软件只是一种工具，要想制作出优秀的作品，还要不断提高自身的艺术修养。读者可通过欣赏优秀的影视作品、音乐作品、绘画作品、摄影作品、雕塑作品，参观艺术展和博物馆，了解不同艺术形式的表现手法和风格特点，感受艺术作品的魅力，从中汲取灵感和创意，不断提高自己的艺术修养，为未来的动画创作和职业发展打下坚实的基础。

项目自测

自测习题一　搭建卡通商铺场景

图 1-4-1 为卡通商铺场景搭建前、后效果图。请读者打开本书配套素材"素材与实例"→"项目一"→"卡通商铺"→"卡通商铺.max"文件，利用本项目所学知识完成如下操作：

（1）克隆 3 个冲浪板。

（2）利用"球体"命令创建两个半径不同的沙滩排球。

（3）利用"圆环"命令创建一个游泳圈（两个圆的半径分别为 13 mm 和 6 mm），然后利用主工具栏中的"选择并移动"按钮和"选择并旋转"按钮创建其余两个游泳圈。

（4）为沙滩排球和游泳圈创建材质，并将材质赋予模型。

搭建前

搭建后

图 1-4-1　卡通商铺场景搭建前、后效果图

提示：　　打开材质编辑器，选择其中一个未使用的材质球，然后将本书配套素材"素材与实例"→"项目一"→"卡通商铺"→"maps"→"沙滩排球.png"文件作为贴图加载在"漫反射"通道中，其他参数采用默认设置，接着选中两个沙滩排球，单击材质编辑器中的"将材质指定给选定对象"按钮和"视口中显示明暗处理材质"按钮。游泳圈材质的贴图可以使用"maps"文件夹中的"游泳圈.png"文件。

自测习题二　制作汽车行驶动画

打开本书配套素材"素材与实例"→"项目一"→"汽车行驶动画"→"汽车行驶素材.max"文件，利用本项目所学知识制作如图 1-4-2 所示的汽车行驶动画。

图 1-4-2　汽车行驶动画效果截图

提示：　　首先利用"自动关键点"按钮和"选择并移动"按钮制作车身移动动画，然后选中 4 个车轮，利用主工具栏中的"选择并旋转"按钮制作车轮旋转动画（右击"选择并旋转"按钮，在弹出的对话框中设置旋转角度），接着预览摄影机视图，确认动画效果无误后进行渲染输出。

　　本案例中的车轮、车前灯、车尾灯、摄影机与车身建立了链接关系，它们会随车身的移动而移动。链接的有关知识将在本书项目六中详细介绍。

项目二
开启建模之旅

建模是制作三维动画的第一步，3ds Max 提供了多种建模方式，其中最常用的是利用基本体建模、利用样条线建模和利用修改器建模。

本项目将通过介绍标准基本体、扩展基本体、布尔操作、绘制样条线、编辑样条线、利用修改器建模的方法、常用修改器的主要功能等内容，带领读者开启建模之旅。

知识目标

- 掌握利用基本体建模的方法。
- 掌握利用样条线建模的方法。
- 掌握利用修改器建模的方法。
- 熟悉常用修改器的主要功能。

素质目标

- 通过建模，理解"先搭建框架，再刻画细节"的建模思路，培养从宏观到微观深刻认识事物的能力，掌握整体和部分的辩证关系。
- 通过使用多种方法创建葡萄酒桶模型，培养举一反三的能力和勤于思考、勇于创新的行为习惯。

任务一 利用基本体建模

【任务描述】

利用基本体建模是指通过对 3ds Max 提供的标准基本体和扩展基本体进行组合来建模。基本体是构建复杂三维模型的基础单元，合理利用基本体能够大大简化建模过程，提高工作效率。本任务将先介绍标准基本体、扩展基本体和布尔操作的相关知识，然后通过创建路灯模型和小桥模型学习利用基本体建模的方法。

一、标准基本体

标准基本体是利用 3ds Max 建模时非常常用的基本体，共有 11 种，包括长方体、圆锥体、球体、几何球体、圆柱体、管状体、圆环、四棱锥、茶壶、平面、加强型文本。利用"创建"面板"几何体"对象类别"标准基本体"分类中的按钮可以创建标准基本体，如图 2-1-1 所示。

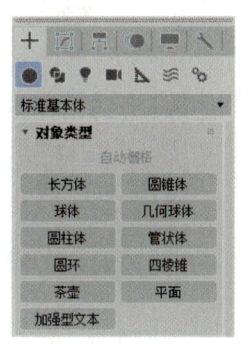 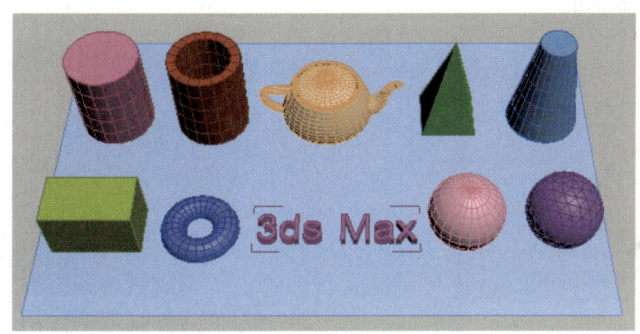

图 2-1-1　创建标准基本体

二、扩展基本体

扩展基本体是以标准基本体为基础创建的，形状比标准基本体复杂。扩展基本体共有 13 种，包括异面体、环形结、切角长方体、切角圆柱体、油罐、胶囊、纺锤、L-Ext、球棱柱、C-Ext、环形波、软管、棱柱。这些几何体中的部分很少使用，因此在本任务中只介绍最常用的几种。利用"创建"面板"几何体"对象类别"扩展基本体"分类中的按钮可以创建扩展基本体，如图 2-1-2 所示。

三、布尔操作

利用"创建"面板"几何体"对象类别"复合对象"分类中的"布尔"按钮可以对两个或两个以上的对象进行并集、交集、差集等操作。进行布尔操作的方法为：选中参与布尔运算的某个对象（如对象 A），单击"布尔"按钮，然后单击"布尔参数"卷展栏中的"添加运算对象"按钮,再选中其他参与布尔操作的对象(如对象 B),最后在"运算对象参数"卷展栏(见图 2-1-3)中选择布尔操作的类型并根据需要进行设置。例如,兔子模型为对象 A,围栏模型为对象 B,则进行并集、交集、差集操作后的效果如图 2-1-4 所示。

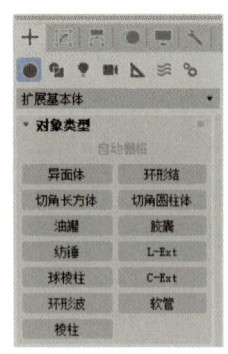

图 2-1-2 创建扩展基本体

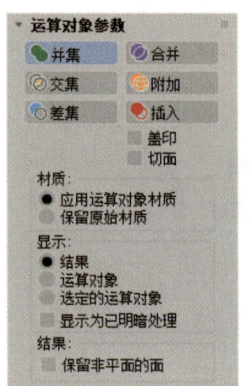

图 2-1-3 "运算对象参数"卷展栏　　图 2-1-4 并集、交集、差集操作后的效果

> **提示**
>
> 对模型进行布尔操作时,软件容易崩溃,因此在执行"布尔"命令前,最好先保存文件。此外,进行布尔操作后,模型上的线条会变得复杂,不适合再对该模型进行编辑,因此最好将布尔操作放在建模的最后一步进行。在视口上方的"按视图首选项视口标签"菜单中选择"边面"菜单项,可看到模型上的线条。

任务实施一　创建路灯模型——标准基本体和布尔操作

下面通过创建图 2-1-5 中的路灯模型,学习创建标准基本体和进行布尔操作的相关内容。

路灯模型

渲染效果

图 2-1-5　路灯模型及其渲染效果

制 作 思 路

图 2-1-5 中的路灯由支撑部分和照明部分构成。支撑部分的制作思路为：① 利用"长方体"命令创建路灯的底座、灯杆和灯臂；② 利用"选择并旋转"命令将灯臂复制克隆并旋转，以创建支撑灯臂的木棍；③ 利用"长方体"和"球体"命令创建连接灯杆和灯臂的金属件；④ 通过复制克隆金属件中的长方体，得到灯杆上的两个铁箍；⑤ 通过将灯杆上的两个铁箍复制克隆，得到灯臂上的两个铁箍。

创建路灯模型

照明部分的制作思路为：首先利用"圆环"和"圆柱体"命令创建灯具与灯臂的连接部分，然后利用"四棱锥"和"布尔"命令创建灯罩上的四棱台，接着利用"长方体"命令创建灯罩的主体和除侧棱外的其他棱边，最后利用"长方体"和"选择并旋转"命令创建灯罩的 4 个侧棱。

制 作 步 骤

步骤 1　单击"标准基本体"分类中的"长方体"按钮，在透视图中创建一个 36 mm×36 mm×12 mm 的长方体，将其作为路灯的底座，然后创建一个 18 mm×18 mm×138 mm 的长方体，将其作为灯杆，最后创建一个 14 mm×86 mm×14 mm 的长方体，将其作为灯臂。

步骤 2　选中灯杆，单击主工具栏"对齐"弹出按钮中的"快速对齐"按钮，然后选择底座，将灯杆与底座以轴点为基准对齐。选中灯臂，使用同样的方法将其与灯杆对齐。按"W"键，然后在前视图中调整灯臂的位置，结果如图 2-1-6 所示。

步骤 3　选中灯臂，按"Ctrl+V"组合键将其原位复制克隆一份，然后在"修改"面板的"参数"卷展栏中将灯臂副本的长度设为 8 mm、宽度设为 4 mm、高度设为 32 mm，即可完成木棍的创建。按"E"键，然后将木棍在前视图中按逆时针方向绕 y 轴旋转约 45°，接着按"W"键，在前视图中调整木棍的位置，结果如图 2-1-7 所示。

步骤 4　在透视图中创建一个 22 mm×22 mm×26 mm 的长方体和半径为 9 mm 的球体，然后选中该长方体和球体，利用"快速对齐"按钮将它们与灯杆以轴点为基准对齐，接着按"W"键，在前视图中沿 y 轴方向将该长方体和球体移至合适的位置，作为连接灯杆和灯臂的金属件，结果如图 2-1-8 所示。

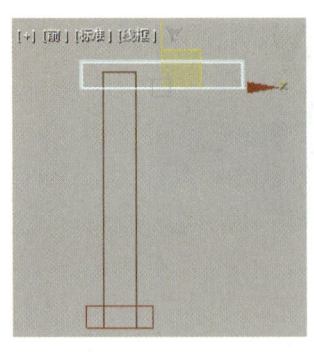
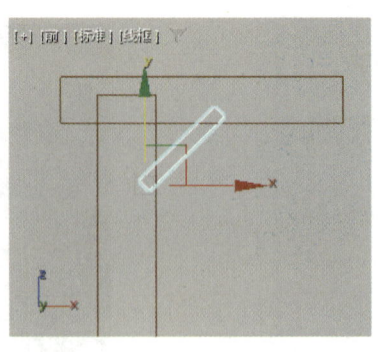
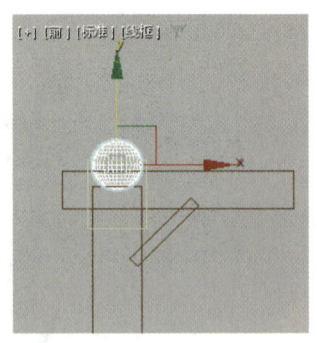

图 2-1-6　灯臂的位置　　　　　图 2-1-7　木棍的角度和位置　　　　　图 2-1-8　金属件的位置

步骤5　选中在步骤4中创建的长方体并按"W"键，然后将光标移至前视图中移动Gizmo的y轴上，通过按住"Shift"键和左键并拖动鼠标，将所选长方体复制克隆两份，最后在"修改"面板的"参数"卷展栏中将复制克隆的长方体中的一个的高度设为6 mm，并沿y轴方向分别将两个长方体的副本移至合适的位置，即可完成灯杆上铁箍的创建，结果如图2-1-9所示。

步骤6　按住"Ctrl"键选中两个铁箍，然后单击主工具栏中的"角度捕捉切换"按钮，接着按"E"键，将光标移至y轴所代表的线圈上并按住"Shift"键和左键并拖动鼠标，将两个铁箍在前视图中按顺时针方向绕y轴旋转90°并复制克隆一份。

步骤7　选中在步骤6中通过复制克隆得到的左侧的铁箍副本，然后在"修改"面板的"参数"卷展栏中将其长度、宽度、高度均设为17 mm，将右侧的铁箍副本的长度和宽度均设为17 mm、高度设为4 mm。选中这两个铁箍后按"W"键，在前视图中将它们移至合适的位置，结果如图2-1-10所示。

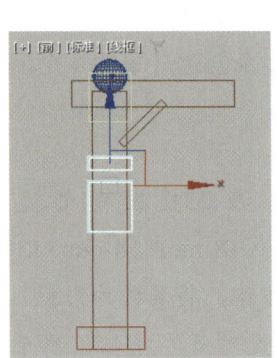
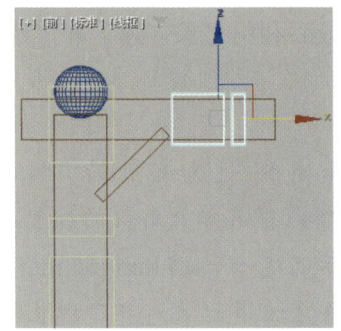

图 2-1-9　灯杆上铁箍的位置　　　　　图 2-1-10　灯臂上铁箍的位置

步骤8　单击"标准基本体"分类中的"圆环"按钮，在左视图中按住左键并拖动鼠标，以指定圆环外圈的大小，然后释放左键，向圆环内部移动光标并在合适的位置单击，以指定圆环的中心与圆环横截面圆的圆心之间的距离（对应"半径1"文本框中的数值）和圆环横截面圆的半径（对应"半径2"文本框中的数值），最后在"参数"卷展栏的"半径1"文本框中输入"4"，在"半径2"文本框中输入"1"。

步骤9　选中圆环，按"E"键，然后将该圆环在透视图中绕z轴旋转90°并实例克隆一份。按"W"键，然后在透视图中沿z轴方向移动圆环的副本至合适的位置，结果如图2-1-11所示。

步骤10　单击"标准基本体"分类中的"圆柱体"按钮，在透视图中按住左键并拖动鼠标，以指定圆柱体的底面半径，释放左键后向上或向下移动光标至合适的位置并单击，以指定圆柱体的高度，最后在"参数"卷展栏中将圆柱体的底面半径设为2 mm、高度设为4 mm。

步骤 11 利用"快速对齐"按钮将圆柱体与圆环以轴点为基准对齐。按"W"键,在前视图中沿 y 轴方向移动圆柱体至合适的位置,结果如图 2-1-12 所示。

步骤 12 单击"标准基本体"分类中的"四棱锥"按钮,在透视图中按住左键并拖动鼠标,以指定四棱锥的底面大小,释放左键后向上移动光标至合适的位置并单击,以指定四棱锥的高度,最后在"参数"卷展栏中将四棱锥底面的宽度、长度和四棱锥的高度均设为 17 mm。

步骤 13 选中在步骤 12 中创建的四棱锥,按"Ctrl+V"组合键将其原位复制克隆一份,然后在前视图中将其沿 y 轴方向移至合适的位置,结果如图 2-1-13 所示。

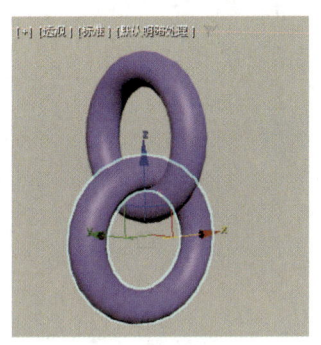

图 2-1-11 圆环副本的位置

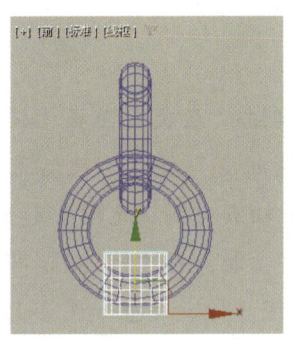

图 2-1-12 圆柱体的位置

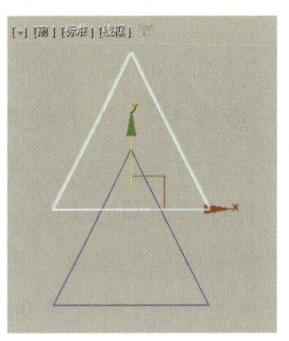

图 2-1-13 四棱锥的位置

步骤 14 选中图 2-1-13 中下方的四棱锥,单击"复合对象"分类中的"布尔"按钮,再单击"布尔参数"卷展栏中的"添加运算对象"按钮,然后选中另一个四棱锥,在"运算对象参数"卷展栏中单击"差集"按钮,最后在任一视口中右击,结束布尔操作,结果如图 2-1-14 所示。

步骤 15 在透视图中创建一个 14 mm×14 mm×16 mm 的长方体,将其作为灯罩的主体,然后利用"快速对齐"按钮将其与图 2-1-14 中的四棱台以轴点为基准对齐,接着按"W"键,在前视图中沿 y 轴方向移动灯罩的主体至合适的位置,结果如图 2-1-15 所示。

步骤 16 在透视图中创建一个 18 mm×18 mm×2 mm 的长方体和一个 15 mm×15 mm×1 mm 的长方体,利用"快速对齐"按钮将它们分别与四棱台和灯罩的主体以轴点为基准对齐,结果如图 2-1-16 所示。

图 2-1-14 布尔操作结果

图 2-1-15 灯罩主体的位置

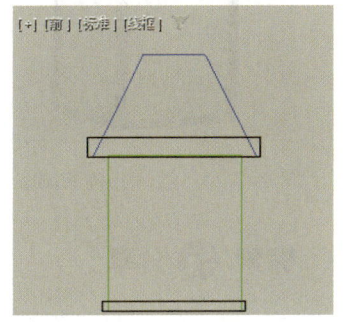

图 2-1-16 两个长方体的位置

步骤 17 在透视图中创建一个 1 mm×1 mm×16 mm 的长方体,将其作为灯罩的侧棱。选中该侧棱,单击主工具栏中的"对齐"按钮,接着选中灯罩的主体,在弹出的"对齐当前选择"对话框中参照图 2-1-17 进行设置,使侧棱(当前对象)底面的中心与灯罩主体(目标对象)底面左前方的端点对齐,最后单击"确定"按钮,结果如图 2-1-18 所示。

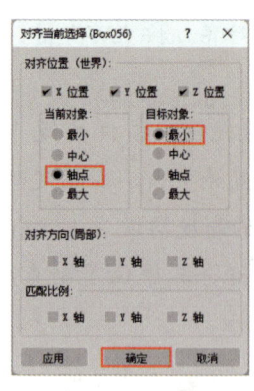

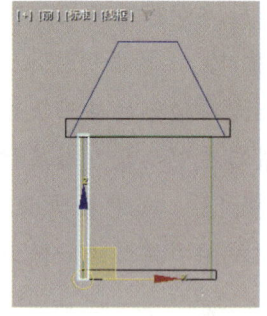

图 2-1-17 "对齐当前选择"对话框　　　　图 2-1-18 灯罩侧棱的位置

步骤 18　选中灯罩的侧棱,单击"层次"面板"轴"选项卡中的"仅影响轴"按钮,再单击"快速对齐"按钮,然后选中灯罩的主体,将灯罩侧棱的轴点与灯罩主体的轴点对齐(见图2-1-19),最后单击"仅影响轴"按钮,关闭轴点调整功能。按"E"键,将灯罩的侧棱在透视图中绕z轴旋转90°并实例克隆3份,结果如图2-1-20所示。

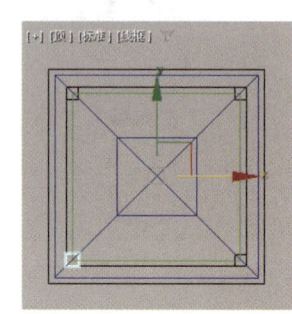

步骤 19　选中在步骤12~步骤18中创建的对象,利用"组"→"组"菜单将所选对象以"灯具"为组名组成一个组,然后利用"快速对齐"按钮将"灯具"组与在步骤10中创建的圆柱体以轴点为基准对齐,最后按"W"键,在前视图中将"灯具"组沿y轴方向移至合适的位置,结果如图2-1-21所示。

图 2-1-19　调整轴点

步骤 20　选中图2-1-21中的所有对象,使用同样的方法将其以"照明部分"为组名组成一个组,然后利用"快速对齐"命令将"照明部分"组与灯臂以轴点为基准对齐,最后在前视图中调整"照明部分"组的位置,结果如图2-1-22所示。

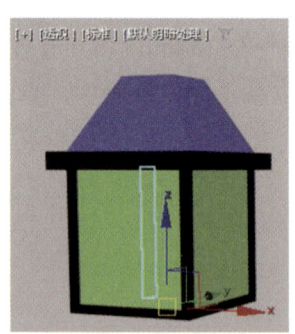
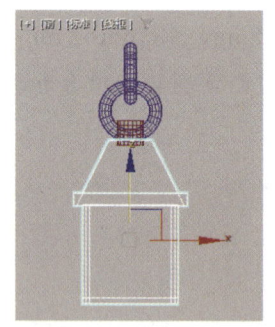

图 2-1-20　灯罩侧棱的副本　　　图 2-1-21 "灯具"组的位置　　　图 2-1-22 "照明部分"组的位置

探索与分享

3人一组,讨论以下问题,教师随机选择几名学生回答:

(1)利用"快速对齐"命令对齐A、B两个对象时,要使A对象的位置不变,应如何操作? A、B两个对象对齐的基准是什么?

(2)复制克隆和实例克隆分别适用于哪种场合?

(3)在利用"选择并旋转"命令实例克隆灯罩的侧棱前,为什么要将灯罩侧棱的轴点与灯罩主体的轴点对齐?

任务实施二 创建小桥模型——扩展基本体

下面通过创建图 2-1-23 中的小桥模型,学习使用"L-Ext""油罐"和"软管"命令建模的具体操作。

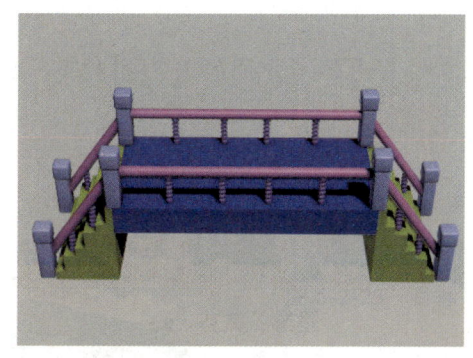
小桥模型

渲染效果

图 2-1-23 小桥模型及其渲染效果

制作思路

利用"长方体"命令创建桥面,然后利用"L-Ext"命令和"选择并移动"命令创建桥面一侧的台阶,通过镜像创建另一侧的台阶。从桥面长度方向看,小桥左右两侧对称,因此可先创建一侧的柱子、扶手和栏杆柱,再通过镜像创建另一侧的柱子、扶手和栏杆柱。利用"切角长方体"命令创建柱子,利用"油罐"命令创建扶手,利用"软管"命令创建栏杆柱。

制作步骤

步骤 1 在透视图中创建一个 50 mm×100 mm×12 mm 的长方体将其作为桥面。

步骤 2 单击"扩展基本体"分类中的"L-Ext"按钮,在前视图中按住左键并拖动鼠标,以指定 L 形体每个脚的方向和长度;释放左键后向上或向下移动光标至合适的位置并单击,以指定 L 形体的高度;接着移动光标到合适的位置后单击,以指定 L 形体每个脚的宽度,最后在"参数"卷展栏中设置相关参数,如图 2-1-24 所示。

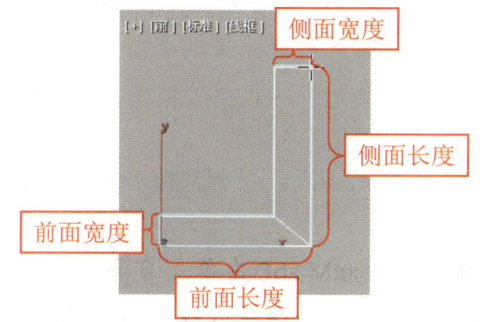
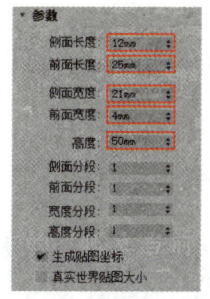
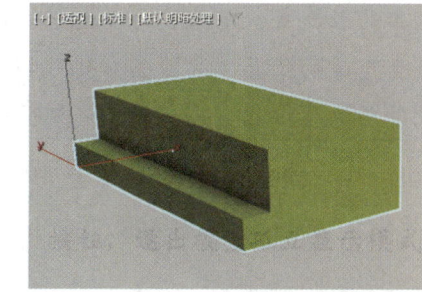

图 2-1-24 创建 L 形体

步骤 3 选中 L 形体,按"W"键,然后将光标移至前视图中移动 Gizmo 的 y 轴上,接着按住"Shift"键和左键并拖动鼠标,以复制克隆两个 L 形体。将其中一个 L 形体副本的前面长度设为 16 mm、侧面宽度设为 12 mm，将另一个 L 形体的前面长度设为 7 mm、侧面宽度设为 3 mm。

步骤 4　选中中间的 L 形体，单击主工具栏中的"对齐"按钮，然后选择下方的 L 形体，在弹出的"对齐当前选择"对话框中设置对齐的位置（见图 2-1-25），最后单击"确定"按钮。按"W"键，然后利用"捕捉开关"按钮和"选择并移动"按钮在前视图中将中间的 L 形体沿 y 轴方向移至合适的位置，结果如图 2-1-26 所示。

步骤 5　参照步骤 4，利用"对齐"命令将最上方的 L 形体与中间的 L 形体对齐，然后将最上方的 L 形体移至合适的位置，结果如图 2-1-27 所示。

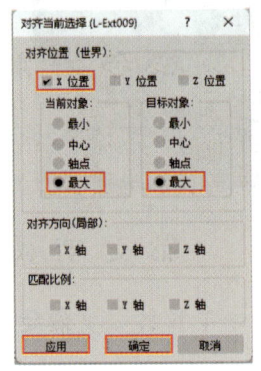 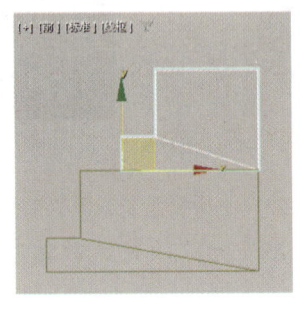 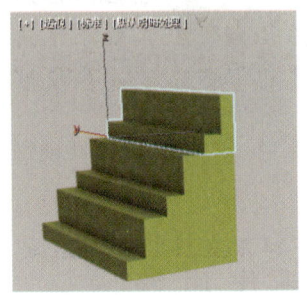

图 2-1-25　设置对齐的位置　　　图 2-1-26　L 形体的位置 ①　　　图 2-1-27　L 形体的位置 ②

步骤 6　选中 3 个 L 形体，然后选择"组"→"组"菜单，将其以"台阶"为组名组成一个组，接着在顶视图中调整"台阶"组的位置，使其位于桥面左侧，结果如图 2-1-28 所示。单击"捕捉开关"按钮，使其处于禁用状态。

步骤 7　选中"台阶"组，利用"层次"面板"轴"选项卡中的"仅影响轴"按钮和主工具栏中的"快速对齐"按钮，将"台阶"组的轴点与桥面的轴点对齐，再次单击"仅影响轴"按钮，关闭轴点调整功能。

步骤 8　选中"台阶"组，单击主工具栏中的"镜像"按钮，然后在弹出的"镜像：世界坐标"对话框中单击"X"和"实例"单选钮，接着单击"确定"按钮，可将"台阶"组沿 x 轴方向实例克隆一份，结果如图 2-1-29 所示。

步骤 9　在前视图中创建一个 18 mm×6 mm×7 mm 的切角长方体，在"参数"卷展栏中将圆角半径设为 1 mm。按"Ctrl+V"组合键将切角长方体原位复制克隆一份，然后将切角长方体副本的长、宽、高均设为 7 mm，接着按"W"键，在前视图中将切角长方体的副本沿 y 轴方向移至合适的位置（见图 2-1-30）。选中两个切角长方体，然后选择"组"→"组"菜单，将其以软件默认的组名组成一个组，即可完成柱子的创建。

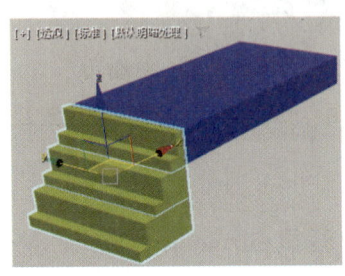 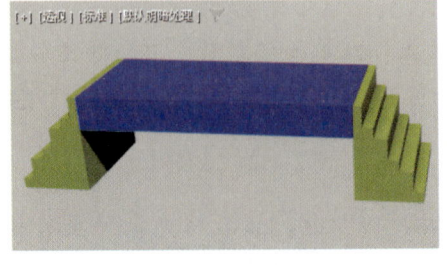 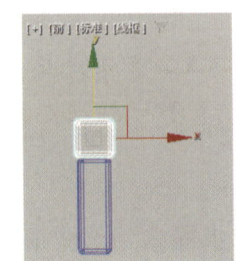

图 2-1-28　"台阶"组的位置　　　图 2-1-29　"台阶"组的实例克隆效果　　　图 2-1-30　切角长方体的位置

步骤10 按"W"键，在前、顶视图中将柱子移至合适的位置（见图2-1-31），然后按"Ctrl+V"组合键将其原位实例克隆一份，最后在前视图中调整柱子副本的位置，结果如图2-1-32所示。选中两根柱子，选择"组"→"组"菜单，将其以"柱子"为组名组成一个组。

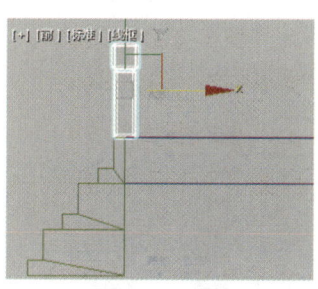
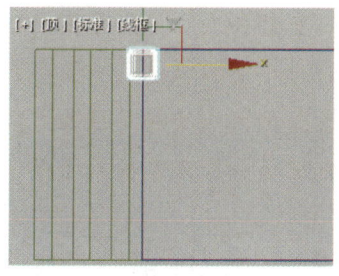
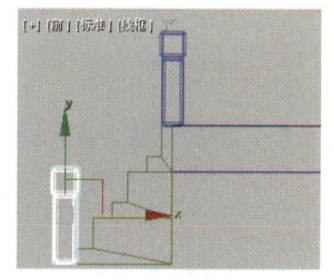

图 2-1-31　第 1 根柱子的位置　　　　　　　　　图 2-1-32　第 2 根柱子的位置

步骤11 选中"柱子"组，参照步骤7，将"柱子"组的轴点与桥面的轴点对齐，然后利用"镜像"命令将"柱子"组沿 x 轴方向实例克隆一份，结果如图2-1-33所示。

步骤12 单击"扩展基本体"分类中的"油罐"按钮，在左视图中按住左键并拖动鼠标至合适的位置后释放左键，以指定油罐的半径；向上移动光标至合适的位置并单击，以指定油罐的高度；继续移动光标至合适的位置后单击，以指定油罐的封口高度，最后在"参数"卷展栏中将油罐的半径设为 2 mm、高度设为 100 mm、封口高度设为 1 mm。按"W"键，在顶、前视图中将该油罐移至合适的位置，即可完成横向扶手的创建，结果如图2-1-34所示。

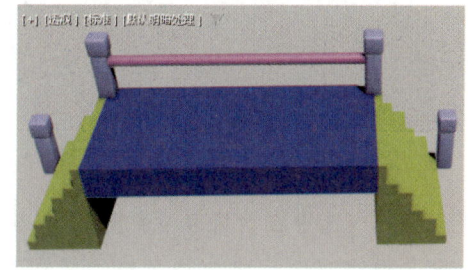

图 2-1-33　"柱子"组的实例克隆效果　　　　　　图 2-1-34　横向扶手的位置

步骤13 按"Ctrl+V"组合键将横向扶手原位复制克隆一份，然后在"修改"面板的"参数"卷展栏中将横向扶手副本的高度设为 50 mm。按"E"键，在前视图中将横向扶手的副本按逆时针方向绕 y 轴旋转约 55°，接着按"W"键，在前、左视图中调整该油罐的位置，即可完成左侧扶手的创建，结果如图2-1-35所示。

步骤14 选中左侧扶手，参照步骤7将其轴点与桥面的轴点对齐，然后利用"镜像"命令将该扶手沿 x 轴方向实例克隆一份，结果如图2-1-36所示。

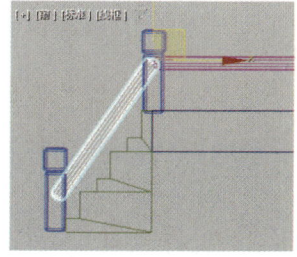

图 2-1-35　左侧扶手的位置　　　　　　图 2-1-36　左侧扶手的实例克隆效果

步骤15 单击"扩展基本体"分类中的"软管"按钮,在透视图中按住左键并拖动鼠标至合适的位置后释放左键,以指定软管的直径尺寸,接着向上移动光标至合适的位置后单击,以指定软管的高度,最后在"软管参数"卷展栏中修改软管的高度尺寸和直径尺寸,将该软管作为栏杆柱,如图2-1-37所示。

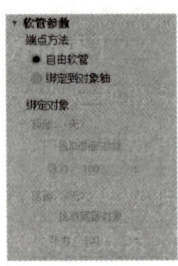 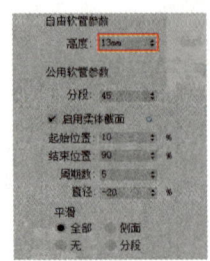 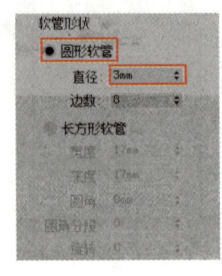 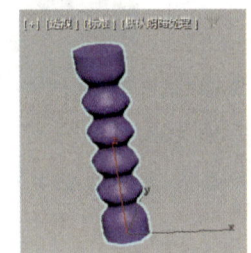

图2-1-37 创建栏杆柱

步骤16 按"W"键,在前、顶视图中将栏杆柱移至合适的位置(见图2-1-38),然后利用"Shift"键在前视图中将该栏杆柱沿 x 轴方向实例克隆7份,接着在前视图中调整栏杆柱副本的位置,结果如图2-1-39所示。

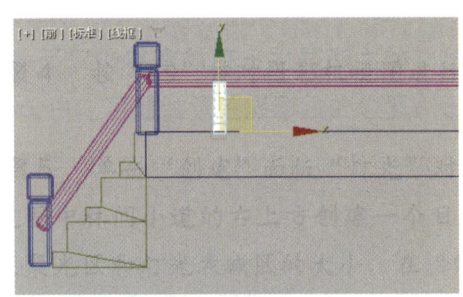 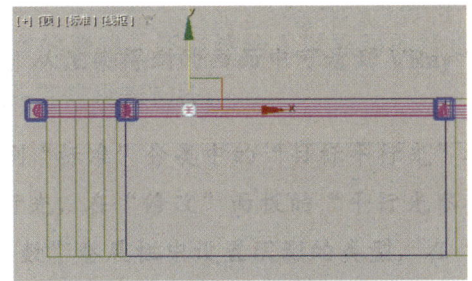

图2-1-38 栏杆柱的位置

步骤17 选中在步骤9~步骤16创建的所有对象,选择"组"→"组"菜单,将其以"护栏"为组名组成一组,然后将该组的轴点与桥面的轴点对齐,最后利用"镜像"命令将"护栏"组沿 y 轴方向实例克隆一份,结果如图2-1-40所示。

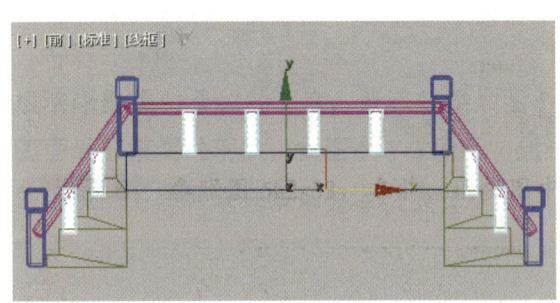 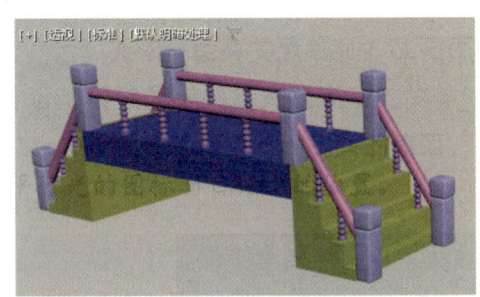

图2-1-39 实例克隆栏杆柱并调整其位置　　　　图2-1-40 "护栏"组的实例克隆效果

任务二　利用样条线建模

【任务描述】

二维图形是由一条或多条样条线构成的，样条线的形状取决于其上顶点的位置和两个相邻顶点间曲线的曲率大小。建模时，通过调整样条线上顶点的位置和曲线的曲率，可以创建不同形状的三维模型。本任务将先介绍绘制、编辑样条线的方法，然后通过创建花架模型，学习利用样条线建模的具体操作。

一、绘制样条线

样条线是用来辅助创建三维模型的二维图形，共有 13 种，包括直线、矩形、圆、椭圆、圆弧、圆环、多边形、星形、文本、螺旋线等。利用"创建"面板"图形"对象类别"样条线"分类中的按钮可以绘制样条线，如图 2-2-1 所示。

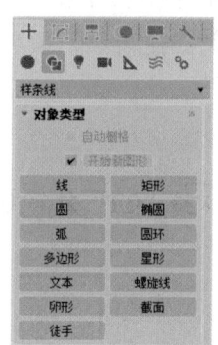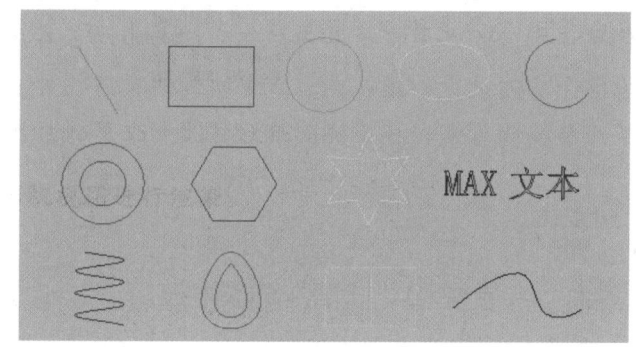

图 2-2-1　绘制样条线

 提　示

在默认状态下，"对象类型"卷展栏中的"开始新图形"复选框被勾选，此时在视口中绘制的样条线之间都是独立的。若不勾选该复选框，则绘制的所有样条线为一个整体。

（一）绘制样条线的方法

"线"命令是最常用的绘制样条线的命令，利用该命令可以绘制任意形状的线。利用"线"命令绘制样条线的具体操作为：单击"创建"面板"图形"对象类别"样条线"分类中的"线"按钮，在"创建方法"卷展栏（见图 2-2-2）中选择顶点的初始类型和拖动类型，然后在视口中单击，以指定样条线的起点，接着将光标移至合适的位置，单击或按住左键并拖动鼠标，绘制出需要的形状后再释放左键，以指定第 2 个点。此时，既可以移动光标继续指定第 3 个点，也可以在视口中右击，结

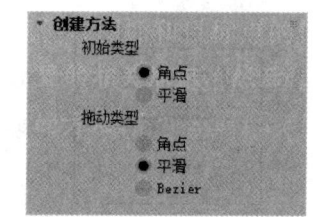

图 2-2-2　"创建方法"卷展栏

束样条线的绘制。

样条线的顶点有角点、平滑、Bezier、Bezier 角点 4 种类型。当顶点的类型为"角点"时，该顶点处线段转折强烈；当顶点的类型为"平滑"时，该顶点处线段过渡平滑，顶点处曲线的曲率取决于相邻顶点间的距离；当顶点的类型为"Bezier"时，该顶点具有 Bezier 切线，可以通过调整任意一个切线控制柄的方向和量级来控制顶点处样条线的曲率；当顶点的类型为"Bezier 角点"时，该顶点具有 Bezier 角点切线，可以通过分别调整两个切线控制柄的方向和量级分别控制顶点两侧曲线的曲率。4 种顶点类型的样条线的效果如图 2-2-3 所示。

 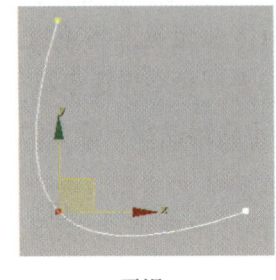 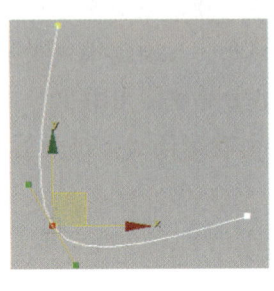 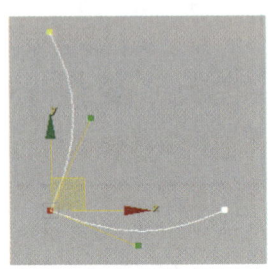

角点　　　　　　　平滑　　　　　　　Bezier　　　　　　Bezier 角点

图 2-2-3　4 种顶点类型的样条线的效果

提 示

绘制样条线时，若采用在视口中单击的方式创建顶点，软件将按"初始类型"设置区中的设置创建顶点；若采用在视口中按住左键并拖动鼠标的方式创建顶点，软件将按"拖动类型"设置区中的设置创建顶点。选中绘制的样条线并右击，利用快捷菜单中的菜单项可将该样条线转换为可编辑样条线，然后更改所选顶点的类型。编辑样条线的操作稍后将详细介绍。

（二）"渲染"卷展栏和"插值"卷展栏

单击"创建"面板"图形"对象类别"样条线"分类中的大部分按钮，视口右侧的面板中会出现"渲染"卷展栏和"插值"卷展栏。

（1）"渲染"卷展栏。利用"渲染"卷展栏（见图 2-2-4）可以将二维图形转换为三维模型并且控制其在视口和渲染输出的画面中的可见性。在"渲染"卷展栏中勾选"在渲染中启用"和"在视口中启用"复选框，可将所选的二维图形以圆形截面或矩形截面显示在视口中，并且可以将其渲染输出为三维模型，如图 2-2-5 所示。

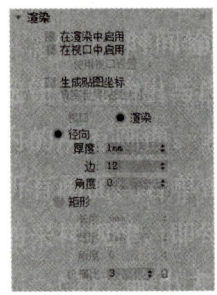 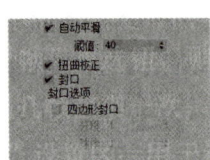　　　　

　　　　　　　　　　　　　　　　　　　　　　　圆形截面　　　　矩形截面

图 2-2-4　"渲染"卷展栏　　　　　　　图 2-2-5　三维模型的效果

（2）"插值"卷展栏。"插值"卷展栏（见图2-2-6）中的步数是指样条线上相邻顶点间线段的数量，步数越多，样条线越平滑，如图2-2-7所示。样条线的步数既可以在"步数"文本框中手动输入，也可以勾选"自适应"复选框，让软件为样条线自动匹配步数。

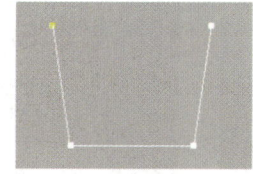
步数为0

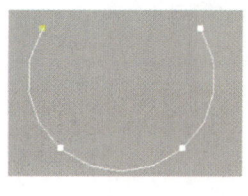
步数为2

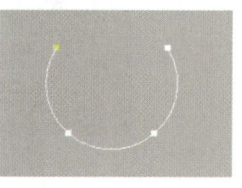
步数为6

图2-2-6 "渲染"卷展栏

图2-2-7 步数不同时圆弧的效果

二、编辑样条线

对于利用"创建"面板"图形"对象类别"样条线"分类中的按钮绘制的样条线，往往需要对其进行编辑，才能满足建模需求。除利用"线"按钮绘制的样条线外，在编辑利用"样条线"分类中的其他按钮绘制的样条线前，都需要先将其转换为可编辑样条线。

（一）转换为可编辑样条线

将利用"样条线"分类中的按钮绘制的样条线转换为可编辑样条线的具体操作为：选中要转换的样条线并右击，在弹出的快捷菜单中选择"转换为"→"转换为可编辑样条线"菜单项，如图2-2-8所示。将样条线转换为可编辑样条线后，利用"修改"面板修改器堆栈（见图2-2-9）中的"顶点""线段""样条线"选项或者"选择"卷展栏中的"顶点""线段""样条线"按钮（见图2-2-10），可对该样条线进行编辑。

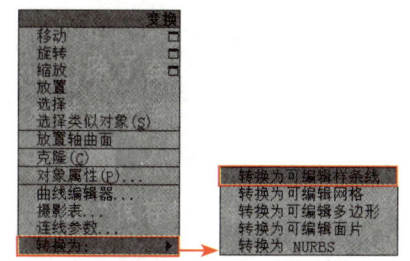

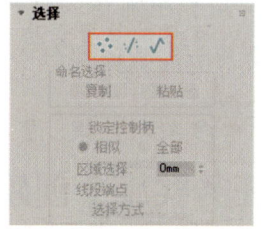

图2-2-8 转换为可编辑样条线　　　图2-2-9 修改器堆栈　　　图2-2-10 "选择"卷展栏

图2-2-10中的"顶点""线段""样条线"按钮所对应的快捷键分别为"1"键、"2"键、"3"键。

（二）编辑样条线的常用命令

利用样条线建模时，常用"几何体"卷展栏（见图2-2-11）中的"断开""附加""焊接""连接""插入""熔合""圆角""切角"等按钮对样条线进行编辑。选择样条线的"顶点""线段""样条线"子对象后，可以激活这些按钮。

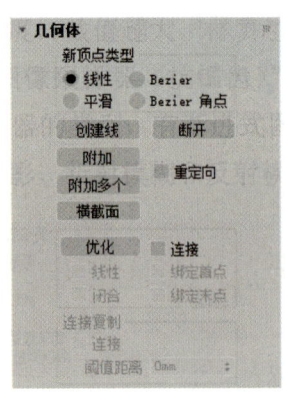 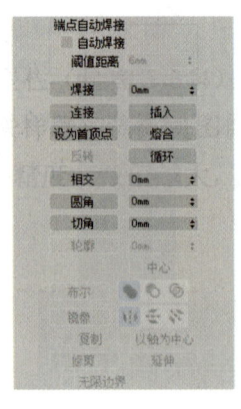 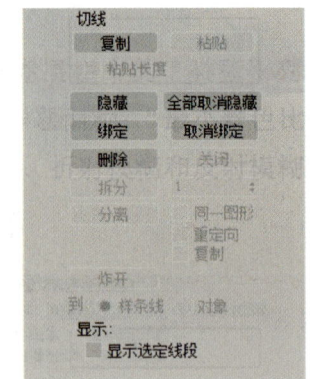

图 2-2-11 "几何体"卷展栏

（1）"断开"按钮：选中样条线上的顶点并单击该按钮，可使样条线从该顶点处断开。

（2）"附加"按钮：单击该按钮，然后选择其他样条线，可使该样条线与当前选中的样条线成为一个整体。

（3）"焊接"按钮：选中要焊接的顶点，然后单击该按钮，可将所选的顶点合并为一个顶点。但是当"焊接"文本框中的数值小于焊接的顶点间的距离时，将无法使所选的顶点合并为一个顶点。

（4）"连接"按钮：单击该按钮，然后将光标移至非闭合的二维图形一端的顶点上，接着按住左键并拖动鼠标，将光标移至二维图形另一端的顶点上，就可以用直线连接这两个顶点。

（5）"插入"按钮：单击该按钮，然后在样条线上的合适位置单击，以指定顶点的插入位置，接着移动光标并在合适位置单击，可插入一个顶点；继续移动光标并在合适的位置单击，可插入其他顶点。

（6）"熔合"按钮：选中要合并的顶点，然后单击该按钮，可将所选顶点移动到它们的中心位置，通常与"焊接"按钮配合使用。

（7）"圆角"和"切角"按钮：选中要编辑的顶点，然后在"圆角"或"切角"文本框中输入所需数值并单击"圆角"或"切角"按钮（或按回车键），可对所选顶点进行圆角或切角处理。

任务实施 创建花架模型——线和矩形

下面通过创建图 2-2-12 中的花架模型，学习使用"线"和"矩形"命令建模的具体操作。

花架模型

渲染效果

图 2-2-12 花架模型及其渲染效果

制作思路

先绘制两条样条线，将它们合并为一个整体，再将它们镜像并克隆一份，接着焊接重合的顶点，设置二维图形的渲染参数，以创建花架的后支架。绘制矩形和直线并设置它们的渲染参数，形成置物架的边框和支撑杆，然后将支撑杆进行实例克隆，即可完成置物架的创建，接着进行复制克隆、缩放、镜像等操作，创建其他置物架，最后将后支架镜像并实例克隆一份，生成花架的前支架。

扫一扫

创建花架模型

制作步骤

步骤1 在透视图中创建一个200 mm×250 mm×700 mm的长方体，将其作为尺寸参照，然后单击"图形"对象类别"样条线"分类中的"线"按钮，在前视图中的合适位置连续单击，绘制一条样条线（见图2-2-13），最后在视口中右击，结束样条线的绘制。在视口中再次右击，终止执行"线"命令。选中视口中的长方体，按"Delete"键将其删除。

步骤2 选中绘制的样条线，在"修改"面板的"选择"卷展栏中单击"顶点"按钮（或按"1"键），然后选中样条线上的所有顶点并右击，在弹出的快捷菜单中选择"Bezier"菜单项，最后按"W"键，并根据需要调整顶点的位置及其切线控制柄的方向和量级，结果如图2-2-14所示。

答疑解惑

问：在绘制样条线的过程中，发现上一个点的位置不当该怎么办？
答：按"Backspace"键，撤销上一步操作。
问：编辑样条线时无法自由移动切线控制柄该怎么办？
答：无法自由移动切线控制柄是因为该切线控制柄被锁在了某个坐标轴上（该坐标轴显示为黄色）。此时单击移动Gizmo的原点，就可以自由移动该切线控制柄了。

步骤3 参照步骤1和步骤2，在第1条样条线的左侧绘制第2条样条线，并对第2条样条线进行编辑，结果如图2-2-15所示。选择修改器堆栈中的"Line"选项，选中第2条样条线，然后单击"修改"面板"几何体"卷展栏中的"附加"按钮，在视口中选择第1条样条线，使它们成为一个整体，最后在视口中右击，退出附加状态。

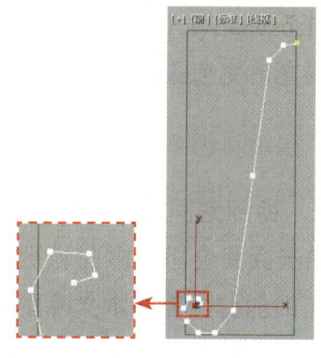

图2-2-13　绘制样条线①

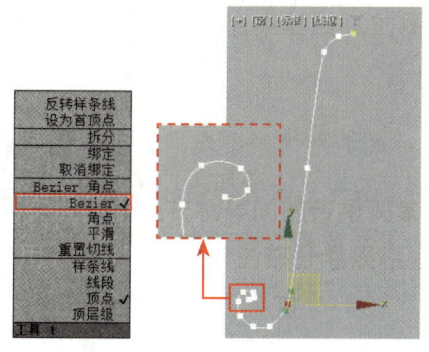

图2-2-14　调整样条线的顶点

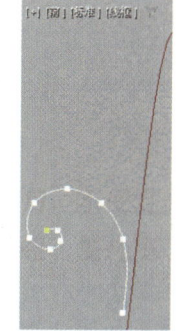

图2-2-15　绘制样条线②

步骤4 单击"层次"面板"轴"选项卡中的"仅影响轴"按钮，然后按"W"键，利用"捕捉开关"按钮将二维图形的轴点与第一条样条线始端的顶点对齐（见图2-2-16），最后单击

"仅影响轴"按钮，关闭轴点调整功能。单击"捕捉开关"按钮，使其处于禁用状态。

步骤5 确保视口中的样条线处于选中状态，在"修改"面板的"选择"卷展栏中单击"样条线"按钮，然后按住"Ctrl"键选择视口中的两条样条线，接着勾选"几何体"卷展栏中的"复制"和"以轴为中心"复选框，最后单击"镜像"按钮，如图2-2-17所示。

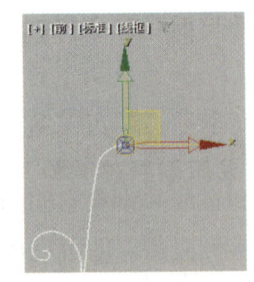

图2-2-16 轴点的位置

步骤6 按"1"键选择"顶点"子对象，然后采用框选方式选中第1条样条线始端两个重合的顶点，接着单击"几何体"卷展栏中的"焊接"按钮，将两个顶点合并为一个顶点，最后根据需要对合并后的顶点进行编辑。再次按"1"键，退出编辑顶点模式，然后参照图2-2-18，在"渲染"卷展栏中设置二维图形的渲染参数。

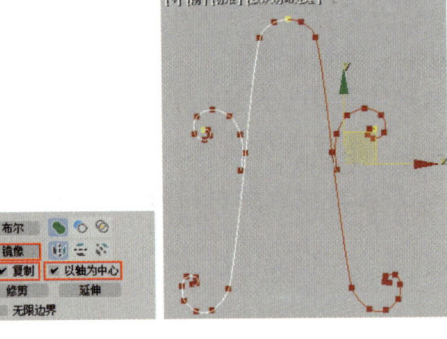

图2-2-17 将样条线镜像

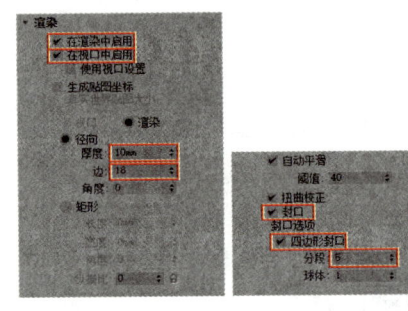

图2-2-18 设置二维图形的渲染参数

> **知识库**
>
> 图2-2-18中的"封口"复选框和"封口选项"设置区的功能如下：
>
> （1）"封口"复选框：用于控制在将样条线渲染为三维模型时，样条线的始端和末端是否封口。
>
> （2）"封口选项"设置区：用于控制封口的形状、分段数和凸起程度。

步骤7 单击"创建"面板"图形"对象类别"样条线"分类中的"矩形"按钮，在顶视图中按住左键并拖动鼠标至合适的位置后释放左键，绘制出一个矩形，然后在"参数"卷展栏中将其长度设为145 mm、宽度设为270 mm、角半径设为1 mm，接着勾选"渲染"卷展栏中的"在视口中启用"复选框并单击"径向"单选钮，最后将该矩形的厚度设为8 mm、横截面边数设为18，结果如图2-2-19所示。

步骤8 单击"图形"对象类别"样条线"分类中的"线"按钮，在顶视图中的合适位置单击，以指定样条线始端的顶点，然后按住"Shift"键并在合适的位置单击，以指定样条线末端的顶点（样条线始端的顶点和末端的顶点位于矩形的两条边上），接着在视口中右击，结束支撑杆的绘制，最后在"渲染"卷展栏中将支撑杆的直径设为5 mm。此时，该支撑杆在顶视图中的显示效果如图2-2-20所示。

步骤9 按住"Shift"键在顶视图中将支撑杆沿y轴方向移动并实例克隆4~5份（移动距离可参照如图2-2-21所示的距离），然后选中所有支撑杆，选择"组"→"组"菜单，将支撑杆以软件默认的组名组成一个组，最后利用"快速对齐"按钮将该组与置物架外框以轴点为基准对齐，结果如图 2-2-21 所示。

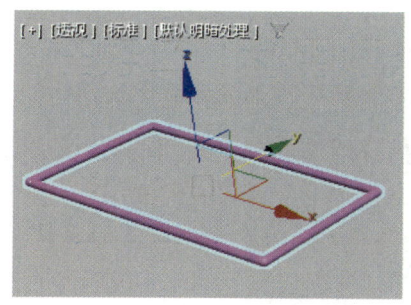

图 2-2-19 置物架的外边框

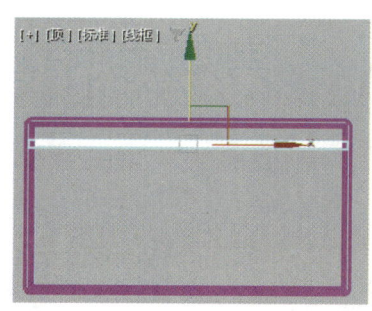

图 2-2-20 支撑杆

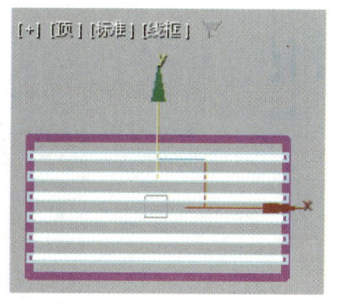

图 2-2-21 对齐效果

步骤10　选中置物架的外边框和所有支撑杆，然后选择"组"→"组"菜单，将所选对象以"置物架"为组名组成一个组，接着利用"快速对齐"按钮将"置物架"组与后支架以轴点为基准对齐，最后按"W"键，在前、左视图中调整"置物架"组的位置，结果如图 2-2-22 所示。

> 如果置物架不够长，在所需位置无法与后支架连接，则可按"R"键，然后在前视图中沿 x 轴方向将该"置物架"组放大。

步骤11　选中"置物架"组，按"Ctrl+V"组合键将其原位复制克隆一份，然后右击主工具栏中的"选择并均匀缩放"按钮，在"缩放变换输入"对话框"绝对：局部"设置区的"X"文本框中输入"60"并按回车键，接着按"W"键，在前视图中将"置物架"组的副本沿 y 轴方向移至后支架的顶部。

步骤12　选中"置物架"组的副本，按住"Shift"键在前视图中将其沿 y 轴方向移动并实例克隆两份，然后在前视图中将它们分别移至合适的位置，结果如图 2-2-23 所示。

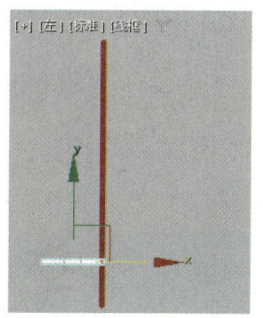

图 2-2-22 "置物架"组的位置

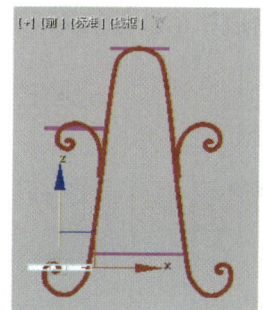

图 2-2-23 "置物架"组副本的位置

步骤13　选中后支架一侧的两个置物架，然后选择"组"→"组"菜单，将其以软件默认的组名组成一个组。单击"层次"面板"轴"选项卡中的"仅影响轴"按钮，利用"快速对齐"按钮将该组的轴点与后支架的轴点对齐。再次单击"仅影响轴"按钮，关闭轴点调整功能。单击主工具栏的"镜像"按钮，然后将后支架一侧的两个置物架沿 x 轴镜像并实例克隆一份，结果如图 2-2-24 所示。

步骤14　单击"层次"面板"轴"选项卡中的"仅影响轴"按钮，参照步骤13，利用"快速对齐"按钮将后支架的轴点与最大的置物架的轴点对齐，最后利用主工具栏的"镜像"按钮将

后支架沿 y 轴方向镜像并实例克隆一份,以完成前支架的创建,结果如图 2-2-25 所示。

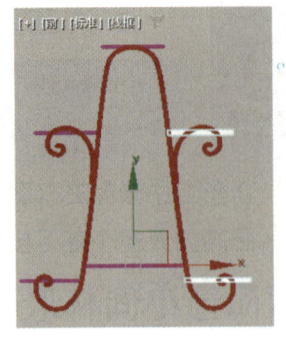 

图 2-2-24 置物架的镜像效果　　　图 2-2-25 后支架的镜像效果

★ 经验之谈 ——怎样参照设计图建模

在创建结构复杂,尤其是曲面较多的不规则模型时,通常需要将设计图作为参考图导入 3ds Max 中,以便准确把握模型各部分的比例,并且使所创建的模型与设计图中所绘对象的造型一致。

将设计图作为参考图按 1 ∶ 1 导入 3ds Max 中的步骤为:① 将前视图的显示模式设为"默认明暗处理",然后利用"平面"命令在该视图中创建一个与要导入的设计图的尺寸相同的平面;② 按住左键将设计图拖至前视图中的平面上,然后释放左键;③ 选中平面,在视口右侧的"显示"面板"显示属性"卷展栏中取消勾选"以灰色显示冻结对象"复选框(见图 2-2-26),最后在"冻结"卷展栏中单击"冻结选定对象"按钮(见图 2-2-27),以冻结所选平面。此时,导入的设计图无法被选中。

值得注意的是,如果"显示属性"卷展栏中的所有内容均不可用,则可先选中创建的平面并右击,在弹出的"对象属性"对话框中单击"按层"按钮,然后在"显示属性"卷展栏和"冻结"卷展栏中进行相关设置。将参考图导入 3ds Max 中的效果如图 2-2-28 所示。

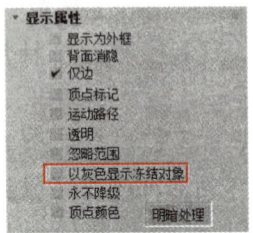 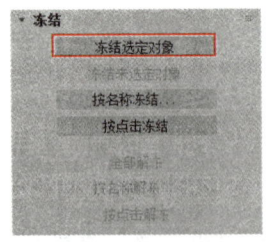 

图 2-2-26 "显示属性"卷展栏　　图 2-2-27 "冻结"卷展栏　　图 2-2-28 将参考图导入 3ds Max 中的效果

任务三 利用修改器建模

【任务描述】

除了利用基本体和样条线建模外,还可以通过为二维图形添加"挤出""倒角""车削"等修改器和为三维模型添加"弯曲""扭曲""晶格""锥化""噪波"修改器与FFD修改器来建模。本任务将先介绍利用修改器建模的方法和常用修改器的主要功能,然后通过创建挂物架、葡萄酒桶、牌匾、台灯模型,学习利用修改器建模的具体操作。

一、利用修改器建模的方法

修改器就是附加到二维图形、三维模型或其他对象上,使它们产生变化的工具。3ds Max 为用户提供了100多种修改器,这些修改器均位于"修改"面板的修改器列表中。"修改"面板由"名称"和"颜色"字段、修改器列表、修改器堆栈、修改器堆栈工具和卷展栏5部分组成,如图 2-3-1 所示。利用修改器建模时,需要在"修改"面板中进行相关操作。

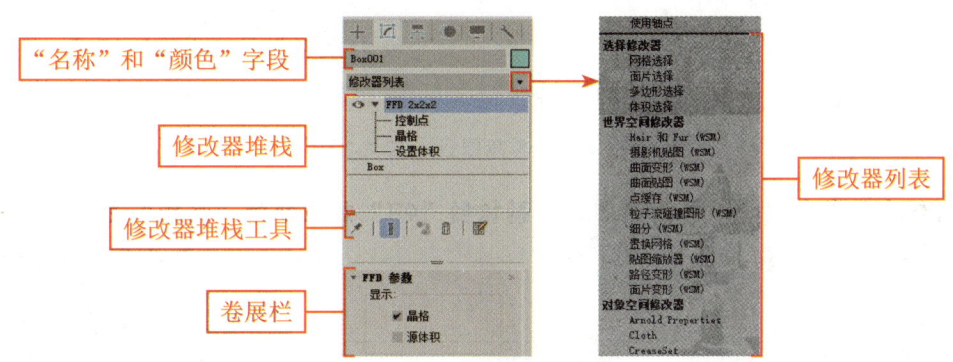

图 2-3-1 "修改"面板

(1)"名称"和"颜色"字段:用于显示、修改所选对象的名称和颜色。

(2)修改器列表:选中需要修改的对象,在修改器列表中单击,在弹出的下拉列表中可选择要添加的修改器。

(3)修改器堆栈:罗列了对象的名称和作用在该对象上的所有修改器的名称。若某个对象应用了多个修改器,在修改器堆栈中选中其中一个修改器,然后采用拖动的方式可以调整该修改器的应用顺序(软件默认按添加的先后顺序由下向上排列修改器),模型也会随之变化。右击修改器堆栈中某个修改器的名称,利用弹出的快捷菜单还可以对该修改器进行剪切、复制、粘贴、删除等操作。单击修改器前的 ▶ 图标,可显示该修改器下方的选项。

(4)修改器堆栈工具。修改器堆栈工具可用于管理修改器堆栈,其中包含以下 5 个按钮:

◆ "锁定堆栈"按钮 ：如果选中某个应用了修改器的对象后单击该按钮(按钮处于激活状态),则无论选中视口中的哪个对象,"修改"面板中始终显示该对象所应用的修改器。

- "**显示最终结果开/关切换**"按钮：该按钮处于激活状态时，无论在修改器堆栈中选中原始对象的名称还是修改器的名称，对象在视口中始终显示应用了修改器后的效果；该按钮处于非激活状态时，对象在视口中的显示效果将随着在修改器堆栈中选中的对象和修改器的不同而变化。
- "**使唯一**"按钮：将应用了修改器的对象实例克隆后，选中其中的任一对象，然后单击该按钮，可断开该对象与其他对象之间的联系。
- "**从堆栈中移除修改器**"按钮：利用该按钮可删除当前选中的修改器。
- "**配置修改器集**"按钮：单击该按钮，利用弹出的快捷菜单可自定义修改器在"修改"面板中的显示效果和修改器的选择方式。

（5）卷展栏。选中修改器堆栈中的任一选项，均会出现相应的卷展栏，在卷展栏中可查看或修改相关参数。

利用修改器建模的具体操作为：选中需要添加修改器的对象，在"修改"面板的修改器列表中选择需要的修改器，然后在出现的卷展栏中设置相关参数。

二、常用修改器的主要功能

（一）针对三维模型的常用修改器

针对三维模型的修改器很多，下面仅介绍最常用的"弯曲""扭曲""锥化""晶格""噪波"修改器和 FFD 修改器的功能和使用方法。

（1）"弯曲"修改器。利用"弯曲"修改器可使对象沿某个轴弯曲，如图 2-3-2 所示。为对象添加"弯曲"修改器后，可在"参数"卷展栏（见图 2-3-3）中调整对象弯曲的角度和方向、弯曲时依据的轴，并对弯曲效果进行限制。

弯曲前

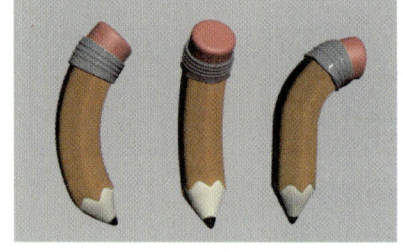
弯曲后

图 2-3-2　弯曲的铅笔

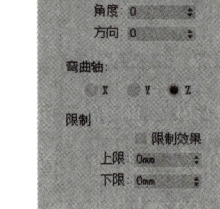

图 2-3-3　"参数"卷展栏 ①

答疑解惑

问：为对象添加"弯曲"修改器并调整弯曲时依据的轴、弯曲的角度和方向后，如果弯曲效果不理想，该如何解决？

答：弯曲效果不理想可能有两个原因：① 对象在弯曲方向上的分段数量不够多，此时可通过增加对象的分段数量来解决；② 弯曲修改器的 Gizmo 及其中心的位置不当，此时可选择修改器堆栈中"Bend"修改器下方的"Gizmo"或"中心"选项，然后在视口中通过调整其位置来解决。使用其他修改器建模时，也可以通过增加模型的分段数量、改变"Gizmo"或"中心"的位置来调整模型的最终效果。

（2）"扭曲"修改器。利用"扭曲"修改器可使对象绕某个轴扭曲，如图 2-3-4 所示。为对象添加"扭曲"修改器后，可在"参数"卷展栏（见图 2-3-5）中调整该对象的扭曲角度、扭曲的起始位置、扭曲时依据的轴，并对扭曲效果进行限制。

扭曲前

扭曲后

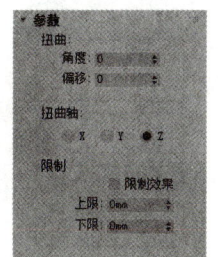

图 2-3-4　创意花瓶　　　　　　　　　　　图 2-3-5　"参数"卷展栏②

（3）"锥化"修改器。利用"锥化"修改器可缩放对象的一端或两端，从而使该对象产生锥化效果，如图 2-3-6 所示。为对象添加"锥化"修改器后，可在"参数"卷展栏（见图 2-3-7）中调整对象的缩放程度、对象表面的弯曲程度、锥化时依据的主轴和其他方向上的锥化效果等。

锥化前

锥化后

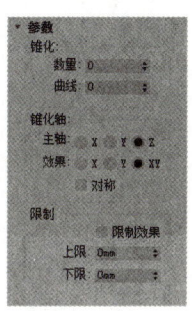

图 2-3-6　陶瓷花瓶　　　　　　　　　　　图 2-3-7　"参数"卷展栏③

（4）"晶格"修改器。利用"晶格"修改器可以将二维图形或三维模型的棱边转化为与圆柱类似的形状，并在它们的顶点处生成多面体，常用来创建具有镂空结构的模型，如图 2-3-8 所示。为对象添加"晶格"修改器后，可在"参数"卷展栏（见图 2-3-9）中调整晶格的应用范围、支柱的参数、所有顶点处多面体的类型和参数等。

添加修改器前

添加修改器后

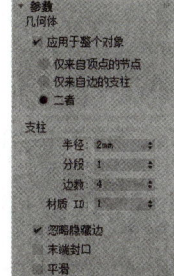

图 2-3-8　镂空的垃圾桶　　　　　　　　　图 2-3-9　"参数"卷展栏④

（5）"噪波"修改器。利用"噪波"修改器可以使对象的表面扭曲变形，并使其表面产生随机变化的、凹凸不平的效果，常用来创建山地等模型和表现水面、水果的凹凸纹理效果，如

49

图2-3-10所示。为对象添加"噪波"修改器后，可在"参数"卷展栏（见图2-3-11）中调整噪波的起始点、噪波的平滑程度、噪波在3个坐标轴上的强度。

添加修改器前

添加修改器后

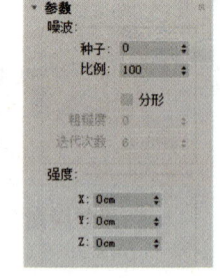

图2-3-10　橘子　　　　　　　　　　　　　　　图2-3-11　"参数"卷展栏⑤

（6）FFD修改器。FFD修改器又称自由形式变形修改器，读者可以通过调整晶格上的控制点改变对象的外观。3ds Max中有"FFD 2×2×2""FFD 3×3×3""FFD 4×4×4""FFD（圆柱体）"和"FFD（长方体）"5种FFD修改器，它们的使用方法相同，只是控制点的数量不同。为对象添加FFD修改器后，该对象会被一个晶格包裹，通过调整晶格上的控制点，可以使对象产生形变，如图2-3-12所示。

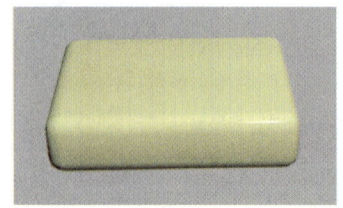
原模型

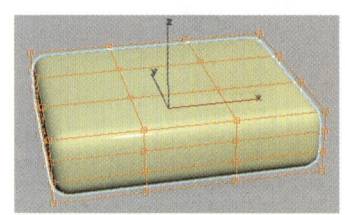
调整控制点前

调整控制点后

图2-3-12　靠垫

（二）针对二维图形的常用修改器

针对二维图形的修改器可以将二维图形通过拉伸、旋转等方式转换为三维模型。下面介绍"挤出""倒角""车削"3种常用修改器的功能和使用方法。

（1）"挤出"修改器。利用"挤出"修改器可以将二维图形沿与其垂直的平面拉伸，从而生成三维模型，如图2-3-13所示。为对象添加"挤出"修改器后，可在"参数"卷展栏（见图2-3-14）中调整挤出的高度、封口类型和输出类型。

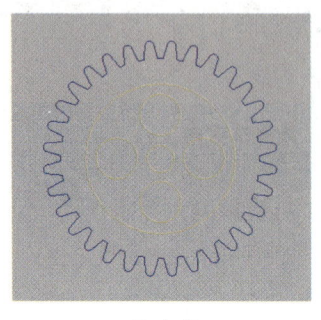
挤出前

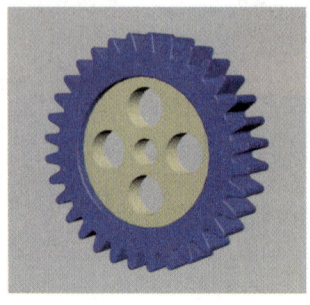
挤出后

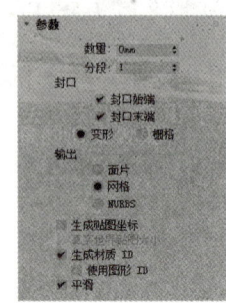

图2-3-13　齿轮　　　　　　　　　　　　　　　图2-3-14　"参数"卷展栏①

（2）"倒角"修改器。利用"挤出"修改器只能将二维图形挤出一次，但是利用"倒角"修改器可以将二维图形挤出多次（最多3次），并且还可以在挤出方向上对相邻面间的棱边进行平滑处理，如图2-3-15所示。为对象添加"倒角"修改器后，可在"参数"卷展栏和"倒角值"卷展栏（见图2-3-16）中调整封口类型、三维模型侧面的类型和平滑效果、起始轮廓的大小、各个挤出级别的相关参数等。

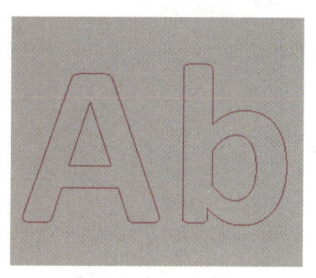  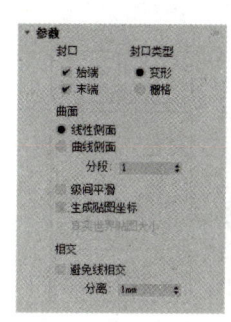 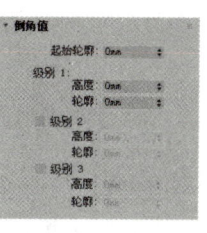

倒角前　　　　　　　倒角后

图 2-3-15　三维文本　　　　　　　　　　　图 2-3-16　"参数"卷展栏②

（3）"车削"修改器。利用"车削"修改器可以将二维图形围绕一个轴旋转，从而生成三维模型，如图2-3-17所示。为对象添加"车削"修改器后，可在"参数"卷展栏（见图2-3-18）中调整旋转角度、分段数量、封口类型、旋转轴、旋转轴的位置和生成的三维模型的类型。

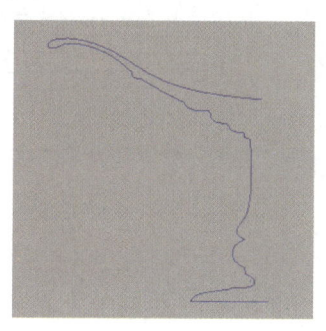 

车削前　　　　　　　车削后

图 2-3-17　果盘　　　　　　　　　　　图 2-3-18　"参数"卷展栏③

> 对二维图形应用"挤出""倒角""车削"修改器时，该二维图形既可以是封闭图形，也可以是未封闭图形，读者可根据建模需要确定。

任务实施一　创建挂物架模型——"弯曲"修改器和"晶格"修改器

下面通过创建图2-3-19中的挂物架，学习利用"弯曲"修改器和"晶格"修改器建模的具体操作。

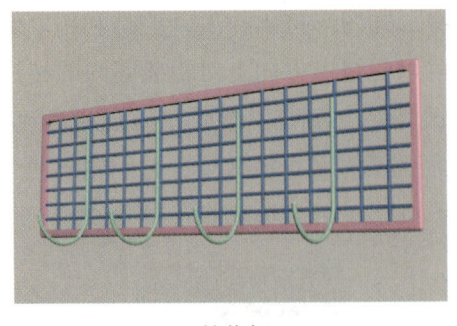 

挂物架　　　　　　　　　　　　　渲染效果

图 2-3-19　挂物架模型及其渲染效果

制 作 思 路

创建一个平面，为该平面添加"晶格"修改器，形成网格；然后创建两个切角长方体，对它们进行布尔操作（差集），形成网格的边框；接着创建一个圆柱体，为该圆柱体添加"弯曲"修改器，形成挂钩；最后对挂钩进行实例克隆。

制 作 步 骤

步骤1　在前视图中创建一个 80 mm× 275 mm 的平面，然后在"参数"卷展栏中将该平面在 z 轴方向上的分段数量设为 8，在 x 轴方向上的分段数量设为 18，接着在"修改"面板的修改器列表中选择"晶格"选项，并在"参数"卷展栏中进行相关设置，如图 2-3-20 所示。

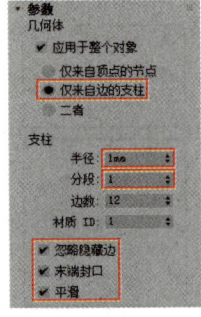 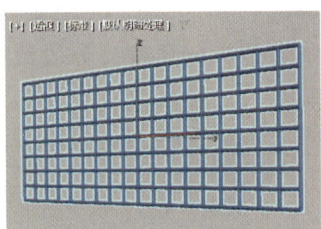

图 2-3-20　添加"晶格"修改器并进行设置

知 识 库

图 2-3-20 中的复选框、单选钮、文本框的功能如下：

（1）"应用于整个对象"复选框：勾选该复选框后，"晶格"修改器将应用于对象的所有边和线段上。

（2）"仅来自顶点的节点"单选钮：单击该单选钮后，视口中只显示在对象的顶点生成的节点（多面体）。

（3）"仅来自边的支柱"单选钮：单击该单选钮后，视口中只显示在对象的边和线段上生成的支柱（圆柱体）。

（4）"二者"单选钮：单击该单选钮后，视口中同时显示在对象的顶点和边、线段上生成的节点和支柱。

（5）"半径""分段""边数"文本框：用于设置支柱的半径、分段数量和边数。

（6）"材质 ID"文本框：用于设置支柱或节点的材质 ID，通常为支柱和节点设置不同的材质 ID，以便赋予它们不同的材质。

（7）"忽略隐藏边"复选框：用于控制在对象的边和线段上生成支柱时，是否忽略隐藏的边和线段。

（8）"末端封口"复选框：用于控制是否对生成的支柱的末端进行封口。

（9）"平滑"复选框：用于控制生成的支柱和节点的边是否平滑。

步骤2　在前视图中创建一个 85 mm×280 mm×4 mm 的切角长方体和一个 75 mm×270 mm×12 mm 的切角长方体，然后在"参数"卷展栏中将它们的圆角均设为 3 mm。

步骤3　选中第 2 个切角长方体，单击主工具栏中的"对齐"按钮，然后选中第 1 个切角长方体，在弹出的"对齐当前选择"对话框中勾选"X 位置""Y 位置""Z 位置"复选框并单击"中心"单选钮，最后单击"确定"按钮，可将两个长方体对齐，结果如图 2-3-21 所示。

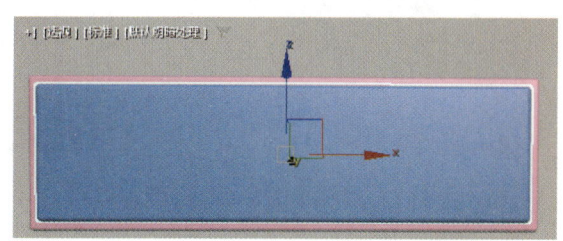

图 2-3-21　两个长方体的对齐效果

步骤4　选中第 1 个切角长方体，单击"复合对象"分类中的"布尔"按钮，然后单击"布尔参数"卷展栏中的"添加运算对象"按钮并选中第 2 个切角长方体，接着在"运算对象参数"卷展栏中单击"差集"按钮，形成网格的边框，结果如图 2-3-22 所示。在任一视口中右击，退出布尔运算状态。

步骤5　参照步骤 3，将网格的边框与网格对齐，结果如图 2-3-23 所示。

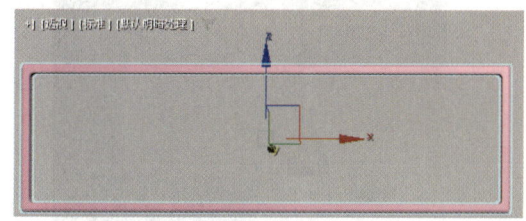

图 2-3-22　网格的边框

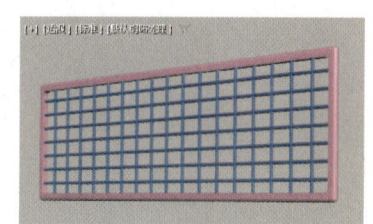

图 2-3-23　边框和网格的对齐效果

步骤6　在透视图中创建一个半径为 1 mm、高度为 115 mm、高度分段数量为的 40 圆柱体，在"修改"面板的修改器列表中选择"弯曲"选项，然后在"参数"卷展栏中设置弯曲的角度和方向，采用系统默认的弯曲轴（z 轴），在"限制"设置区中设置圆柱体下部分的弯曲效果，如图 2-3-24 所示。

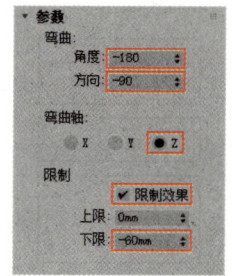

图 2-3-24　设置弯曲参数

> **知识库**
>
> 如图 2-3-24 所示的"限制"设置区中的复选框和文本框的功能如下：
> （1）"限制效果"复选框：勾选该复选框后，可对弯曲效果进行限制约束。
> （2）"上限"文本框：用于设置在弯曲中心点上方多长距离内弯曲对象。
> （3）"下限"文本框：用于设置在弯曲中心点下方多长距离内弯曲对象。

步骤7　按"W"键，然后选择修改器堆栈中"Bend"修改器下方的"Gizmo"选项，接着在透视图中沿 z 轴向上移动 Gizmo 至合适的位置，最后选择修改器堆栈中的"Bend"修改器并在任一视口中单击，退出编辑状态，结果如图 2-3-25 所示。

步骤8　在左、前视图中调整挂钩的位置，然后按住"Shift"键在前视图中将该挂钩沿 x 轴方向实例克隆 3 份（移动距离约为 4 格小格子的长度之和），接着调整所有挂钩的位置，如图 2-3-26 所示。

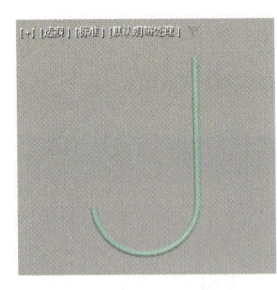
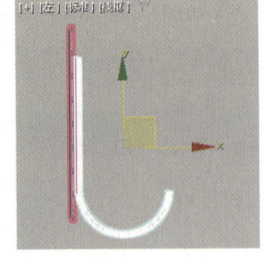
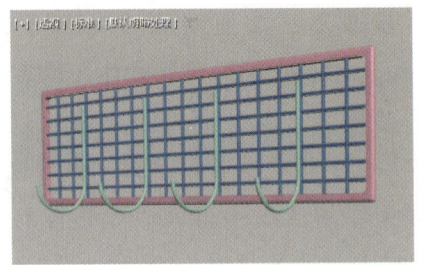

图 2-3-25　弯曲效果　　　　　　　　　图 2-3-26　克隆挂钩并调整其位置

步骤 9　选中所有挂钩，然后选择"组"→"组"菜单，将其以"挂钩"为组名组成一个组。

任务实施二　创建葡萄酒桶模型——"锥化"修改器和 FFD 修改器

下面通过创建图 2-3-27 中的葡萄酒桶，学习利用"锥化"修改器和 FFD 修改器建模的具体操作。

葡萄酒桶模型　　　　　　　　　　　　渲染效果

图 2-3-27　葡萄酒桶模型及其渲染效果

制作思路

通过创建和克隆切角圆柱体，制作葡萄酒桶的主体、桶底、桶顶和桶箍，然后为葡萄酒桶模型添加"锥化"修改器，通过设置相关参数调整酒桶的形状。

制作步骤

步骤 1　在透视图中创建一个半径为 110 mm、高度为 300 mm、圆角半径为 1 mm 的切角圆柱体，然后在"参数"卷展栏中将其高度分段数量设为 18、边数设为 40，其余参数采用默认值。

步骤 2　选中切角圆柱体，然后按"Ctrl+V"组合键将其原位复制克隆一份，接着单击"修改"面板中切角圆柱体副本名称右侧的颜色图标，在弹出的"对象颜色"对话框中选择所需颜色并单击"确定"按钮，以更改切角圆柱体副本的颜色，最后在"参数"卷展栏中将切角圆柱体副本的半径设为 113 mm、高度设为 20 mm。按"W"键，在前视图中将切角圆柱体的副本沿 y 轴向下移至合适的位置，以创建桶底，如图 2-3-28 所示。

步骤 3　选中桶底，按"W"键，然后按住"Shift"键在前视图中将该桶底沿 y 轴方向实例克隆 3 份，最后调整各副本的位置，以创建桶顶和桶箍，如图 2-3-29 所示。

步骤4 选中视口中的所有对象，然后在"修改"面板的修改器列表中选择"锥化"选项，并在"参数"卷展栏中进行相关设置，如图2-3-30所示。

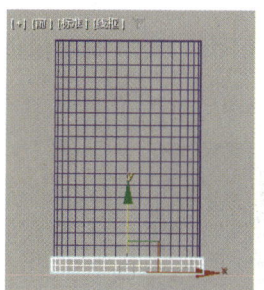 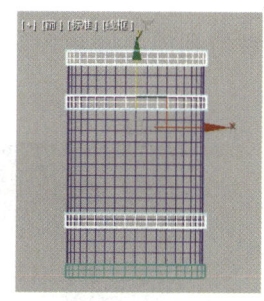 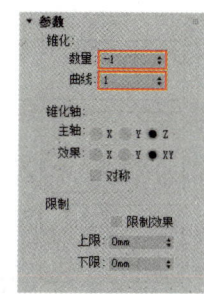 

图2-3-28 桶底的位置　　图2-3-29 桶顶和桶箍的位置　　图2-3-30 添加"锥化"修改器

知识库

图2-3-30中部分文本框、单选钮、复选框的功能如下：

（1）"数量"文本框：用于控制锥化时对象的缩放程度。该文本框中的数值为正值时，锥化端将被放大；该文本框中的数值为负值时，锥化端将被缩小。

（2）"样条线"文本框：用于控制对象表面的弯曲效果。该文本框中的数值为正值时，对象表面将产生外凸效果；当该文本框中的数值为负值时，对象表面将产生向内凹的效果（默认值为0）。

（3）"主轴：x/y/z"单选钮：用于设置锥化时依据的主轴。

（4）"效果：x/y/z"单选钮：用于设置主轴各方向上的锥化效果。

（5）"对称"复选框：用于控制是否以主轴为中心产生对称的锥化效果。

探索与分享

图2-3-30中的锥化效果不仅可以使用"锥化"修改器实现，还可以使用"FFD 3×3×3"修改器实现。请读者使用"FFD 3×3×3"修改器制作葡萄酒桶。

提示：选中视口中的所有对象，在"修改"面板的修改器列表中选择"FFD 3×3×3"选项，然后在修改器堆栈中选中"FFD 3×3×3"修改器下方的"控制点"选项（或按"1"键），接着在前视图中框选晶格中部的所有控制点，最后按"R"键，在透视图中均匀放大模型的中间部分，如图2-3-31所示。

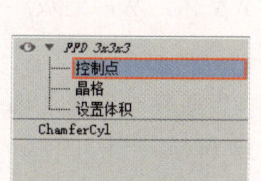 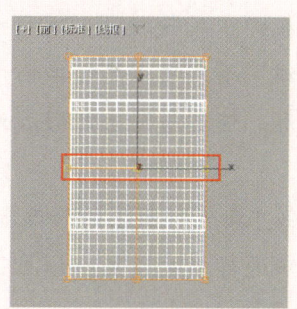 

图2-3-31 使用"FFD 3×3×3"修改器调整葡萄酒桶的形状

任务实施三 创建牌匾模型——"倒角"修改器和"挤出"修改器

下面通过创建图 2-3-32 中的牌匾模型,学习利用"倒角"修改器和"挤出"修改器建模的具体操作。

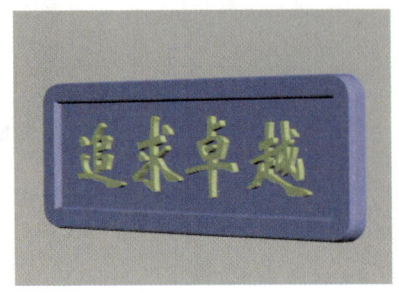 

牌匾模型　　　　　　　　　　　　　渲染效果

图 2-3-32　牌匾模型及其渲染效果

制作思路

图 2-3-32 中的牌匾由边框、底板和文字 3 部分组成。首先在前视图中绘制一个圆角矩形并将其原位复制克隆一份,然后调整圆角矩形副本的参数,以绘制矩形,再将该矩形原位复制克隆一份;将圆角矩形转换为可编辑样条线,然后与一个矩形合并,形成牌匾边框的截面轮廓;为该轮廓添加"倒角"修改器,生成牌匾的边框模型。为未与圆角矩形合并的矩形添加"挤出"修改器,以制作牌匾的底板。创建文本并为其添加"挤出"修改器,以制作牌匾上的文字。

制作步骤

步骤1　利用"创建"面板"图形"对象类别"样条线"分类中的"矩形"按钮在前视图中绘制一个长度为 70 mm、宽度为 200 mm、角半径为 10 mm 的圆角矩形。

步骤2　利用"Ctrl+V"组合键将圆角矩形原位复制克隆一份,在"修改"面板的"参数"卷展栏中将圆角矩形副本的长度设为 50 mm、宽度设为 180 mm、角半径设为 0 mm,使其成为一个矩形,然后按"Ctrl+V"组合键,将该矩形原位复制克隆一份,结果如图 2-3-33 所示。

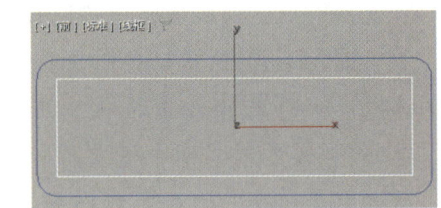

图 2-3-33　绘制并克隆矩形

步骤3　选中圆角矩形并右击,在弹出的快捷菜单中选择"转换为"→"转换为可编辑样条线"菜单项,然后单击"修改"面板"几何体"卷展栏中的"附加"按钮,接着选择任意一个矩形,使其与圆角矩形成为一个整体,从而完成牌匾截面轮廓的绘制。

步骤4　选中牌匾的截面轮廓,在"修改"面板的修改器列表中选择"倒角"选项,然后在"参数"修改器和"倒角值"卷展栏中进行相关设置,如图 2-3-34 所示。

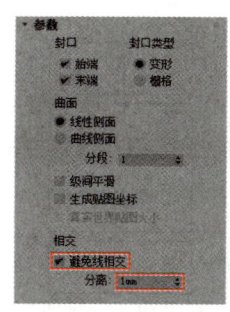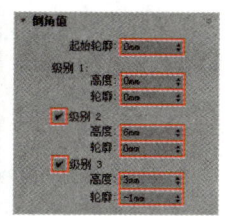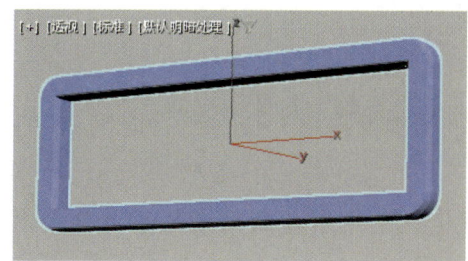

图 2-3-34　为矩形添加"倒角"修改器

知识库

"参数"卷展栏和"倒角值"卷展栏（见图 2-3-34）中部分设置区、单选钮、复选框和文本框的功能如下：

（1）"封口"设置区：用于控制是否对生成的三维模型的始端和末端进行封口。如果对两端均进行封口，则生成的三维模型为实体。

（2）"线性侧面"单选钮：可以使 3 个级别之间的分段沿直线方向分布。

（3）"曲线侧面"单选钮：可以使 3 个级别之间的分段沿曲线分布。

（4）"级间平滑"复选框：用于控制在挤出方向上，相邻面间的棱边是否产生平滑过渡效果。

（5）"相交"设置区：用于防止在锐角处产生破坏整体造型的变形效果，在"分离"文本框中可设置两条边界线之间应保持的距离。

（6）"起始轮廓"文本框：用于设置生成的三维模型的底面轮廓与二维图形的偏移距离。若偏移距离为正值，则表示三维模型的底面轮廓比二维图形大；若偏移距离为负值，则表示三维模型的底面轮廓比二维图形小。

（7）"高度"文本框：用于设置当前级别与上一级别之间的距离，即挤出的高度。

（8）"轮廓"文本框：用于设置级别 1 中三维模型的底面轮廓与二维图形的偏移距离，或者级别 2、级别 3 中三维模型的底面轮廓与级别 1、级别 2 中三维模型的顶面轮廓的偏移距离。

步骤 5　选中未与圆角矩形合并的矩形，在"修改"面板的修改器列表中选择"挤出"选项，然后在"参数"卷展栏中将挤出高度设为 5 mm，结果如图 2-3-35 所示。

步骤 6　单击"图形"对象类别"样条线"分类中的"文本"按钮，在"参数"卷展栏中进行设置，然后在前视图中单击，以创建文本，如图 2-3-36 所示。

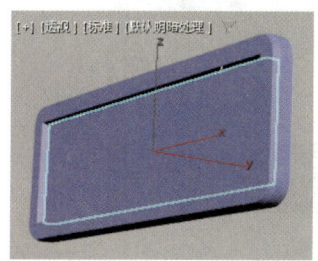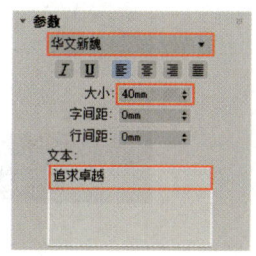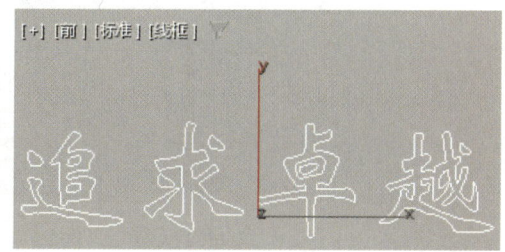

图 2-3-35　挤出效果　　　　　　　　　图 2-3-36　创建文本

答疑解惑

问：怎样创建纵向文本？

答：在"参数"卷展栏中的"字体"下拉列表中选择带"@"符号的字体，然后在视口中单击即可。

步骤7 选中创建的文本，依次单击"层次"面板"轴"选项卡中的"仅影响轴"按钮和"居中到对象"按钮，将文本的轴点移至该文本的中心，再次单击"仅影响轴"按钮，关闭轴点调整功能，最后利用"快速对齐"按钮将文本与牌匾边框以轴点为基准对齐，结果如图 2-3-37 所示。

步骤8 选中所创建的文本，在"修改"面板的修改器列表中选择"挤出"选项，然后在"参数"卷展栏中将挤出高度设为 8 mm，结果如图 2-3-38 所示。

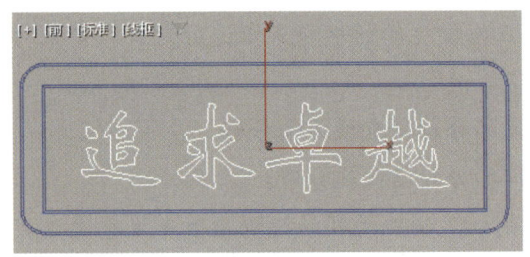 

图 2-3-37　文本与牌匾边框的对齐效果　　　　　图 2-3-38　牌匾模型

 素养提升

牌匾是挂在门楣上或墙上题有文字的匾额、招牌，具有深厚的文化内涵和历史底蕴。牌匾上"追求卓越"这四个大字不仅是一个标识、一句口号，还应是每个人对自己的期许和要求。当代青年要掌握扎实的专业知识、精湛的专业技艺，保持好奇心和求知欲，勇于挑战学术难题，不断超越自我，走上技能成才、技能报国之路，在实现中华民族伟大复兴的时代洪流中书写着青春风采。

任务实施四　创建台灯模型——"车削"修改器

下面通过创建图 2-3-39 中的台灯模型，学习利用"车削"修改器建模的具体操作。

　　　　台灯模型　　　　　　　　　　　　　渲染效果

图 2-3-39　台灯模型及其渲染效果

制作思路

图2-3-39中的台灯由灯座、灯泡、灯罩和支撑杆组成。在前视图中绘制一条样条线并为其添加"车削"修改器,以制作灯座。利用"软管"命令制作灯泡的底座,然后在前视图中绘制一条样条线,为该样条线添加"车削"修改器,以制作灯泡。利用"管状体"命令在透视图中创建一个管状体并为其添加FFD修改器,以制作灯罩。在前视图中绘制一条直线,将其旋转90°并实例克隆3份,然后在"渲染"卷展栏中调整参数,以制作支撑杆。

创建台灯模型

制作步骤

步骤1 在透视图中创建一个100 mm×100 mm×440 mm的长方体,将其作为参照,然后利用"图形"对象类别"样条线"分类中的"线"按钮,参照图2-3-40,在前视图中绘制一条样条线。选中视口中的长方体,按"Delete"键将其删除。

步骤2 单击"捕捉开关"按钮将其激活,然后在该按钮上右击,在弹出的"栅格和捕捉设置"对话框的"捕捉"选项卡中勾选"顶点"或"端点"复选框,其余复选框采用默认设置;选择"选项"选项卡,勾选"启用轴约束"复选框(见图2-3-41),最后关闭该对话框。

步骤3 选中绘制的样条线,按"1"键选择"顶点"子对象,在前视图中选中样条线始端的顶点后按"W"键,接着将光标移到x轴上并按住左键并拖动鼠标,当光标位于样条线终端的顶点时,视口中出现如图2-3-42所示的追踪线。此时释放左键,即可将样条线始端和终端的顶点对齐。

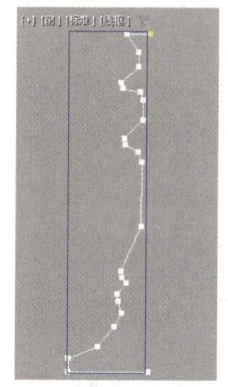 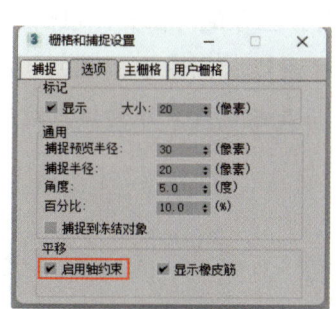 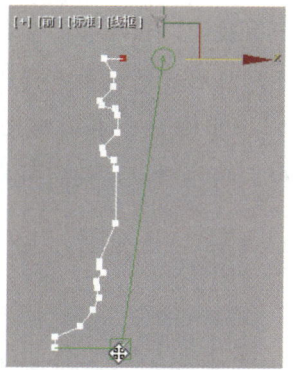

图2-3-40 绘制样条线　　　图2-3-41 勾选"启用轴约束"复选框　　　图2-3-42 追踪线

步骤4 选中样条线上除始端顶点和末端顶点外的所有顶点后右击,在弹出的快捷菜单中选择"Bezier角点"菜单项,然后按"W"键调整除始端顶点和末端顶点外其他顶点的位置以及切线控制柄的方向和量级,结果如图2-3-43所示。

步骤5 单击"层次"面板"轴"选项卡中的"仅影响轴"按钮,利用"捕捉开关"按钮和"选择并移动"按钮将样条线的轴点与其末端的顶点对齐(见图2-3-44),最后单击"仅影响轴"按钮,关闭轴点调整功能。单击"捕捉开关"按钮,使其处于禁用状态。

步骤6 选中样条线,在"修改"面板的修改器列表中选择"车削"选项,然后在"参数"卷展栏中进行相关设置,以创建台灯的灯座,如图2-3-45所示。

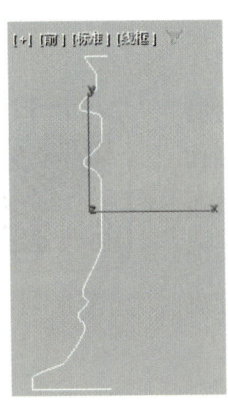 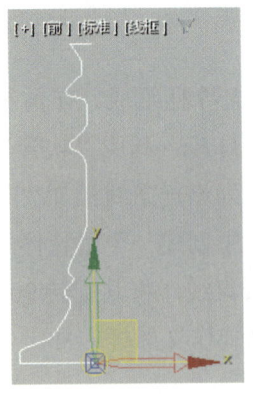 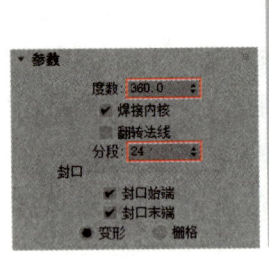 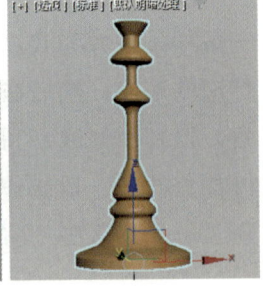

图 2-3-43　样条线的编辑效果　　图 2-3-44　轴点的位置　　图 2-3-45　添加"车削"修改器

知识库

图 2-3-45 中部分文本框、复选框和"封口"设置区的功能如下：

（1）"度数"文本框：用于设置对象绕旋转轴旋转的角度。

（2）"焊接内核"复选框：用于控制是否将旋转轴附近重叠的顶点合并在一起，使端面平滑。

（3）"翻转法线"复选框：用于控制是否将模型的面的法线翻转。若车削后的模型显示为黑色，勾选该复选框可使其显示正常。

（4）"封口"设置区：用于设置旋转角度小于 360° 的车削对象的封口类型。

步骤 7　利用"几何体"对象类别"扩展基本体"分类中的"软管"按钮在透视图中创建一个软管，该软管的参数如图 2-3-46 所示。利用"快速对齐"按钮将软管与灯座以轴点为基准对齐，然后在前视图中将软管沿 y 轴方向移至合适的位置，以制作灯泡底座，结果如图 2-3-47 所示。

步骤 8　在前视图中绘制一条样条线（见图 2-3-48），然后参照步骤 3 对齐该样条线始端和末端的顶点，最后将样条线的轴点与其始端或末端的顶点对齐。

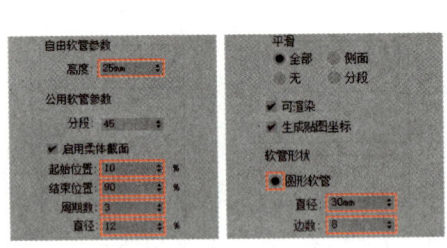 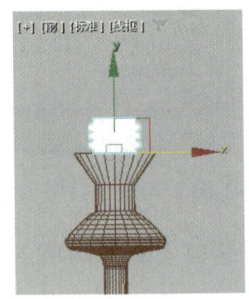 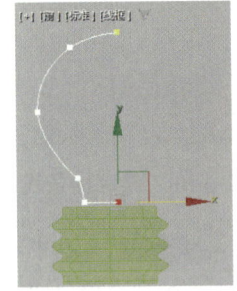

图 2-3-46　软管的参数　　　　图 2-3-47　灯泡底座的位置　　图 2-3-48　绘制样条线

步骤 9　选中图 2-3-48 中的样条线，利用"捕捉开关"按钮和"选择并移动"按钮在透视图中将该样条线右下方的顶点与灯泡底座表面的中心对齐（见图 2-3-49），然后为该样条线添加"车削"修改器，以制作灯泡，结果如图 2-3-50 所示。

步骤 10　单击"几何体"对象类别"标准基本体"分类中的"管状体"按钮，在透视图中创建一个内径为 190 mm、外径为 200 mm、高度为 280 mm 的管状体。

步骤 11　选中管状体，利用"快速对齐"按钮将其与灯座以轴点为基准对齐，然后按

"W"键,在前视图中将管状体沿y轴方向移至合适的位置,以制作灯罩,结果如图2-3-51所示。

图2-3-49 样条线的位置

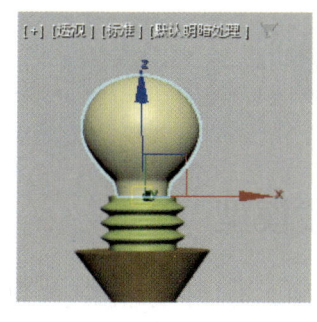

图2-3-50 灯泡

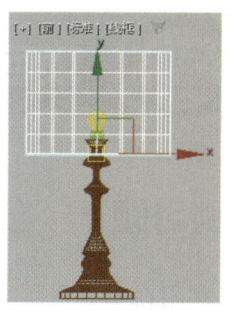

图2-3-51 灯罩的位置

步骤12 选中灯罩,在"修改"面板的修改器列表中选择"FFD 2×2×2"选项,然后按"1"键,在前视图中框选晶格上方的所有控制点,接着按"R"键,在透视图中均匀缩小灯罩的顶部,如图2-3-52所示。

步骤13 单击"图形"对象类别"样条线"分类中的"线"按钮,在前视图中绘制一条连接灯罩与灯座的直线,如图2-3-53所示。

图2-3-52 缩小灯罩的顶部

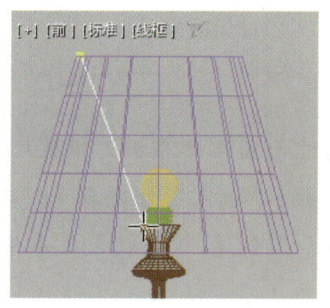

图2-3-53 绘制直线

步骤14 单击"层次"面板"轴"选项卡中的"仅影响轴"按钮,利用"快速对齐"按钮将直线的轴点与灯泡的轴点对齐,最后单击"仅影响轴"按钮,关闭轴点调整功能。

步骤15 选中直线,利用主工具栏中的"角度捕捉切换"按钮和"选择并旋转"按钮在顶视图中将该直线绕z轴旋转90°并实例克隆3份,结果如图2-3-54所示。

步骤16 选中任一直线,在"修改"面板"渲染"卷展栏中勾选"在渲染中启用"和"在视口中启用"复选框,采用默认的径向类型,在"厚度"文本框中输入"5",完成支撑杆的创建。此时,透视图中的效果如图2-3-55所示。

图2-3-54 旋转并实例克隆直线

图2-3-55 台灯

项目自测

自测习题一　创建冰激凌模型

利用在本项目所学的知识创建图 2-4-1 中的冰激凌模型。

冰激凌模型　　　　　　　　　　　渲染效果

图 2-4-1　冰激凌模型及其渲染效果

提示：　通过为圆柱体添加"锥化"修改器来制作冰激凌筒。冰激凌模型的上部分可利用六棱柱、"锥化"修改器和"扭曲"修改器来制作。其中，六棱柱可利用"圆柱体"命令来创建，"边数"文本框中的值为 6。

自测习题二　创建象棋模型

利用在本项目所学的知识创建图 2-4-2 中的象棋模型。

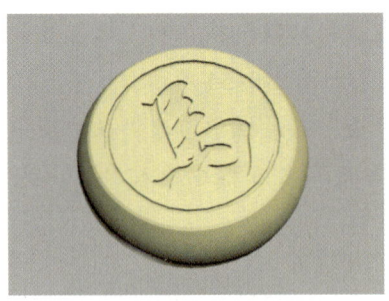

象棋模型　　　　　　　　　　　　渲染效果

图 2-4-2　象棋模型及其渲染效果

提示：　通过为切角圆柱体添加"FFD 3×3×3"修改器制作象棋的主体，然后利用"样条线"分类中的"圆环"按钮和"文本"按钮创建圆环和文字，接着将文字转换为可编辑样条线并与圆环图形合并，为合并后的图形添加"挤出"修改器，以生成三维文字，最后对它们进行布尔操作（差集）。

值得注意的是，读者在创建文字时，若"字体"下拉列表中没有"方正行楷繁体"选项，说明读者的计算机中没有该字体。读者可打开本书配套素材"素材与实例"→"项目二"文件夹，将光标放在"方正行楷繁体.ttf"文件上并右击，在弹出的快捷菜单中选择"安装"菜单项，安装该字体。

自测习题三　创建飞机轮胎模型

利用在本项目所学的知识创建图 2-4-3 中的飞机轮胎模型。

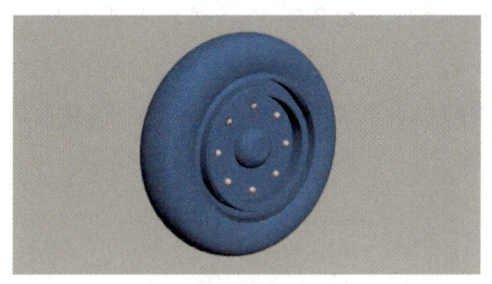

飞机轮胎模型　　　　　　　　　　　　　渲染效果

图 2-4-3　飞机轮胎模型及其渲染效果

提示：　利用"线"按钮绘制轮胎的截面轮廓，然后利用右键快捷菜单编辑该截面轮廓（见图 2-4-4），接着为该截面轮廓添加"车削"修改器，以制作轮胎的一侧，再利用"镜像"按钮制作轮胎的另一侧，最后创建球体，并将其进行旋转复制，以制作轮胎上的紧固件。

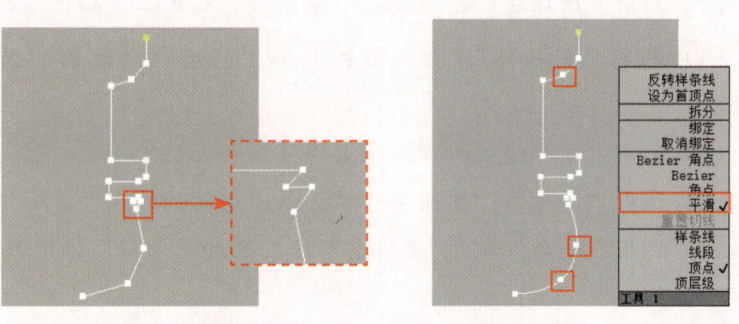

图 2-4-4　绘制并编辑截面轮廓

自测习题四　创建贝斯模型

利用在本项目所学的知识创建图 2-4-5 中的贝斯模型。

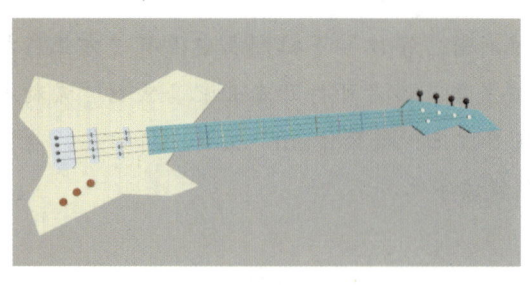

贝斯模型　　　　　　　　　　　　　　渲染效果

图 2-4-5　贝斯模型及其渲染效果

提示：（1）利用"线"按钮绘制琴身的截面轮廓（见图 2-4-6），然后为其添加"挤出"修改器，以制作贝斯的琴身。

（2）利用"线"按钮绘制琴头和琴颈的截面轮廓（见图 2-4-7），然后为其添加"挤出"修改器，以制作贝斯的琴头和琴颈。

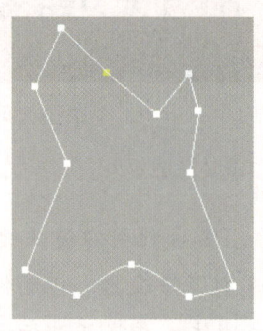
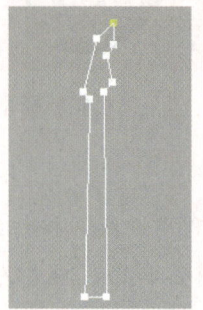

图 2-4-6　琴身的截面轮廓　　　图 2-4-7　琴头和琴颈的截面轮廓

（3）利用"圆柱体"和"球体"按钮制作琴头一侧的调音旋钮。

（4）利用"圆柱体""矩形"按钮和"挤出"修改器制作琴身上的拾音器和琴桥。

（5）利用"线"按钮制作琴颈上的琴弦和品丝。

（6）利用"圆柱体"按钮制作琴头上固定琴弦的零件。

（7）利用"星形"按钮、"挤出"修改器和"切角"修改器制作琴身上的 3 个音量调节按钮。

项目三
向高级建模进阶

利用基本体、样条线和修改器只能创建简单的模型，如果要创建复杂的模型，还需要掌握多边形建模方法和 NURBS 建模方法。

本项目将通过介绍多边形建模的流程、将其他对象转换为可编辑多边形对象的方法、选择子对象的方法、编辑多边形对象的常用命令等多边形建模的知识，以及 NURBS 建模的方法、NURBS 曲线和曲面、编辑 NURBS 对象的常用命令等 NURBS 建模的知识，带领读者向高级建模进阶。

知识目标

- 熟悉多边形建模的流程。
- 掌握将其他对象转换为可编辑多边形对象的方法。
- 掌握选择子对象的方法和编辑多边形对象的常用命令。
- 了解 NURBS 建模的方法、NURBS 曲线和 NURBS 曲面。
- 了解编辑 NURBS 对象的常用命令及其功能。

素质目标

- 通过创建模型，培养严谨、细致的作风和精益求精的工匠精神。
- 通过创建复杂模型，培养化繁为简的思维方式，提升透过复杂的表象把握事物本质的能力。

任务一 多边形建模

【任务描述】

多边形建模就是通过编辑多边形对象的顶点、边、面、体来建模。与利用基本体、样条线和修改器建模相比,多边形建模更加灵活。本任务将先介绍多边形建模的流程、将其他对象转换为可编辑多边形对象的方法、选择子对象的方法和编辑多边形对象的常用命令,然后通过创建保温杯模型和蘑菇屋模型学习多边形建模的具体操作。

一、多边形建模的流程

使用多边形建模方法建模时,应遵循"先整体、后局部、再细节"的原则。多边形建模的流程如下:

(1)制作模型的基本形体。利用"创建"面板"几何体"对象类别"标准基本体"和"扩展基本体"分类中的按钮或者"图形"对象类别"样条线"分类中的按钮制作模型的基本形体,同时确定模型各部分的比例。

(2)将所创建的对象转换为可编辑多边形对象。

(3)设计模型的外观造型。通过编辑多边形对象的顶点、边、面、体和为多边形对象添加修改器,设计模型的外观造型。

(4)完善模型的细节。调整好模型的外观造型后,利用"切角"功能对模型的边缘进行切角处理,再利用"涡轮平滑"修改器对模型进行平滑处理,以完善模型的细节。

图 3-1-1 为南瓜模型的制作流程。

制作模型的基本形体

设计模型的外观造型

完善模型的细节

图 3-1-1 南瓜模型的制作流程

提示

模型的基本形体最好利用标准基本体来制作,并且在保证基本形体满足建模需求的前提下,尽量减少模型的边数和分段数量,以方便后续调整。

二、转换为可编辑多边形对象

若想使用多边形建模方法建模，需要先将其他对象转换为可编辑多边形对象。转换为可编辑多边形对象方法有 3 种：

方法一：在视口中选中要转换的对象并右击，在弹出的快捷菜单中选择"转换为"→"转换为可编辑多边形"菜单项。

方法二：在视口中选中要转换的对象，然后在修改器堆栈中右击，在弹出的快捷菜单中选择"可编辑多边形"菜单项。

方法三：在视口中选中要转换的对象，为其添加"编辑多边形"修改器。

> 如果使用第 1 种方法将其他对象转换为可编辑多边形对象，软件会自动清除修改器堆栈中基本体、样条线和该对象所使用的修改器的名称，读者无法通过修改参数编辑该对象，如无法修改基本体的分段数量和尺寸参数，无法通过修改参数改变对象的弯曲、锥化等效果。使用第 2 种方法只能将没有应用修改器的对象转换为可编辑多边形对象。使用第 3 种方法将其他对象转换为可编辑多边形对象后，软件会保留修改器堆栈中基本体、样条线和所选对象使用的修改器的名称，读者可通过修改基本体和所使用的修改器中的参数编辑可编辑多边形对象。

三、选择子对象的方法

选中可编辑多边形对象后，单击"修改"面板"选择"卷展栏（见图 3-1-2）中的"顶点""边""边界""多边形""元素"按钮，软件自动进入相应子对象的编辑状态。此时在要编辑的子对象上单击，就可以将其选中。

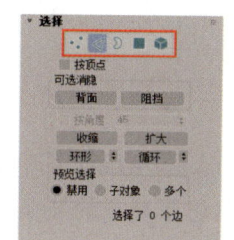

图 3-1-2 "选择"卷展栏

> 图 3-1-2 中的"顶点""边""边界""多边形""元素"按钮对应的快捷键分别为"1"键、"2"键、"3"键、"4"键、"5"键。

下面介绍利用"选择"卷展栏中的按钮和鼠标、快捷键选择多个子对象的方法。

（一）利用"选择"卷展栏中的按钮选择多个子对象

选中可编辑多边形对象的一条或多条边后，利用"选择"卷展栏中的"收缩""扩大""环形""循环"按钮可选中与所选边具有一定关系的其他边。

（1）"收缩"按钮。选中可编辑多边形对象多条收尾相连的边后单击该按钮，可在取消选择最外部的边的同时，缩小子对象选择的范围，并且使该范围内已选中的边处于选中状态。

（2）"扩大"按钮。选中可编辑多边形对象的一条或多条边后单击该按钮，可选中以所选边的两个端点为端点的所有边。

> **探索 与 分享**
>
> 通过利用"收缩"和"扩大"按钮选中可编辑多边形对象的其他子对象（如顶点、面），探索这两个按钮的功能，然后在课堂上进行分享。

（3）"环形"按钮。选中可编辑多边形对象的一条边后单击该按钮，可选中与该边平行或近似平行的多条边，如图3-1-3所示。

（4）"循环"按钮。选中可编辑多边形对象的一条边后单击该按钮，可选中由该边构成的循环边，如图3-1-4所示。

图3-1-3　选中与所选边近似平行的边　　　图3-1-4　选中由所选边构成的循环边

> **提示**
>
> 循环边由多条边构成，这些边必须都是四边形的边。循环边可以是封闭的，也可以是开放的。

（二）利用鼠标和快捷键选择多个子对象

（1）双击选择多个子对象。双击多边形对象的某个顶点，可选中该多边形对象的所有顶点。双击多边形对象的某条边，可选中由该边构成的循环边。双击多边形对象的某个面，可选中构成该多边形对象的所有面。

（2）利用鼠标和"Shift"键选择多个子对象。按住"Shift"键，然后将光标移至多边形对象的某个子对象上并按住左键并拖动鼠标，以选择所需子对象，接着在视口中单击，结束对象的选择，最后释放"Shift"键。选中多边形对象的面，按住"Shift"键并单击"选择"卷展栏中的"顶点"按钮或"边"按钮，可选中所选面上的所有顶点或边，如图3-1-5所示。

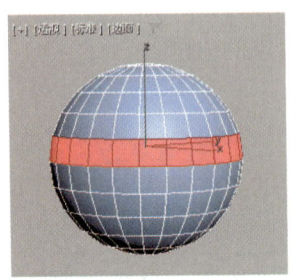

选中多边形对象的面　　　按住"Shift"键并单击"顶点"　　　按住"Shift"键并单击"边"
　　　　　　　　　　　　　按钮后的效果　　　　　　　　　　按钮后的效果

图3-1-5　选中多个子对象

（3）利用鼠标和"Ctrl"键选择多个子对象。选中多边形对象的一条边，按住"Ctrl"键双击与其平行或近似平行的边，可选中与已选中的边平行或近似平行的边。选中多边形对象的某个面（必须为四边形），按住"Ctrl"键双击与其相邻的面，可选中与已选中的面在同一经度线或纬度线上的其他面。

（4）利用鼠标和"Alt"键选择多个子对象。框选某个范围内的子对象，然后按住"Alt"键选择该范围内不需要选中的子对象。通常使用这种方法选择模型顶部、底部和边缘处不方便被选中的顶点、边、面。

四、编辑多边形对象的常用命令

选中要编辑的多边形对象的顶点、边、面或者整个多边形对象，利用"修改"面板相应卷展栏中的按钮可对该多边形对象进行编辑。下面分别介绍编辑多边形对象的顶点、边、面和整个多边形对象时，相应卷展栏中常用按钮的功能。

（一）"编辑顶点"卷展栏

"编辑顶点"卷展栏（见图3-1-6）中的常用按钮有"移除""焊接""目标焊接""连接"等。

（1）"移除"按钮。单击该按钮（或按"Backspace"键），可移除所选的顶点，但是不破坏多边形对象表面的完整性。若按"Delete"键，则可移除所选的顶点以及与其相关联的面。

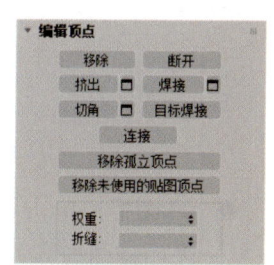

图3-1-6 "编辑顶点"卷展栏

（2）"焊接"按钮。单击该按钮，可将所选的位于焊接阈值范围内的多个顶点合并为一个顶点，利用该按钮右侧的"设置"按钮可设置焊接阈值。

（3）"目标焊接"按钮。单击该按钮，选择要焊接的顶点，再选择与其相邻的顶点（目标顶点），即可将要焊接的顶点焊接在目标顶点处。在视口中右击，可退出焊接状态。

（4）"连接"按钮。单击该按钮，可在所选的顶点之间创建新的边。

（二）"编辑边"卷展栏

"编辑边"卷展栏（见图3-1-7）中的常用按钮有"移除""切角""桥""连接"等。

（1）"移除"按钮。单击该按钮（或按"Backspace"键），可移除所选中的边，但是不破坏多边形对象表面的完整性。若按"Ctrl+Backspace"组合键，则可移除所选的边以及与之相关联的顶点。利用不同的按钮和快捷键移除边的效果如图3-1-8所示。

（2）"切角"按钮。单击该按钮，然后拖动要进行切角处理的边，可将该边切掉，同时生成一个或多个连接新边的面。切角效果取决于切角的类型和切角区域内的分段数量。单击"切角"按钮右侧的"设置"按钮，在弹出的小盒控件（见图3-1-9）中可设置切角的类型和参数。图3-1-9中的常用图标和文本框的功能如下：

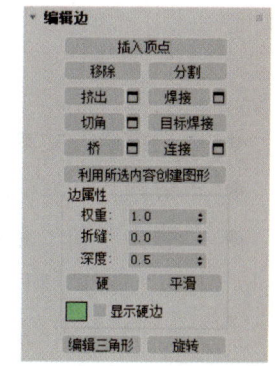

图3-1-7 "编辑边"卷展栏

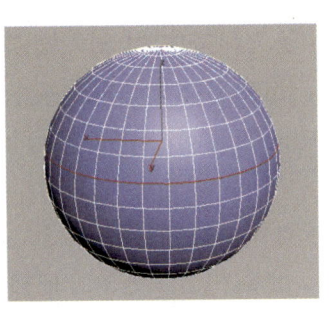  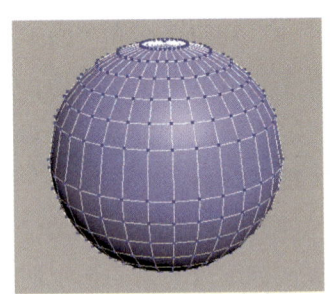

选中边　　　　　　　　　利用"移除"按钮或　　　　　　利用"Ctrl+Backspace"
　　　　　　　　　　　　"Backspace"键删除　　　　　　组合键删除

图 3-1-8　使用不同方法移除边的效果

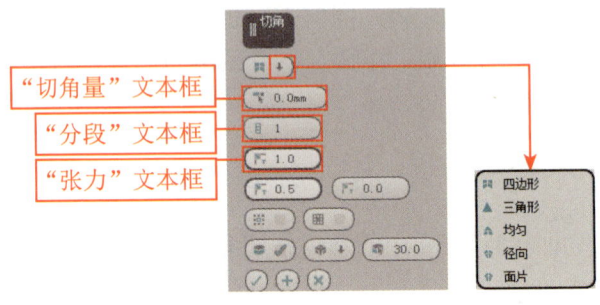

图 3-1-9　小盒控件 ①

◆ 图标：单击该图标，在弹出的下拉列表中可选择切角的类型。若单击该图标前的图标（如 图标），可按如图 3-1-9 所示的下拉列表中的顺序切换切角类型。常用的切角类型有"四边形""三角形"和"均匀"，对应的切角效果如图 3-1-10 所示。

 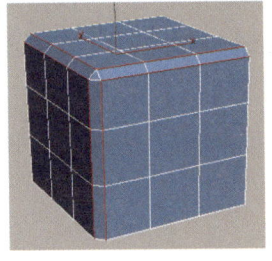 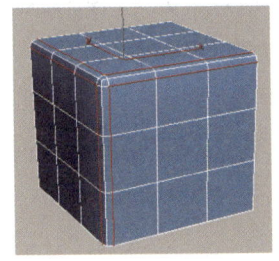

"四边形"　　　　　　　　　"三角形"　　　　　　　　　"均匀"

图 3-1-10　切角效果

◆ "切角量"文本框：用于设置切角的范围。
◆ "分段"文本框：用于设置切角区域内的分段数量。
◆ "张力"和"深度"文本框：当切角类型为"四边形"和"均匀"时，小盒控件中会出现"张力"和"深度"文本框。利用这两个文本框可设置在对多边形对象的边进行切角处理后生成的多边形（以下简称"新面"）之间的角度。当张力值为 0 或深度值为 1 时，生成的新面位于多边形对象原有的面上，如图 3-1-11（a）所示；当张力值逐渐增大或深度值逐渐减小时，生成的新面之间的角度逐渐增大，如图 3-1-11（b）所示；当张力值为 1 或深度值为 0 时，生成的所有新面位于同一平面上（即共面），如图 3-1-11（c）所示。

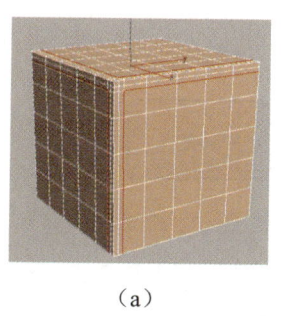 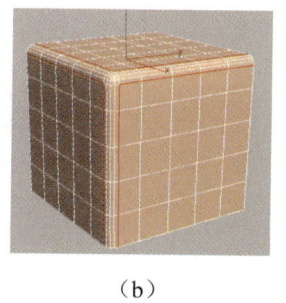 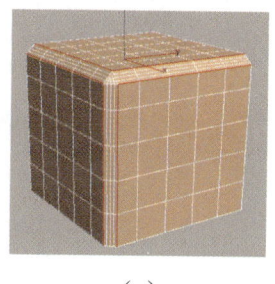

(a)　　　　　　　　　(b)　　　　　　　　　(c)

图 3-1-11　张力值和深度值不同时的切角效果

（3）"桥"按钮。单击该按钮，可用面连接多边形对象的两条或更多条边，但是所连接的边只能是边界边，即孔洞的边，如图 3-1-12 所示。

（4）"连接"按钮。单击该按钮，可在同一多边形的边之间创建新边，常用于创建循环边。单击"连接"按钮右侧的"设置"按钮，在弹出的小盒控件（见图 3-1-13）的"分段"文本框中可设置生成边的数量，在"收缩"文本框中可设置生成边之间的距离，在"滑块"文本框中可设置生成的边与所选边正中间的相对位置。

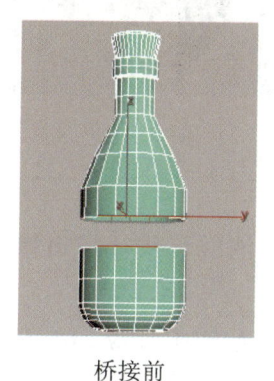 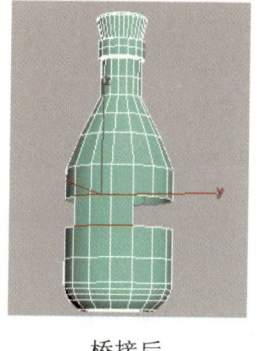

桥接前　　　　　　桥接后

图 3-1-12　桥接效果　　　　　　　　　　　　　　图 3-1-13　小盒控件 ②

（三）"编辑边界"卷展栏

边界是指多边形对象上孔洞的边。"编辑边界"卷展栏（见图 3-1-14）中的常用按钮有"挤出""封口""桥"等，单击"封口"按钮可将所选边界用一个多边形封住。"编辑边界"卷展栏中的按钮的功能与"编辑边"卷展栏中相应按钮的功能类似。

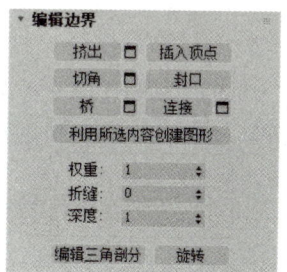

图 3-1-14　"编辑边界"卷展栏

（四）"编辑多边形"卷展栏

利用"编辑多边形"卷展栏（见图 3-1-15）中的按钮可以编辑多边形对象的面，该卷展栏中常用的按钮有"挤出""倒角"和"桥"。该卷展栏中"桥"按钮的功能与"编辑边"卷展栏中"桥"按钮的功能类似，"挤出"与"倒角"按钮的功能如下：

（1）"挤出"按钮。单击该按钮，在任一多边形上按住左键并拖动鼠标至合适位置后松开左键，即可挤出该面。单击"挤出"按钮右侧的"设置"按钮，在弹出的小盒控件（见图 3-1-16）中可设置挤出的类型和高度。

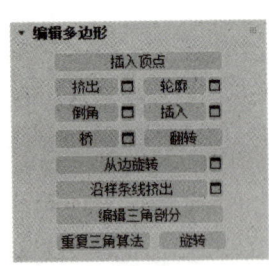

图 3-1-15 "编辑多边形"卷展栏

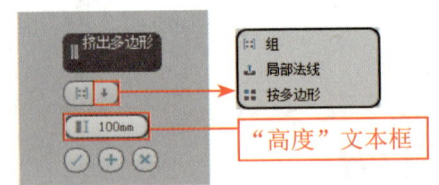

图 3-1-16 小盒控件③

- **图标**：单击该图标，在弹出的下拉列表中可选择挤出的类型。若单击该图标前的图标，可按如图 3-1-16 所示的下拉列表中的顺序切换挤出的类型。3 种挤出类型对应的挤出效果如图 3-1-17 所示。

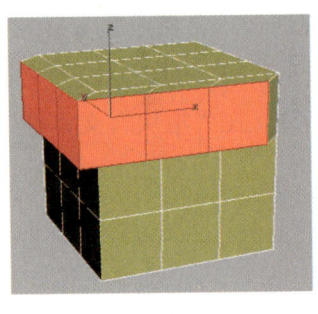
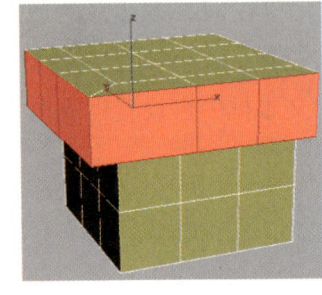
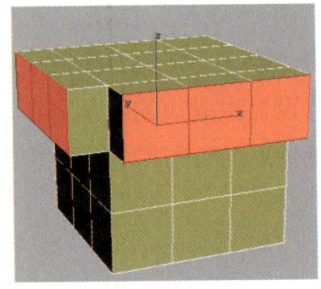

（a）"组"　　　　　　　　　（b）"局部法线"　　　　　　　　（c）"按多边形"

图 3-1-17　3 种挤出类型对应的挤出效果

- **"组"选项**：沿着每个组的法线（所选多个连续面的平均法线）执行挤出操作，如图 3-1-17（a）所示。
- **"局部法线"选项**：沿着所选的每个面的法线执行挤出操作，如图 3-1-17（b）所示。
- **"按多边形"选项**：分别沿着选中的每个面的法线执行挤出操作，如图 3-1-17（c）所示。

（2）"倒角"按钮。单击该按钮，然后在多边形对象的任意一个面上按住左键并拖动鼠标，可对所选对象执行挤出操作，释放左键后移动光标并在合适的位置单击，以确定挤出轮廓的大小，同时产生倒角效果。单击"倒角"按钮右侧的"设置"按钮 ，在弹出的小盒控件中可设置倒角的类型、高度和轮廓尺寸。

（五）"编辑几何体"卷展栏

"编辑几何体"卷展栏（见图 3-1-18）中的常用按钮有"重复上一个""塌陷""附加""分离"等。

（1）"重复上一个"按钮。单击该按钮（或按"；"键），可重复执行上一步所执行的操作。例如，对多边形对象的面执行挤出操作后，如果要使该多边形对象的其他子对象产生同样的挤出效果，则可在选中所需子对象后单击"重复上一个"按钮。

（2）"塌陷"按钮。单击该按钮，可使所选的子对象上的所有顶点合并到一起。与"焊接"按钮的功能不同，使用"塌陷"按钮时无须设置阈值。

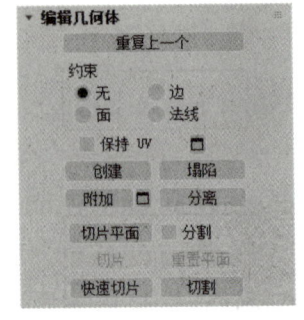

图 3-1-18 "编辑几何体"卷展栏

（3）"附加"按钮。单击该按钮，可使指定的对象与当前对象成为一个整体。

（4）"分离"按钮。单击该按钮，可使所选子对象与当前对象分离，分离后的两个对象相互独立。

任务实施一 创建保温杯模型——多边形建模

下面通过创建图 3-1-19 中的保温杯模型，学习多边形建模的具体操作。

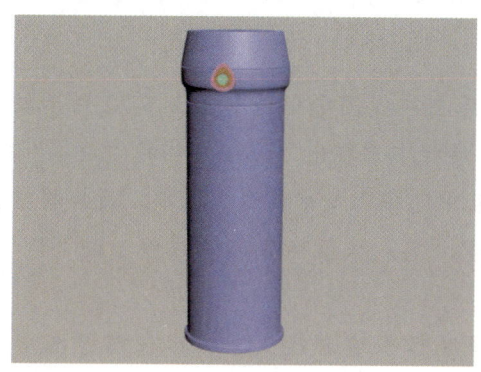
保温杯模型

渲染效果

图 3-1-19 保温杯模型和渲染效果

制作思路

图 3-1-19 中的保温杯由杯身、杯盖和按扣 3 部分组成。首先创建一个圆柱体，将该圆柱体复制克隆两份，修改两个圆柱体副本的参数后将 3 个圆柱体对齐，以确定保温杯的结构、大小和各部分的比例；然后利用"挤出""切角""选择并均匀缩放"命令调整 3 个圆柱体的形状，以增加保温杯杯身和杯盖的细节；接着创建和克隆圆柱体，通过为该圆柱体添加"FFD 2×2×2"修改器来制作保温杯的按扣；最后为杯身和杯盖添加"涡轮平滑"修改器，使其表面变得平滑。

扫一扫
创建保温杯模型

制作步骤

步骤1 在透视图的"按视图首选项视口标签"菜单中选择"边面"菜单项，然后在透视图中创建一个半径为 100 mm、高度为 500 mm、高度分段数量为 2 的圆柱体，接着在前视图中将其沿 y 轴方向移动并复制克隆两份，最后将两个圆柱体副本的高度均设为 70 mm。

步骤2 利用"捕捉开关"按钮和"选择并移动"按钮在前视图中将中间的圆柱体与下方的圆柱体对齐，将最上方的圆柱体与中间的圆柱体对齐，结果如图 3-1-20 所示。单击"捕捉开关"按钮，使其处于禁用状态。

步骤3 选中 3 个圆柱体并右击，在弹出的快捷菜单中选择"转换为"→"转换为可编辑多边形"菜单项，将这 3 个圆柱体转换为可编辑多边形对象。

步骤4 选中最下方的圆柱体，然后按"2"键选择编辑边模式，接着在该圆柱体中部的一条边上双击，即可选中由该边构成的循环边，最后将该循环边沿 y 轴向下移至合适的位置，如图 3-1-21 所示。

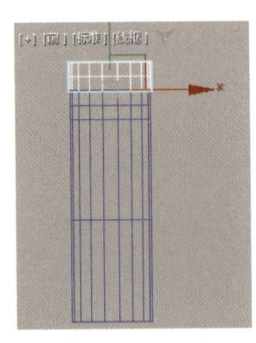
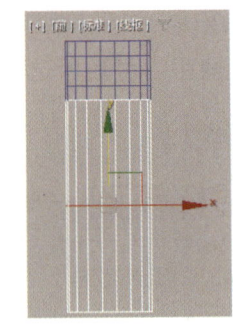
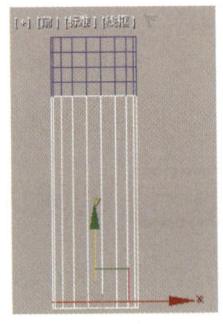

图 3-1-20　圆柱体的位置①　　　　　图 3-1-21　选择并移动循环边

步骤5　按"4"键选择编辑多边形模式，然后在前视图中框选如图 3-1-22 所示的面（不要选择圆柱体的底面），接着单击"编辑多边形"卷展栏中"挤出"按钮右侧的"设置"按钮▣，在弹出的小盒控件中单击▣图标，在弹出的下拉列表中选择"局部法线"选项，最后将挤出高度设为 6 mm，如图 3-1-23 所示。单击"确定"按钮☑，完成保温杯底部的制作。按"4"键退出编辑多边形模式。

步骤6　选中中间的圆柱体，按"4"键选择编辑多边形模式，然后在前视图中框选如图 3-1-24 所示的面并单击"挤出"按钮右侧的"设置"按钮▣，接着将挤出类型设为"局部法线"，将挤出高度设为 10 mm，最后单击"确定"按钮☑，完成杯身上方与杯盖连接部分的制作。

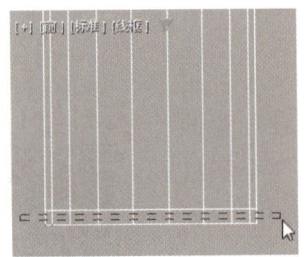
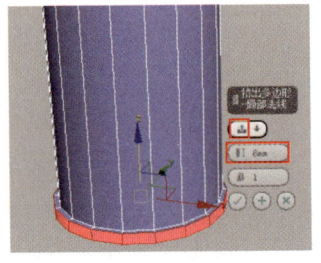
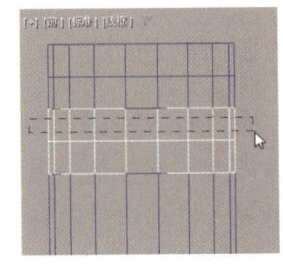

图 3-1-22　框选面①　　　　图 3-1-23　挤出多边形　　　　图 3-1-24　框选面②

步骤7　按"2"键选择编辑边模式，采用双击方式在透视图中选中如图 3-1-25 所示的循环边，然后在前视图中将其沿 y 轴向下移至合适的位置（见图 3-1-26），接着单击"编辑边"卷展栏中"切角"按钮右侧的"设置"按钮▣，在弹出的小盒控件中设置切角的类型和范围（见图 3-1-27），其余参数采用默认设置，最后单击"确定"按钮☑。按"2"键退出编辑边模式。

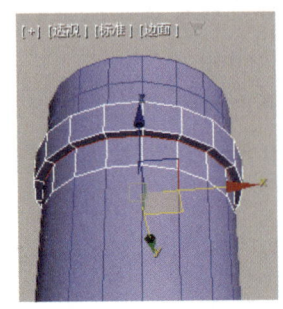
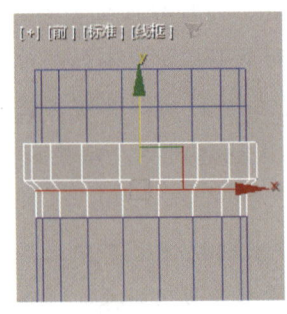
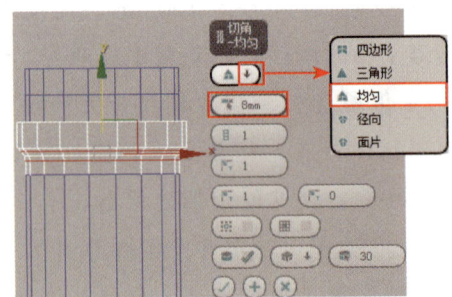

图 3-1-25　选中循环边①　　　图 3-1-26　移动循环边　　　图 3-1-27　设置切角的类型和范围

步骤8　选中中间的圆柱体，按"Alt+Q"组合键使其孤立显示。按"4"键选择编辑多边形模式，选中模型顶部外边缘处的一个面，然后按住"Ctrl"键双击与其相邻的面，再单击中间圆形的面，即可选中模型顶部所有的面（见图 3-1-28），最后按"Delete"键将其删除。

步骤9 按"3"键选择编辑边界模式，选中模型最上方的轮廓线并单击"编辑边界"卷展栏中的"封口"按钮，将所选边界用一个多边形封住，结果如图3-1-29所示。单击3ds Max操作界面下方的"孤立当前选择"按钮，退出模型孤立显示模式。

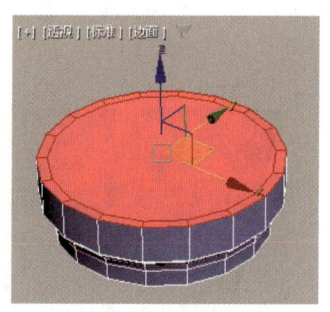
图3-1-28 选中模型顶部的面

图3-1-29 封口效果

> **提示**
>
> 删除图3-1-28中模型顶部的面再对边界进行封口处理，是为了方便后续对该边界进行切角处理。

步骤10 选中最上方的圆柱体，按"2"键选择编辑边模式，双击选中该圆柱体中部的循环边（见图3-1-30），按"Ctrl+Backspace"组合键将其移除。按"Ctrl+A"组合键选中最上方圆柱体上的所有边，然后按住"Alt"键在前视图中框选如图3-1-31所示的边，即仅选中该圆柱体底面上的边，最后在透视图中将选中的边均匀放大，结果如图3-1-32所示。按"2"键退出编辑边模式。

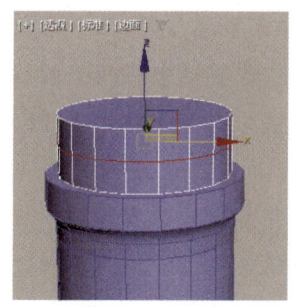
图3-1-30 选中循环边②

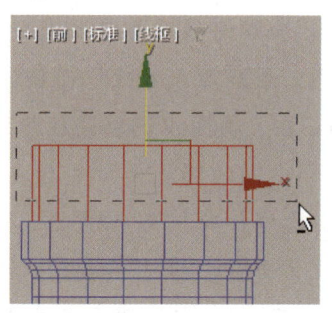
图3-1-31 框选边

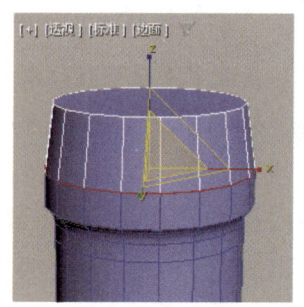
图3-1-32 均匀放大选中的边

答疑解惑

问：在放大杯盖时，为什么不能采用双击方式选中要放大的边？

答：采用双击方式只能选中循环边。构成循环边的边必须都是四边形的边，但是图3-1-32中需要均匀放大的边所在的面不是四边形，因此采用双击方式不能选中要放大的边。

步骤11 选中任一圆柱体，单击"编辑几何体"卷展栏中的"附加"按钮，然后选择其他两个圆柱体，使它们成为一个整体（即杯体），最后单击"附加"按钮，结束对象的选择。

步骤12 选中杯体，然后按"2"键选择编辑边模式，采用框选方式选择杯体上半部分的所有边，再按住"Alt"键选择不需要的边，即仅选中如图3-1-33所示的3条边，接着单击"编辑边"卷展栏中"切角"按钮右侧的"设置"按钮，在弹出的小盒控件中将切角类型设为"均匀"、切角范围设为2 mm，最后单击"确定"按钮。

步骤13 按住"Ctrl"键后双击选中如图3-1-34所示的3条循环边，然后对其进行切角处理，切角的类型和范围均与步骤12中的相同。

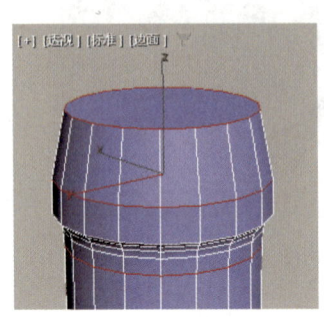 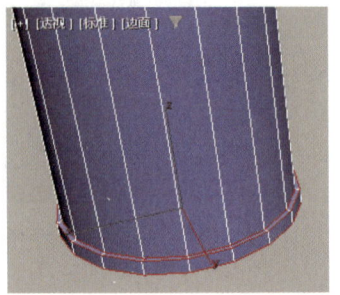

图3-1-33 选中3条边　　　　　　　　　图3-1-34 选中3条循环边

答疑解惑

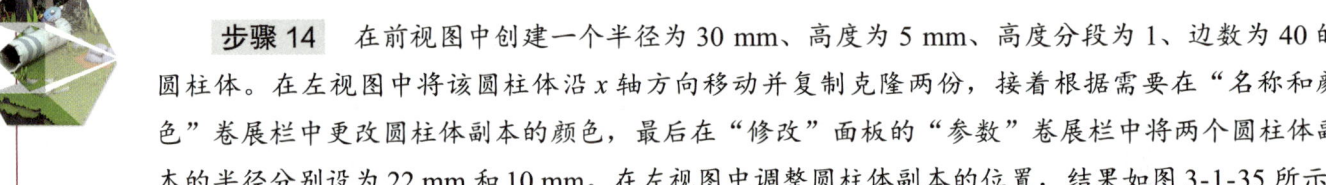

问：为什么要对模型的边进行切角处理？

答："切角"按钮通常与"涡轮平滑"修改器配合使用。使用"涡轮平滑"修改器可以让模型表面变得平滑，但是直接对模型进行涡轮平滑处理会破坏模型原本的形状，甚至使模型走样。因此在添加"涡轮平滑"修改器前，需要对模型的边进行切角处理。通常说的卡线就是指对模型的边进行切角处理。

步骤14 在前视图中创建一个半径为30 mm、高度为5 mm、高度分段为1、边数为40的圆柱体。在左视图中将该圆柱体沿x轴方向移动并复制克隆两份，接着根据需要在"名称和颜色"卷展栏中更改圆柱体副本的颜色，最后在"修改"面板的"参数"卷展栏中将两个圆柱体副本的半径分别设为22 mm和10 mm。在左视图中调整圆柱体副本的位置，结果如图3-1-35所示。

步骤15 选中较大的圆柱体和中间的圆柱体，然后在"修改"面板的修改器列表中选择"FFD 2×2×2"选项，接着按"1"键选择编辑控制点模式，在前视图中框选晶格上方的所有控制点并沿x轴方向缩小两个圆柱体的上方部位，框选晶格下方的所有控制点并沿y轴向上移动控制点至合适的位置，结果如图3-1-36所示。按"1"键退出编辑控制点模式。

步骤16 选中3个圆柱体，然后选择"组"→"组"菜单，将其以"按扣"为组名组成一个组。利用"快速对齐"按钮将"按扣"组与杯体以轴点为基准对齐，然后在左视图中调整"按扣"组的位置，结果如图3-1-37所示。

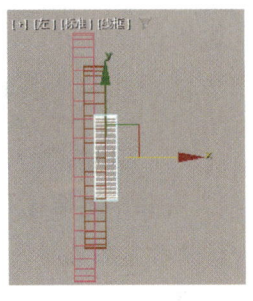 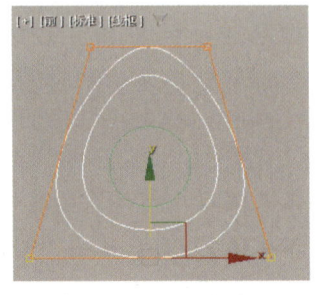 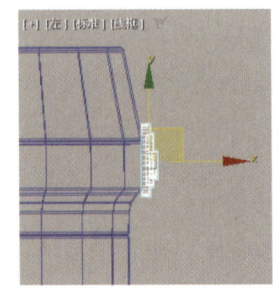

图3-1-35 圆柱体的位置②　　　　图3-1-36 调整控制点　　　　图3-1-37 "按扣"组的位置

步骤 17　在透视图的"按视图首选项视口标签"菜单中选择"边面"菜单项。选中杯体，在"修改"面板的修改器列表中选择"涡轮平滑"选项，在"涡轮平滑"卷展栏（见图 3-1-38）中将网格细分的次数设为 3。此时，透视图中的保温杯模型如图 3-1-39 所示。

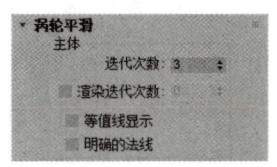
图 3-1-38　"涡轮平滑"卷展栏

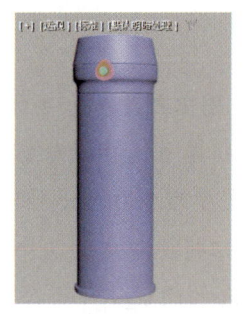
图 3-1-39　保温杯模型

探索与分享

保温杯模型的平滑效果不仅可以利用"涡轮平滑"修改器实现，还可以利用"网格平滑"修改器实现。"涡轮平滑"修改器与"网格平滑"修改器均可使模型表面变得平滑，二者的区别在于"涡轮平滑"修改器对计算机性能的要求较低，并且平滑处理效率高。请读者利用"网格平滑"修改器使保温杯模型产生如图 3-1-39 所示的平滑效果。

任务实施二　创建蘑菇屋模型——多边形建模

下面通过创建图 3-1-40 中的蘑菇屋模型，学习多边形建模的具体操作。

蘑菇屋模型

渲染效果

图 3-1-40　蘑菇屋模型及其渲染效果

制作思路

图 3-1-40 中的蘑菇屋模型由屋顶、墙体、底座、门、窗户 5 部分组成，制作完这 5 部分后，对模型进行平滑处理。屋顶、墙体和底座的制作思路为：创建两个圆柱体和一个球体，利用 FFD 修改器调整球体和其中一个圆柱体的形状，以制作屋顶和墙体；利用"编辑多边形"卷展栏中的"挤出"按钮对另一个圆柱体的面进行编辑，然后对该圆柱体进行切角处理，以制作底座。

门的制作思路为：创建一个长方体，利用"弯曲"修改器改变该长方体的形状，然后对其顶点和面进行编辑，以制作门框；将门框克隆一份，通过编辑其边和面制作门板；接着对门框和门

创建蘑菇屋模型

板的边进行切角处理；最后创建一个圆锥体和球体，以制作门把手。

窗户的制作思路为：创建一个管状体和圆柱体，将它们分别作为窗框和玻璃，然后创建一个长方体，将其旋转并实例克隆一份，作为固定玻璃的木条，最后对窗户的边进行切角处理。

制作步骤

步骤1 在透视图中创建一个半径为400 mm、高度为85 mm、高度分段数量为3的圆柱体，然后在透视图的"按视图首选项视口标签"菜单中选择"边面"菜单项，接着在该视图中创建一个半径为210 mm、高度为380 mm、高度分段数量为10的圆柱体和一个半径为370 mm的球体。利用"快速对齐"按钮将视口中的3个基本体以轴点为基准对齐，然后在前视图中沿 y 轴方向将球体和半径为210 mm的圆柱体移至合适的位置，结果如图3-1-41所示。

步骤2 选中球体，在"修改"面板的修改器列表中选择"FFD 4×4×4"选项，按"1"键选择编辑控制点模式，然后采用框选方式在前视图中分别选择每一行控制点，再在透视图中对其进行均匀缩放，结果如图3-1-42所示。

步骤3 采用框选方式在前视图中选择部分控制点并将其移至合适的位置，以调整屋顶的形状，结果如图3-1-43所示。按"1"键退出编辑控制点模式。

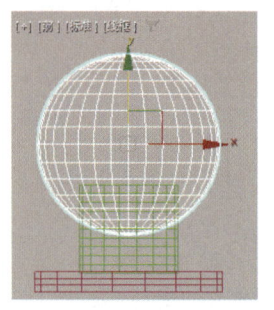 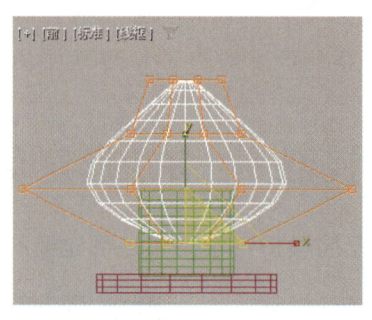 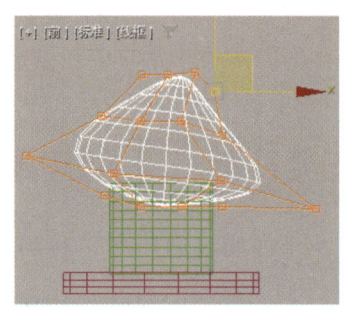

图3-1-41　圆柱体和球体的位置　　图3-1-42　均匀缩放控制点　　图3-1-43　屋顶的形状

> **提示**
>
> 调整屋顶的形状时，一定要在前视图中框选控制点，以免漏选控制点。在调整控制点的过程中，可通过旋转透视图并从不同角度查看屋顶的形状，以便确定控制点的位置。

步骤4 选中半径为210 mm的圆柱体，在"修改"面板的修改器列表中选择"FFD 3×3×3"选项，按"1"键选择编辑控制点模式，然后在前视图中对每一行控制点进行均匀缩放并调整第2行控制点的位置，以制作墙体，结果如图3-1-44所示。按"1"键退出编辑控制点模式。

步骤5 选中视口中的所有模型并右击，在弹出的快捷菜单中选择"转换为"→"转换为可编辑多边形"菜单项，将所选模型转换为可编辑多边形对象。

步骤6 选中半径为400 mm的圆柱体，然后按"4"键选择编辑多边形模式，采用框选方式选择图3-1-45中矩形线框内的所有面，接着单击"挤出"按钮右侧的"设置"按钮，在弹出的小盒控件中将挤出类型设为"局部法线"、挤出高度设为15 mm，最后单击"确定"按钮，完成底座的制作。

步骤7 按"2"键选择编辑边模式，然后按住"Ctrl"键，采用双击方式选中底座中的6条循环边（见图3-1-46），接着单击"切角"按钮右侧的"设置"按钮，在弹出的小盒控件中将切角类型设为"均匀"、切角范围设为 4 mm，最后单击"确定"按钮⊘。按"2"键退出编辑边模式。

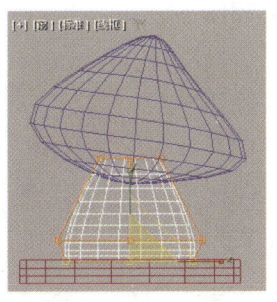

图 3-1-44　均匀缩放控制点并调整其位置

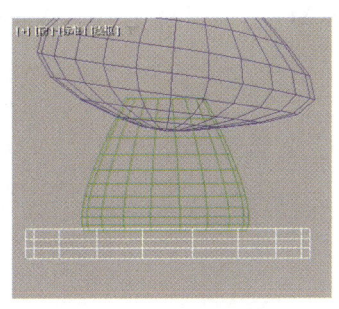

图 3-1-45　选择面

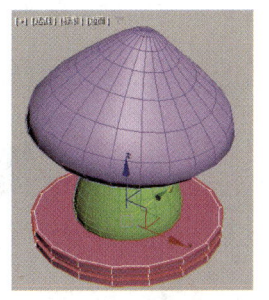

图 3-1-46　选择循环边

探索 与 分享

切角范围会影响涡轮平滑的效果。请同学们探索切角范围的大小与涡轮平滑效果之间的联系，然后在课堂上进行分享。

步骤 8　在透视图中创建一个 65 mm×350 mm×25 mm 的长方体，并将其宽度分段数量设为 6。选中该长方体，在"修改"面板的修改器列表中选择"弯曲"选项，然后在"参数"卷展栏中将弯曲角度设为 270°、弯曲轴设为 x 轴，其他参数采用默认值，结果如图 3-1-47 所示。

步骤 9　选中弯曲的长方体并右击，在弹出的快捷菜单中选择"转换为"→"转换为可编辑多边形"菜单项。按"1"键选择编辑顶点模式，采用框选方式在前视图中框选如图 3-1-48 所示的顶点，然后在前视图中将其沿 x 轴方向放大，再沿 y 轴方向缩小，结果如图 3-1-49 所示。

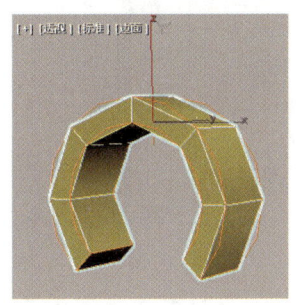

图 3-1-47　弯曲的长方体

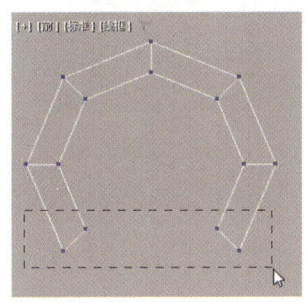

图 3-1-48　框选顶点

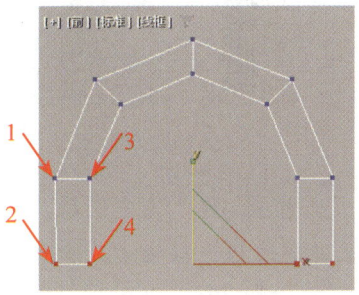

图 3-1-49　缩放顶点

步骤 10　按"W"键，采用框选方式选中图 3-1-49 中箭头 1 处的顶点，然后复制 3ds Max 操作界面下方"选择切换与坐标显示"面板"X"文本框中的数值，接着采用框选方式选中图 3-1-49 中箭头 2 处的顶点，在"选择切换与坐标显示"面板的"X"文本框中粘贴复制的数值。使用同样的方法，将箭头 3 和箭头 4 处顶点的 x 轴坐标值设为相同的数值，再将箭头 2 和箭头 4 处顶点轴坐标值设为相同的数值。

步骤 11　使用同样的方法设置另一侧顶点的坐标值。

步骤 12　按"4"键选择编辑多边形模式，选中如图 3-1-50 所示的两个面，然后单击"挤出"按钮右侧的"设置"按钮▫，在弹出的小盒控件中将挤出类型设为"局部法线"、挤出高度设为 75 mm，最后单击"确定"按钮⊘，完成门框的制作。按"4"键退出编辑多边形模式。

步骤 13　选中门框，利用"快速对齐"按钮将其和墙体以轴点为基准对齐，然后在左视图中调整门框的位置，结果如图 3-1-51 所示。

步骤 14　选中门框,按"Ctrl+V"组合键将其原位复制克隆一份,以便利用门框制作门板。选中门框的副本,按"Alt+Q"组合键使其孤立显示,接着按"4"键选择编辑多边形模式,在透视图中选中如图3-1-52所示的8个面,最后按"Delete"键将其删除。

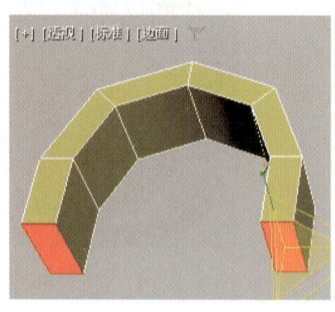 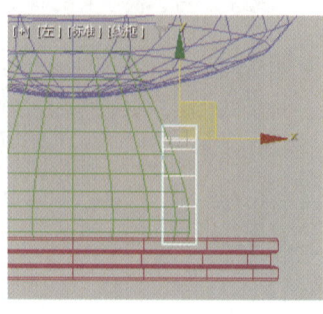 

图 3-1-50　挤出效果　　　　图 3-1-51　门框的位置　　　　图 3-1-52　选中面

步骤 15　按"2"键选择编辑边模式,按住"Ctrl"键并单击选中图3-1-53中的6条边,然后单击"编辑边"卷展栏中的"桥"按钮,在所选中的边间创建面,结果如图3-1-54所示。使用同样的方法使门框副本的另一侧产生与图3-1-54相同的桥接效果。按"3"键选择编辑边界模式,按"Ctrl+A"组合键选中所有边界,然后单击"封口"按钮,在所选边界间创建面(见图3-1-55)。按"3"键退出编辑边界模式。

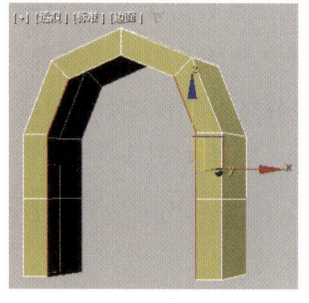 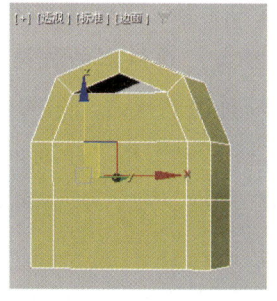 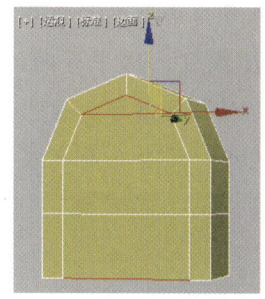

图 3-1-53　选择边　　　　图 3-1-54　桥接效果　　　　图 3-1-55　封口效果

步骤 16　选中门板,根据需要在"名称和颜色"卷展栏中更改门板的颜色,然后单击"孤立当前选择"按钮,退出模型孤立显示模式。

步骤 17　在透视图中将门板均匀缩小,再沿y轴方向缩小至合适大小,最后在左视图中将门板移至合适的位置,结果如图3-1-56所示。

步骤 18　选中门框,按"Alt+Q"组合键使其孤立显示。按"2"键选择编辑边模式,选中门框上的所有棱边(见图3-1-57),然后单击"切角"按钮右侧的"设置"按钮,在弹出的小盒控件中将切角类型设为"均匀"、切角范围设为2 mm,最后单击"确定"按钮。按"2"键退出编辑边模式,单击"孤立当前选择"按钮,退出模型孤立显示模式。

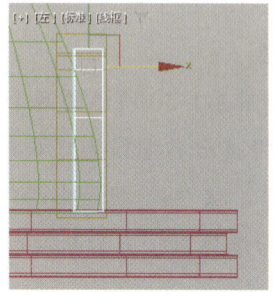 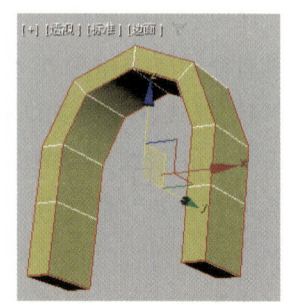

图 3-1-56　门板的位置　　　　图 3-1-57　选择中门框的所有棱边

步骤 19 参照步骤 16，对门板的所有棱边进行切角处理。

步骤 20 在前视图中创建一个底面半径为 5 mm、顶面半径为 3 mm、高度为 6 mm 的圆锥体和一个半径为 8 mm 的球体。利用"快速对齐"按钮将球体与圆锥体以轴点为基准对齐，然后在左视图中沿 x 轴方向调整球体的位置。选中球体和圆锥体，在左、前视图中将它们移至合适的位置（见图 3-1-58），完成门把手的制作。

步骤 21 在左视图中创建一个外圈半径为 70 mm、内圈半径为 55 mm、高度为 20 mm 的管状体和一个半径为 60 mm、高度为 15 mm 的圆柱体。利用"快速对齐"按钮将圆柱体与管状体以轴点为基准对齐，然后在前视图中将圆柱体沿 x 轴方向移至合适的位置，结果如图 3-1-59 所示。

步骤 22 在左视图中创建一个 12 mm×120 mm×12 mm 的长方体，并将其宽度分段数量设为 6，然后在左视图中将该长方体绕 x 轴旋转 90°并实例克隆一份。

步骤 23 选中在步骤 22 中创建的两个长方体，然后选择"组"→"组"菜单，将其以"木条"为组名组成一个组。利用"快速对齐"按钮将"木条"组与在步骤 19 中创建的圆柱体以轴点为基准对齐，然后在透视图中将"木条"组沿 x 轴方向移至合适的位置，结果如图 3-1-60 所示。

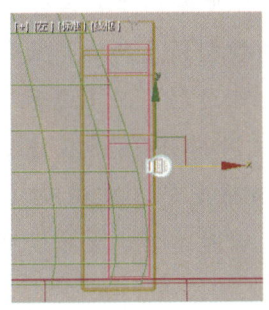 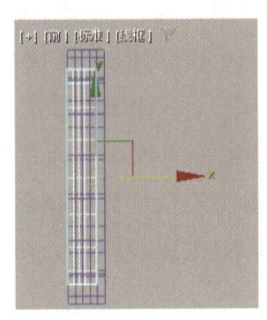 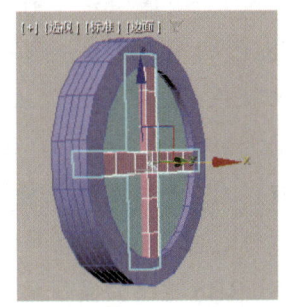

图 3-1-58 门把手的位置　　图 3-1-59 圆柱体的位置　　图 3-1-60 "木条"组的位置

步骤 24 选中在步骤 21 中创建的管状体，然后在"修改"面板的修改器列表中选择"涡轮平滑"选项，在"涡轮平滑"卷展栏中将迭代次数设为 2，完成窗户的制作结果如图 3-1-61 所示。

步骤 25 选中在步骤 21～步骤 22 中创建的所有对象，然后选择"组"→"组"菜单，将所选对象以"窗户"为组名组成一个组。选中"窗户"组，在前视图中将其按逆时针方向绕 y 轴旋转 20°，然后在前、左视图中调整该组的位置，结果如图 3-1-62 所示。

步骤 26 在透视图的"按视图首选项视口标签"菜单中选择"边面"菜单项。选中除窗户和墙体外的所有模型，在"修改"面板的修改器列表中选择"涡轮平滑"选项，然后在"涡轮平滑"卷展栏中将迭代次数设为 2。此时，透视图中的蘑菇屋模型如图 3-1-63 所示。

 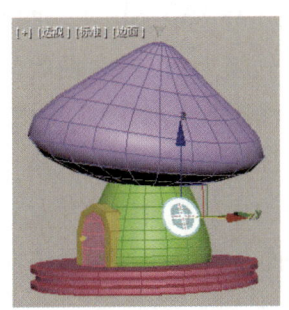 

图 3-1-61 窗户　　图 3-1-62 "窗户"组的位置　　图 3-1-63 蘑菇屋模型

> **素养提升**
>
> 　　场景中的模型形状各异，有些看起来非常复杂，让不少初次接触 3ds Max 的读者产生了畏难情绪。其实，无论多么复杂的模型，都可以将其简化、抽象为简单模型。创建简单模型并对其进行编辑，然后添加细节，即可完成复杂模型的创建。
>
> 　　读者在建模过程中要有意识地培养化繁为简的思维方式，精准把握复杂模型的特征，在学习中保持耐心和毅力，多从实践中总结经验教训，进而快速提高自己的建模能力。此外，读者还可以与同学、朋友分享自己的建模经验，或者与他们一起寻求解决问题的方法。

任务二　NURBS 建模

【任务描述】

　　NURBS 建模是一种曲面建模方法，通过创建 NURBS 对象并对其进行编辑可创建 NURBS 模型。与多边形建模相比，使用 NURBS 建模方法创建的模型精度高，并且导入其他软件后，不易出现破面现象。此外，NURBS 对象的面一般为四边形，而多边形对象的面为 n 边形（$n \geq 3$），因此对于含复杂曲线的曲面模型，通常使用 NURBS 建模方法来创建；对于一般的曲面模型，则使用多边形建模方法创建。本任务将先介绍 NURBS 建模的方法、NURBS 曲线和曲面、编辑 NURBS 对象的常用命令，然后通过创建桌布模型学习 NURBS 建模的具体操作。

一、NURBS 建模的方法

NURBS 建模的方法有以下 3 种：

方法一：利用"创建"面板"几何体"对象类别"NURBS 曲面"分类中的按钮（见图 3-2-1）创建 NURBS 曲面，通过对 NURBS 曲面的子对象（"点"和"曲面"）进行编辑来创建 NURBS 模型。

方法二：利用"创建"面板"图形"对象类别"NURBS 曲线"分类中的按钮（见图 3-2-2）绘制 NURBS 曲线，然后通过为其添加所需修改器（如"车削"修改器等）来创建 NURBS 模型；或者利用"图形"对象类别"样条线"分类中的按钮绘制样条线，然后利用右键快捷菜单中的"转换为 NURBS"菜单项将该样条线转换为 NURBS 曲线，最后通过编辑该曲线的子对象（"曲线 CV"和"曲线"）并为该曲线添加修改器来创建 NURBS 模型。

方法三：选中利用"创建"面板"几何体"对象类别"标准基本体"分类和"扩展基本体"分类中的按钮创建的对象后右击，在弹出的快捷菜单中选择"转换为"→"转换为 NURBS"菜单项，将所选对象转换为 NURBS 曲面，最后通过编辑该曲面的"曲面 CV"和"曲面"子对象来创建 NURBS 模型。

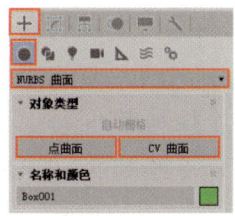
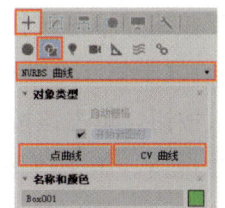

图 3-2-1 "NURBS 曲面"分类中的按钮　　　　图 3-2-2 "NURBS 曲线"分类中的按钮

二、NURBS 曲线和曲面

NURBS 曲线（见图 3-2-3）分为点曲线和 CV 曲线，这两种曲线的控制点的位置不同。点曲线的控制点位于曲线上，调整控制点可改变曲线的形状；CV 曲线的控制点位于晶格上，调整晶格上的顶点（CV）可改变曲线的形状。

NURBS 曲面是一种面片，分为点曲面和 CV 曲面，如图 3-2-4 所示。这两种曲面的创建方法基本相同，但曲面的控制点的位置不同。利用"点曲面"按钮创建的 NURBS 曲面的控制点位于 NURBS 曲面上，调整控制点可改变曲面的形状；利用"CV 曲面"按钮创建的 NURBS 曲面的控制点（CV）不在 NURBS 曲面上，而在晶格上，调整晶格上的控制点可改变 NURBS 曲面的形状。

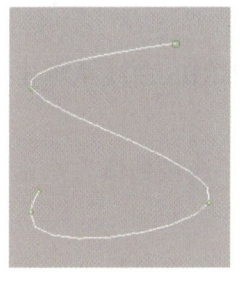
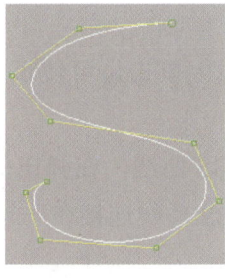
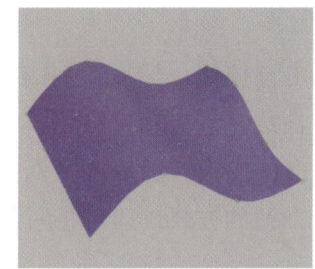
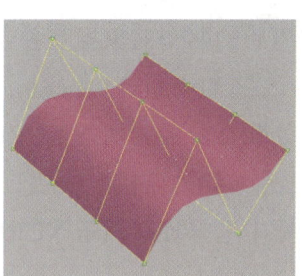

　　点曲线　　　　　CV 曲线　　　　　　　点曲面　　　　　　CV 曲面

　　图 3-2-3　NURBS 曲线　　　　　　　　图 3-2-4　NURBS 曲面

三、编辑 NURBS 对象的常用命令

下面介绍在编辑 NURBS 曲线和 NURBS 曲面时，"点""CV""曲线公用""曲面公用""常规"卷展栏中的常用命令及其功能。

（一）"点"卷展栏和"CV"卷展栏

在修改器堆栈中选择利用"点曲线"命令或"CV 曲线"命令绘制的 NURBS 曲线下方的"点"和"曲线 CV"选项，利用"点"卷展栏和"CV"卷展栏（见图 3-2-5）中的按钮可编辑 NURBS 曲线。编辑 NURBS 曲线的控制点的常用按钮及其功能如下：

（1）"选择"设置区中的按钮。该设置区中的按钮用于控制一次选中一个控制点还是选中曲线的所有控制点。

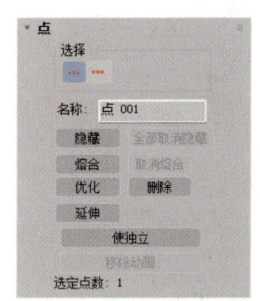
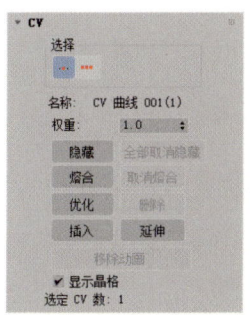

图 3-2-5 "点"卷展栏和"CV"卷展栏

（2）"熔合"按钮。单击该按钮，然后选中两个控制点，可将第一个控制点与第二个控制点合并，合并后的点位于第二个控制点处。

（3）"删除"按钮。单击该按钮，可删除已选中的单个或多个控制点。

（4）"插入"按钮。单击该按钮，然后在利用"CV 曲线"命令绘制的 NURBS 曲线上单击，可插入晶格的控制点。

（5）"延伸"按钮。单击该按钮，然后拖动 NURBS 曲线起始位置或终止位置的顶点至合适的位置后释放左键，可增加顶点并使 NURBS 曲线增长。

在修改器堆栈中选择利用"点曲面"命令或"CV 曲面"命令绘制的 NURBS 曲面下方的"点"和"曲面 CV"选项，利用"点"卷展栏和"CV"卷展栏中的按钮可编辑 NURBS 曲面的控制点。这两个卷展栏中的按钮的功能与如图 3-2-5 所示的卷展栏中相应按钮的功能类似。

（二）"曲线公用"卷展栏

在修改器堆栈中选择利用"点曲线"命令或"CV 曲线"命令绘制的 NURBS 曲线下方的"曲线"选项，利用"曲线公用"卷展栏（见图 3-2-6）中的按钮可编辑 NURBS 曲线。编辑 NURBS 曲线的常用按钮及其功能如下：

（1）"删除"按钮。单击该按钮，可删除已选中的 NURBS 曲线。

（2）"分离"按钮。单击该按钮，可使所选的 NURBS 曲线与当前的 NURBS 对象分离，分离后的两个对象相互独立。

（3）"断开"按钮。单击该按钮，然后在 NURBS 曲线上单击，可使该 NURBS 曲线从单击处断开，成为两条 NURBS 曲线。

（4）"连接"按钮。单击该按钮，然后选择两条 NURBS 曲线，在弹出的"连接曲线"对话框中选择连接两条 NURBS 曲线的方式，即可将两条 NURBS 曲线连接在一起。

（三）"曲面公用"卷展栏

在修改器堆栈中选择利用"点曲面"命令或"CV 曲面"命令绘制的 NURBS 曲面下方的"曲面"选项，利用"曲面公用"卷展栏（见图 3-2-7）中的按钮可编辑 NURBS 曲面。编辑 NURBS 曲面的常用按钮有"删除""分离""断开行""断开列""断开行和列""延伸"等。单击"延伸"按钮，然后拖动 NURBS 曲面边缘处的边至合适的位置后释放左键，可改变 NURBS 曲面的大小。"曲面公用"卷展栏中的按钮的功能与"曲线公用"卷展栏中相应按钮的功能类似。

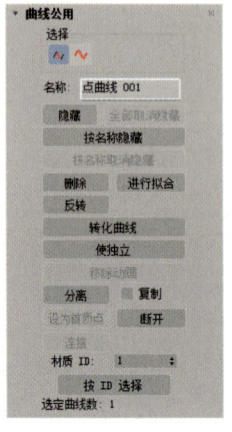   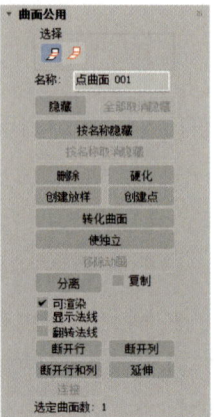

图 3-2-6 "曲线公用"卷展栏　　　　　图 3-2-7 "曲面公用"卷展栏

(四)"常规"卷展栏

绘制 NURBS 曲线或者创建 NURBS 曲面后,"修改"面板中均会出现"常规"卷展栏,两个"常规"卷展栏中同名按钮和复选框的功能类似。图 3-2-8 为创建 NURBS 曲面后,"修改"面板中的"常规"卷展栏。该卷展栏中的常用按钮、复选框及其功能如下:

(1)"附加"按钮。单击该按钮,然后选择点、样条线、NURBS 曲线、NURBS 曲面或 NURBS 模型,可使所选对象与当前对象成为一个整体。

(2)"显示"设置区中的复选框。该设置区中的复选框用于控制视口中是否显示所选对象及其晶格等。

(3)"NURBS 创建工具箱"按钮。利用该按钮可控制"NURBS"对话框(见图 3-2-9)的打开与关闭。

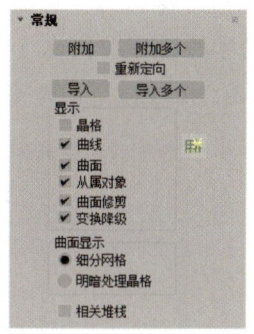

图 3-2-8 "常规"卷展栏

图 3-2-9 "NURBS"对话框

> 利用"NURBS"对话框中的按钮不仅可以创建 NURBS 点、NURBS 曲线和 NURBS 曲面,还可以对视口中的 NURBS 对象进行编辑。

任务实施 创建桌布模型——NURBS 建模

下面通过创建图 3-2-10 中的桌布模型,学习 NURBS 建模的具体操作。

桌布模型

渲染效果

图 3-2-10 桌布模型及其渲染效果

制作思路

创建一个点曲面,将点曲面边缘的所有控制点向下移动,制作桌布的下垂效果;然后收缩4条边上的控制点,制作桌布上的褶皱;接着将4个边角控制点向下移动,以增强桌布4个边角产生的下垂效果;最后对桌布左右两侧边缘处的控制点进行微调,使桌布的垂感更加自然。

制作步骤

步骤1 单击"创建"面板"几何体"对象类别"NURBS曲面"分类中的"点曲面"按钮,在顶视图中创建一个点曲面,然后在"创建参数"卷展栏中参照图3-2-11设置点曲面的参数。

步骤2 选中视口中的点曲面,然后在修改器堆栈中选择"点"选项(或按"2"键),选择编辑控制点模式,接着单击"点"卷展栏中的"点行和列"按钮,按住"Ctrl"键在顶视图中单击点曲面左下角和右上角的控制点,以选中点曲面边缘的所有控制点(见图3-2-12),最后在前视图中将所选控制点沿y轴向下移至合适的位置(见图3-2-13),制作桌布的下垂效果。

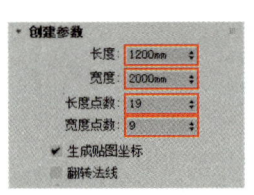 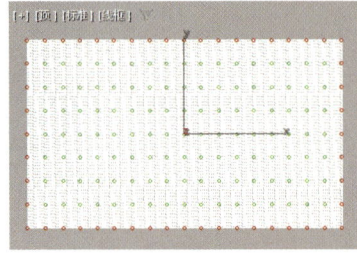 

图3-2-11 "创建参数"卷展栏　　图3-2-12 选中控制点①　　　　图3-2-13 控制点的位置

步骤3 确保在步骤2中选中的控制点处于选中状态,单击"点"卷展栏中的"单个点"按钮,然后按住"Alt"键在顶视图中框选点曲面4个角处不需要选中的控制点,结果如图3-2-14所示。按"R"键,然后在顶视图中将所选中的控制点沿xz平面收缩,结果如图3-2-15所示。在视口中的任一位置单击,取消选中控制点。

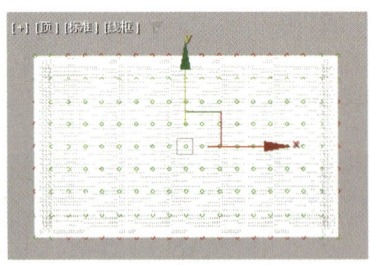 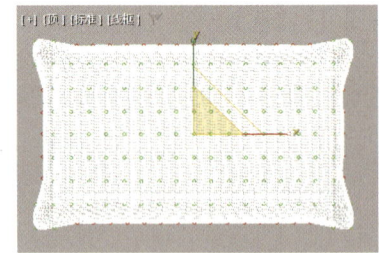

图3-2-14 选中控制点②　　　　图3-2-15 收缩控制点①

步骤4 按住"Ctrl"键在顶视图中采用单击方式选中桌布模型前后两侧边缘处的控制点(所选中的相邻控制点间应间隔一个控制点,见图3-2-16),然后在顶视图中将所选控制点沿y轴方向收缩,结果如图3-2-17所示。此时,透视图中桌布的效果如图3-2-18所示。在视口中的任一位置单击,取消选中控制点。

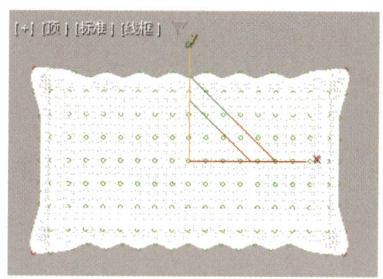
图 3-2-16　选中控制点 ③

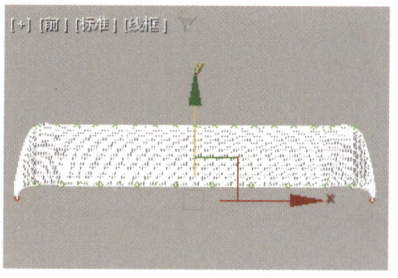
图 3-2-17　收缩控制点 ②

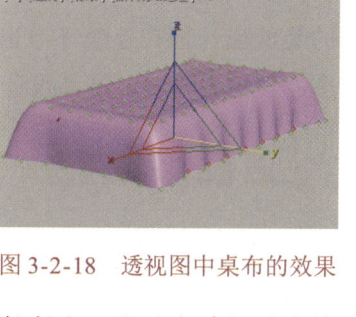
图 3-2-18　透视图中桌布的效果

步骤 5　按住"Ctrl"键在顶视图中单击选中桌布 4 个边角处的控制点，然后在前视图中将所选控制点沿 y 轴向下移至合适的位置，如图 3-2-19 所示。

步骤 6　在透视图中调整桌布模型左右两侧边缘处控制点的位置，使桌布的垂感更加自然，然后按"2"键退出编辑控制点模式，结果如图 3-2-20 所示。

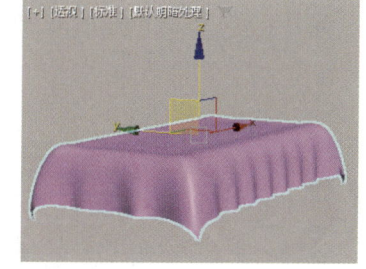

图 3-2-19　选择并移动控制点　　　　　　　　　　　图 3-2-20　桌布模型

经验之谈——关于低模和高模的那些事

在建模领域，"低模"和"高模"是两个重要的概念，主要用于描述模型的精细程度。那么，什么样的模型是低模？什么样的模型是高模？它们分别应用于哪些场景？

低模是低精度模型的简称，是指具有较少的面数和细节的模型。高模是高精度模型的简称，是指具有较多面数和大量细节的模型。图 3-2-21 为盾牌的低模和高模。低模和高模是一个相对的概念，对于同一个模型来说，面数越多，精度往往越高，但是低模和高模并不是按面数多少来划分的。创建低模时，需要控制模型的面数，只保留必要结构处的面。创建高模时，需要尽可能多地表现模型的细节，而不需要考虑面数的多少。

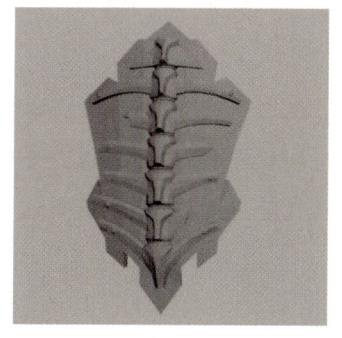
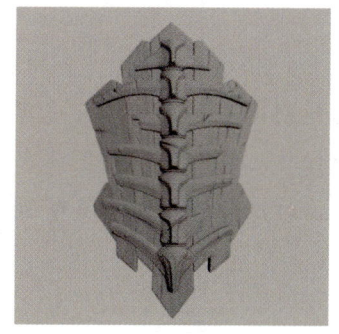

低模　　　　　　　　　　　　　　　高模

图 3-2-21　盾牌的低模和高模

低模面数少，渲染速度快，需要实时渲染的场景（如游戏场景）中的模型和影视动画中的模型大多数为低模（游戏和影视动画中的模型通常是按照次世代 PBR 流程创建的，虽然场景中用的是低模，但在建模环节也需要创建高模）。高模面数多，渲染速度慢，通常用于制作静帧渲染图，在室内设计、产品设计、手办雕刻等领域应用较多。

知识拓展

什么是次世代 PBR 流程

次世代 PBR 流程是一种广泛应用于影视动画和游戏领域的建模流程。按照该流程创建的模型虽然为低模，面数少，但是可以产生近似于高模的效果。按照次世代 PBR 流程创建的模型有低模、中模、高模。模型的创建流程为：① 制作中模，以确定模型的结构和各部分的比例；② 在中模的基础上添加细节，然后利用"涡轮平滑"修改器使模型表面平滑或利用其他软件（如 ZBrush）对模型进行雕刻，以制作高模；③ 根据高模的形状制作低模，低模的面数要尽可能少，低模与高模的结构、各部分比例应一致；④ 利用高模为低模制作贴图；⑤ 将制作好的贴图赋予低模。

项目自测

自测习题一　创建插头模型

利用本项目所学知识创建图 3-3-1 中的插头模型。

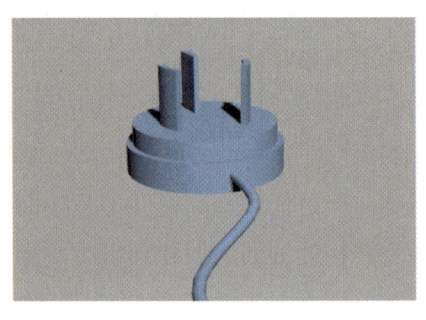 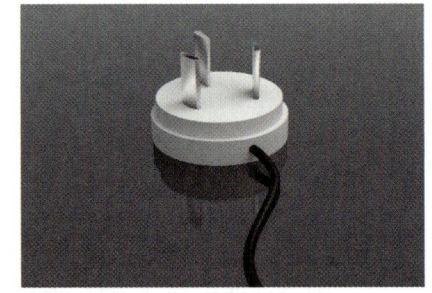

插头模型　　　　　　　　　　　　　渲染效果

图 3-3-1　插头模型及其渲染效果

提示：首先创建一个圆柱体，将其转换为可编辑多边形对象，然后对圆柱体的顶面进行挤出操作，以制作插座主体，最后通过绘制样条线来制作插头处的电源线。在创建圆柱体时，应将其边数设为 36，端面分段数量设为 12，以便对该圆柱体的顶面进行编辑。

自测习题二　创建果盘模型

利用本项目所学知识创建图 3-3-2 中的果盘模型。

果盘模型　　　　　　　　　　　渲染效果

图 3-3-2　果盘模型及其渲染效果

提示：　　首先创建一个正方形点曲面，然后通过移动、缩放点曲面上的控制点来调整果盘的形状，最后为该点曲面添加"壳"修改器，并在"参数"卷展栏的"外部量"文本框中设置果盘的厚度。需要注意的是，创建点曲面时，应将其长度点数和宽度点数均设为7，以便通过编辑控制点调整果盘的形状。

项目四

用材质和贴图表现物体的质感

创建好模型后，还需要为其创建材质。创建材质时，首先需要确定物体的质地，然后考虑物体的颜色、纹理和透明度、高光等细节，它们对模型的逼真程度具有重要影响。

本项目将介绍材质编辑器的功能、3ds Max 材质与贴图、"VRayMtl"材质和 VRay_灯光材质等内容。通过学习本项目，读者能够利用材质和贴图表现模型的质感。

知识目标

- 了解材质编辑器的功能。
- 掌握利用 3ds Max 材质与贴图体现模型质感的方法。
- 掌握利用 V-Ray 材质体现模型质感的方法。

素质目标

- 通过创建不同类型的材质，培养善于观察、勤于思考、勇于探索的良好习惯。
- 通过使用贴图创建材质，将材质属性与绘画设计相配合，培养抽象思维能力和良好的审美能力。

任务一　利用 3ds Max 材质和贴图表现物体的质感

【任务描述】

材质是指材料的质地，如金属材质、玻璃材质、塑料材质等。对于同一个物体而言，利用 3ds Max 创建的材质能够产生与现实世界中该物体的材质相同甚至更好的视觉效果。为模型创建材质的操作几乎都是在材质编辑器中进行的。创建材质时，需要选中要创建材质的模型，然后将材质编辑器中材质球上的材质赋予该模型，再在材质编辑器中调整材质的相关参数。

本任务将先介绍材质编辑器的功能、常用材质和贴图的类型，然后通过为雨伞模型、骑士剑模型和灯笼模型创建材质，学习利用 3ds Max 材质和贴图表现物体质感的方法。

一、材质编辑器的功能

在 3ds Max 中创建材质需要用到材质编辑器。材质编辑器的功能有创建材质、设置材质的参数、将材质赋予模型等。3ds Max 中的材质编辑器有 Slate 材质编辑器和精简材质编辑器两种，在主工具栏的"材质编辑器"弹出按钮中单击 按钮或 按钮，即可打开 Slate 材质编辑器或精简材质编辑器（见图 4-1-1）。

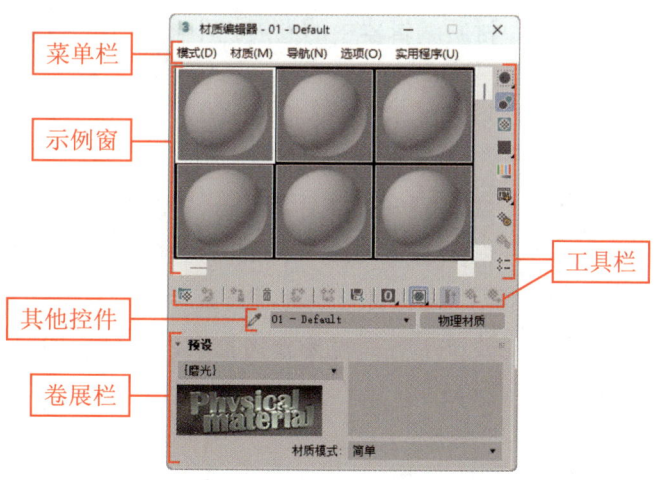

图 4-1-1　精简材质编辑器

按"M"键可打开上一次打开的材质编辑器。与 Slate 材质编辑器相比，精简材质编辑器的界面更加简洁，读者在其中可以方便、快捷地创建材质，因此本书仅介绍精简材质编辑器的功能。

精简材质编辑器（以下简称"材质编辑器"）由菜单栏、示例窗、工具栏、其他控件和卷展栏组成。

（1）菜单栏。菜单栏由"模式""材质""导航""选项""实用程序"5个菜单组成，利用"模式"菜单可切换材质编辑器的类型。

（2）示例窗。示例窗中包含24个材质球，通过这些材质球可预览材质的效果。

（3）工具栏。工具栏中的按钮用于管理材质，其中最常用的按钮及其功能如下：

- "将材质指定给选定对象"按钮：选中某个材质球并单击该按钮，可将该材质赋予所选中的对象。
- "重置贴图/材质为默认设置"按钮：选中某个材质球并单击该按钮，可使该材质恢复至默认状态。
- "视口中显示明暗处理材质"按钮：该按钮处于禁用状态时，视口中会显示模型的材质效果，但是不会显示贴图效果；该按钮处于非禁用状态时，视口中会显示模型的材质效果和贴图效果。
- "转到父对象"按钮：单击该按钮，可返回到当前层级的父层级。
- "转到下一个同级项"按钮：单击该按钮，可转换到与当前层级平级的层级。
- "背景"按钮：单击该按钮，可改变当前材质球的背景。创建透明材质时，通常需要改变材质球的背景。

（4）其他控件。其他控件包括"从对象拾取材质"按钮、"名称"字段和"类型"按钮。

- "从对象拾取材质"按钮：选中任意一个未使用的材质球，单击该按钮，然后在视口中的模型上单击，可将该模型的材质实例克隆到所选的材质球上。
- "名称"字段：该字段用于显示和设置材质的名称。
- "类型"按钮：单击该按钮，在弹出的"材质/贴图浏览器"对话框中可根据需要选择材质类型。

（5）卷展栏。材质类型不同，材质编辑器中的卷展栏不同，在这些卷展栏中可以设置材质的参数。

> **探索 与 分享**
>
> 打开本书配套素材"素材与实例"→"项目四"→"苹果"→"苹果素材.max"文件，然后打开材质编辑器并单击"从对象拾取材质"按钮，接着拾取视口左侧苹果模型的材质，最后利用"将材质指定给选定对象"按钮将拾取的材质赋予视口右侧的苹果模型。
>
> 提示：苹果的果肉和果蒂的材质不同，需要分别拾取，并使它们的材质位于不同的材质球上。

二、常用材质的类型

3ds Max提供了多种材质类型，其中常用的有"标准（旧版）"材质、"双面"材质、"多维/子对象"材质、"混合"材质等。

（一）"标准（旧版）"材质

"标准（旧版）"材质是通过设置模型表面的反射属性来表现物体的材质的。"标准（旧版）"材质是3ds Max中最常用的材质类型，许多复杂的材质都需要以"标准（旧版）"材质为基础来制作。

将材质的类型设为"标准（旧版）"后，在如图 4-1-2 所示的材质编辑器的"明暗器基本参数"卷展栏中可设置材质的明暗器类型和显示方式，在"Blinn 基本参数"卷展栏中可设置材质的颜色、不透明度、光泽度等基本属性。"Blinn 基本参数"卷展栏的名称和可设置的参数取决于所选的明暗器的类型。图 4-1-3 中乳胶漆墙壁的材质和图 4-1-4 中金属餐具的材质都是使用"标准（旧版）"材质创建的。

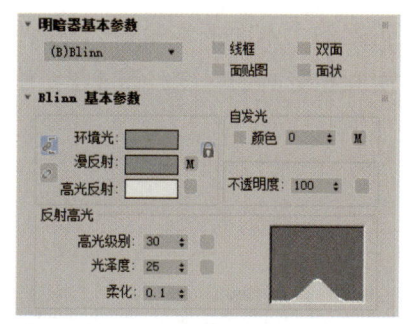

图 4-1-2　"明暗器基本参数"卷展栏和"Blinn 基本参数"卷展栏

图 4-1-3　乳胶漆墙壁的材质

图 4-1-4　金属餐具的材质

明暗器是一种算法，用于描述曲面响应灯光的方式。不同的明暗器最显著的区别是生成高光的方式不同。在"明暗器基本参数"卷展栏的"明暗器"下拉列表中可设置明暗器的类型。常用的明暗器有"Blinn""金属"和"Phong"。利用"Blinn"明暗器创建的材质具有柔和的弧形高光，大部分物体的材质可用该明暗器创建；利用"金属"明暗器创建的材质具有掠射高光效果，金属材质常用该明暗器创建；利用"Phong"明暗器创建的材质具有半透明效果，蜡烛、玉石、玻璃等物体的材质常用该明暗器创建。

> **提示**
>
> 在 3ds Max 2021 及以上版本中，默认的材质类型为物理材质，最初的"标准"材质改名为"标准（旧版）"材质。由于 3ds Max 2022 的默认渲染器 Arnold 与"标准（旧版）"材质不兼容，将渲染器改为除 Arnold 渲染器以外的其他渲染器（如扫描线渲染器、V-Ray 渲染器等），或者在"材质/贴图浏览器"对话框中单击▼按钮，在弹出的快捷菜单（见图 4-1-5）中选择"显示不兼容"选项，才能创建"标准（旧版）"材质。若无法创建其他材质，则可按照这两种方法来解决。

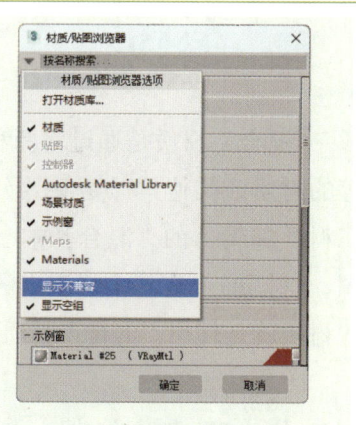

图 4-1-5　快捷菜单

（二）"双面"材质

利用"双面"材质可为模型的正反两面分别指定不同的材质，雨伞、垃圾桶、书本等正反两面具有不同质感或图案的物体的材质常用该材质来创建。将材质的类型设为"双面"后，在材质编辑器的"双面基本参数"卷展栏（见图4-1-6）中可设置正面材质、背面材质的参数和两个子材质互相影响的程度。图4-1-7中书本的材质就是使用"双面"材质创建的。

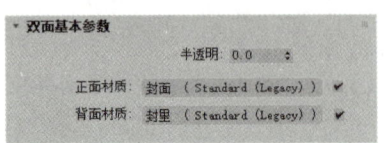

图4-1-6 "双面基本参数"卷展栏　　　　　　图4-1-7 书本的材质

（三）"多维/子对象"材质

利用"多维/子对象"材质可为模型的不同部分创建不同的材质。创建材质前，需要先为模型的子对象设置不同的材质ID，然后为各材质ID所对应的模型创建不同的材质。将材质的类型设为"多维/子对象"后，在材质编辑器的"多维/子对象基本参数"卷展栏（见图4-1-8）中可设置子材质的数量和其他参数。图4-1-9中的口红、瓶子的底座及盖子的材质就是使用"多维/子对象"材质创建的。

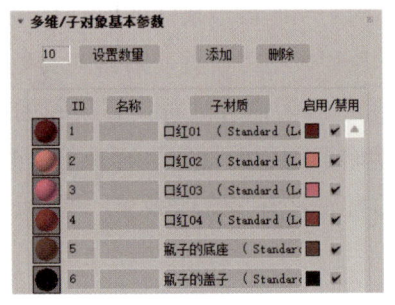

图4-1-8 "多维/子对象基本参数"卷展栏　　　图4-1-9 口红、瓶子的底座及盖子的材质

（四）"混合"材质

"混合"材质是通过将两种材质混合来表现物体的材质的，带图案的纺织制品、生锈的金属等的材质或其他具有复杂层次感的物体的材质常用该材质来创建。将材质类型设为"混合"后，在材质编辑器的"混合基本参数"卷展栏（见图4-1-10）中可设置两种子材质的参数、遮罩贴图、"材质1"在整个材质中的比重和进行混合的两种子材质之间的过渡效果。图4-1-11中窗帘的材质就是使用"混合"材质创建的。

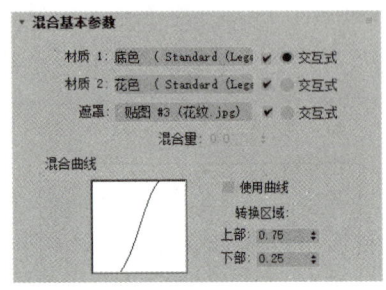

图4-1-10 "混合基本参数"卷展栏　　　　　　图4-1-11 窗帘的材质

三、常用贴图的类型

利用贴图制作的材质能够更好地表现材质的纹理，增强材质的质感。在材质编辑器中，材质的漫反射、折射、反射、凹凸等属性带有相应的贴图通道，在不同的贴图通道中添加贴图会使材质产生不同的效果。例如，在"漫反射"贴图通道中添加贴图，会使材质的基本颜色产生变化；在"凹凸"贴图通道中添加贴图，会使材质的凹凸纹理产生变化。图4-1-12为将同一张贴图分别添加在"漫反射"贴图通道和"凹凸"贴图通道中的效果。

在"漫反射"贴图通道中添加贴图的效果　　　在"凹凸"贴图通道中添加贴图的效果

图4-1-12　在不同贴图通道中添加贴图的效果

单击材质属性右侧的按钮（见图4-1-13）或"贴图"卷展栏中"贴图类型"列中的"无贴图"按钮（见图4-1-14），在弹出的"材质/贴图浏览器"对话框（见图4-1-15）中可选择需要的贴图类型。常用的贴图有"位图"贴图、"噪波"贴图、"平铺"贴图、"渐变"贴图、"渐变坡度"贴图、"衰减"贴图等。

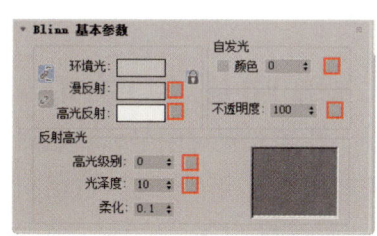 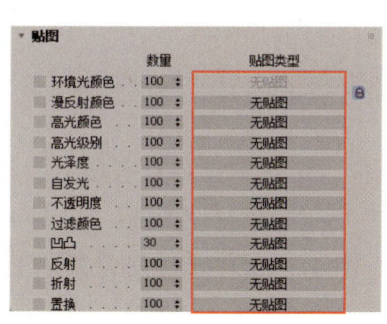 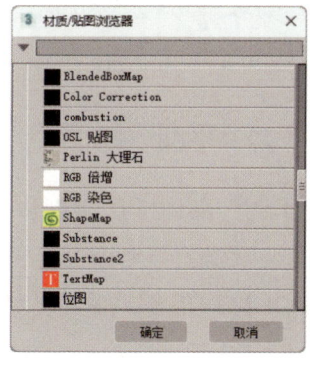

图4-1-13　材质属性右侧的按钮　　图4-1-14　"无贴图"按钮　　图4-1-15　"材质/贴图浏览器"对话框

（一）"位图"贴图

位图是一种由像素构成的图像，每个像素都包含颜色和位置信息。位图常以".png"".jpg"".bmp"格式被储存。

"位图"贴图是利用位图来模拟物体材质的，常用于表现物体表面的图案和花纹。在"材质/贴图浏览器"对话框中双击"通用"列表中的"位图"选项，然后在弹出的"选择位图图像文件"对话框中可选择用于模拟物体材质的位图。添加"位图"贴图后，在材质编辑器的"坐标"卷展栏（见图4-1-16）中可设置贴图坐标和位图的比例、旋转角度，在"位图参数"卷展栏（见图4-1-17）中可设置位图的尺寸、颜色等。图4-1-18中相框上的图案就是利用"位图"贴图制作的。

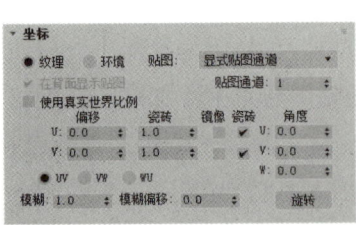
图4-1-16 "坐标"卷展栏

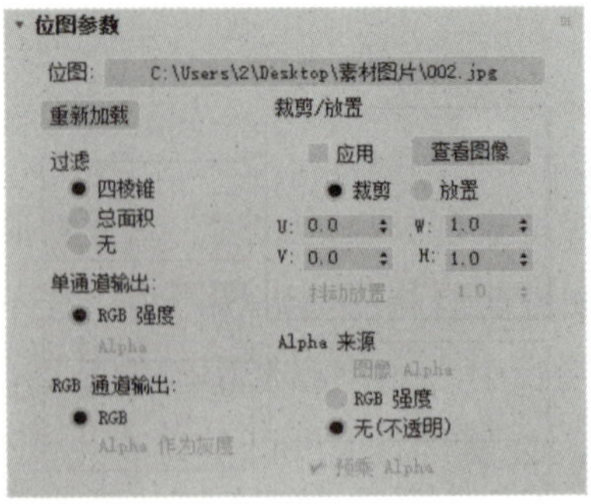

图4-1-17 "位图参数"卷展栏

图4-1-18 相框上的图案

（二）"噪波"贴图

"噪波"贴图是通过混合两种颜色或贴图的明暗产生波纹效果的，常用于表现海面、草地等物体表面的凹凸效果。添加"噪波"贴图后，在材质编辑器的"坐标"卷展栏中可设置贴图坐标和贴图的比例、旋转角度，在"噪波参数"卷展栏（见图4-1-19）中可指定噪波的颜色或贴图，设置噪波的类型、平滑程度、强度等。图4-1-20中海面上的波纹就是利用"噪波"贴图制作的。

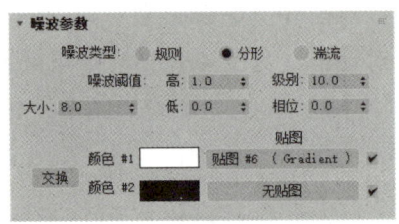
图4-1-19 "噪波参数"卷展栏

图4-1-20 海面

（三）"平铺"贴图

"平铺"贴图常用于制作表面按一定规则排列且有接缝的材质。选择"平铺"贴图类型后，在材质编辑器的"坐标"卷展栏和"标准控制"卷展栏（见图4-1-21）中可设置贴图坐标和贴图的比例、旋转角度、平铺类型等。图4-1-22中电视机背景墙上的瓷砖就是利用"平铺"贴图制作的。

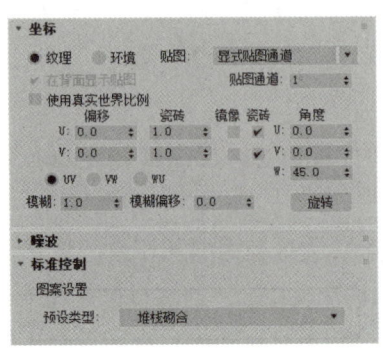
图4-1-21 "坐标"卷展栏和"标准控制"卷展栏

图4-1-22 电视机背景墙

（四）"渐变"贴图和"渐变坡度"贴图

利用"渐变"贴图可以制作由 3 种颜色产生渐变效果的材质，利用"渐变坡度"贴图可以创建由两种及两种以上的颜色产生渐变效果的材质。选择"渐变"或"渐变坡度"贴图类型后，在材质编辑器的"坐标"卷展栏（与"位图"贴图的"坐标"卷展栏相同）中可设置贴图坐标和贴图的比例、旋转角度，在"渐变参数"（见图 4-1-23）或"渐变坡度参数"卷展栏（见图 4-1-24）中可设置渐变的颜色（或贴图）、渐变的类型、渐变颜色（或贴图）之间的过渡效果等。图 4-1-25 中花瓶的材质就是利用"渐变"贴图制作的。

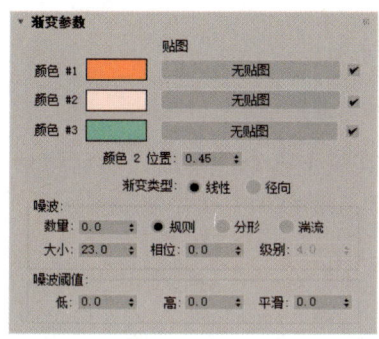
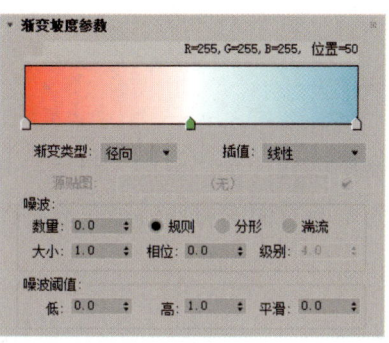

图 4-1-23　"渐变参数"卷展栏　　　图 4-1-24　"渐变坡度参数"卷展栏　　　图 4-1-25　花瓶的材质

（五）"衰减"贴图

利用"衰减"贴图可以使材质的颜色产生由深到浅或由浅到深的过渡效果，半透明材质和颜色有深浅过渡效果的布料均可用该贴图来创建。选择"衰减"贴图类型后，在材质编辑器的"衰减参数"卷展栏（见图 4-1-26）中可设置影响材质衰减的颜色（或贴图）和衰减的类型、方向等，在"混合曲线"卷展栏（见图 4-1-27）中可调整材质衰减曲线。图 4-1-28 中桌布的材质就是利用"衰减"贴图制作的。

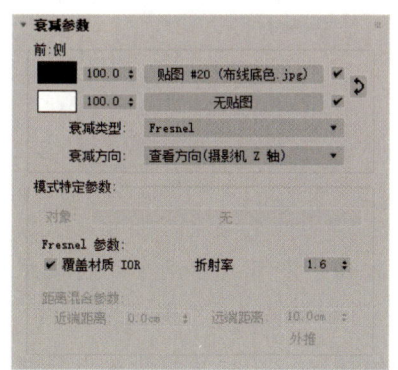
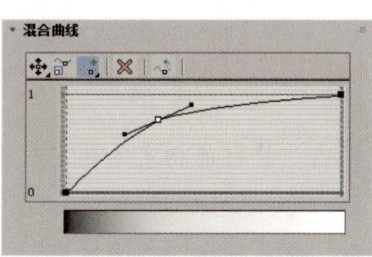

图 4-1-26　"衰减参数"卷展栏　　　图 4-1-27　"混合曲线"卷展栏　　　图 4-1-28　桌布的材质

任务实施一　为雨伞模型创建材质——"双面"材质

下面通过为如图 4-1-29（a）所示的雨伞模型创建如图 4-1-29（b）所示的材质，学习利用"双面"材质表现物体质感的方法。

（a）雨伞的模型

（b）雨伞的材质

图 4-1-29　雨伞的模型及其材质

制作思路

打开素材文件，在材质编辑器中创建一个"双面"材质，并将其赋予雨伞的伞面，然后将伞面正面的材质设置为渐变色，并为伞面背面的材质添加花纹贴图。

制作步骤

步骤 1　打开本书配套素材"素材与实例"→"项目四"→"雨伞"→"雨伞素材.max"文件。该雨伞模型的伞柄和骨架已有材质，读者只需要创建伞面的材质。

步骤 2　按"M"键打开材质编辑器，选中任一未使用的材质球，在"名称"字段中将该材质球的名称设为"雨伞"，然后单击"物理材质"按钮，在弹出的"材质/贴图浏览器"对话框中双击"通用"列表中的"双面"选项，最后在弹出的"替换材质"对话框中依次单击"丢弃旧材质？"单选钮和"确定"按钮，如图 4-1-30 所示。

 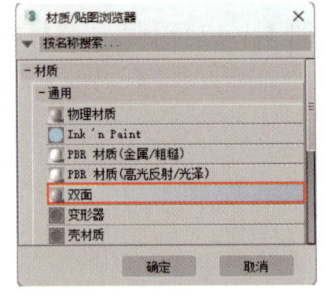 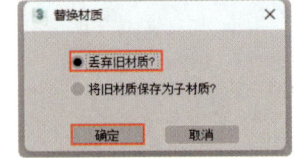

图 4-1-30　创建"双面"材质

步骤 3　选中雨伞的伞面，单击"将材质指定给选定对象"按钮，即可将"雨伞"材质赋予所选对象。

步骤 4　单击"双面基本参数"卷展栏中"正面材质"右侧的按钮，在打开的面板中将该子材质的名称设为"正面"，然后单击"物理材质"按钮，在弹出的"材质/贴图浏览器"对话框中双击"扫描线"列表中的"标准（旧版）"选项。

步骤 5　勾选"明暗器基本参数"卷展栏中的"双面"复选框，然后单击"Blinn 基本参数"卷展栏中"漫反射"右侧的"无"按钮，在弹出的"材质/贴图浏览器"对话框中双击"通用"列表中的"渐变"选项，最后在"渐变参数"卷展栏中设置渐变的颜色，如图 4-1-31 所示。

步骤 6　单击两次"转到父对象"按钮，返回至"雨伞"材质的第 1 层级，然后单击"双面基本参数"卷展栏中"背面材质"右侧的按钮，在打开的面板中将该子材质的名称设为"背面",材质类型设为"标准(旧版)"。

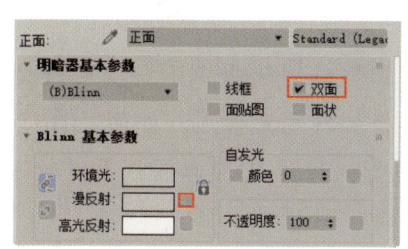
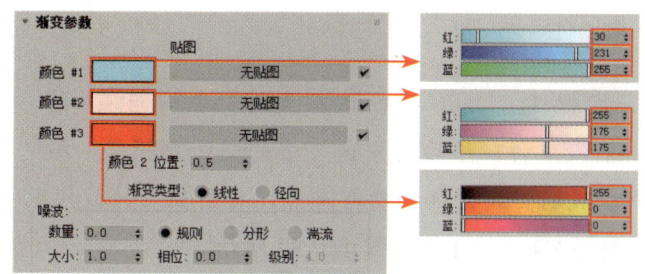

图 4-1-31 设置伞面正面材质的参数

步骤 7 勾选"明暗器基本参数"卷展栏中的"双面"复选框,然后单击"Blinn 基本参数"卷展栏中"漫反射"右侧的"无"按钮,在弹出的"材质/贴图浏览器"对话框中双击"通用"列表中的"位图"选项,接着在弹出的"选择位图图像文件"对话框中双击本书配套素材"素材与实例"→"项目四"→"雨伞"→"maps"→"雨伞花纹.jpg"文件,最后单击"转到父对象"按钮回到上一层级,结果如图 4-1-32 所示。

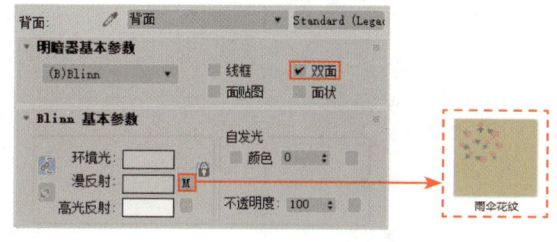

图 4-1-32 设置伞面背面材质的参数

步骤 8 按"C"键,将透视图切换为摄影机视图,然后按"F9"键,即可对摄影机视图进行渲染。

任务实施二 为骑士剑模型创建材质——"多维/子对象"材质和环境贴图

在 3ds Max 中除了可以为模型创建材质,还可以通过为场景添加贴图来构建环境。下面通过为如图 4-1-33(a)所示的骑士剑模型创建如图 4-1-33(b)所示的材质,学习利用"多维/子对象"材质表现物体的质感和使用环境贴图构建环境的方法。

(a)骑士剑的模型　　　　　　　　　　(b)骑士剑的材质与环境效果

图 4-1-33 骑士剑的模型及其材质与环境效果

制 作 思 路

打开素材文件,为骑士剑模型的剑柄、剑饰和剑刃设置材质 ID,然后在材质编辑器中创建一个"多维/子对象"材质,并将其赋予骑士剑模型,再分别设置"剑柄""剑饰"和"剑刃"材质的参数,最后为场景添加环

为骑士剑模型创建材质

境贴图。

制作步骤

步骤1 打开本书配套素材"素材与实例"→"项目四"→"骑士剑"→"骑士剑素材.max"文件，然后选中视口中的骑士剑模型，按"5"键选择编辑元素模式，按住"Ctrl"键选中构成骑士剑剑柄的所有部分，接着在"修改"面板"多边形：材质ID"卷展栏中将所选元素的材质ID设为1，如图4-1-34所示。

步骤2 参照步骤1，将骑士剑剑饰（见图4-1-35）的材质ID设为2，剑刃（见图4-1-36）的材质ID设为3。按"5"键退出编辑元素模式。

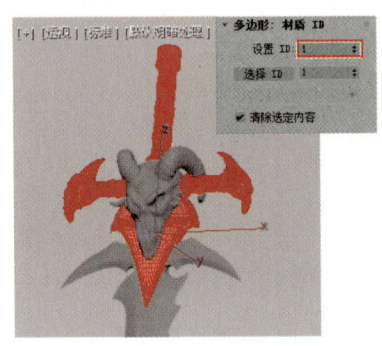 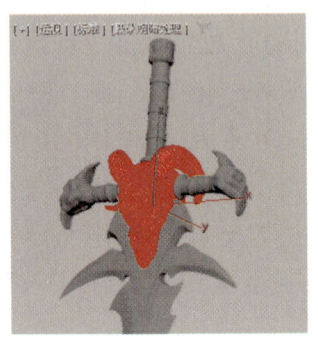 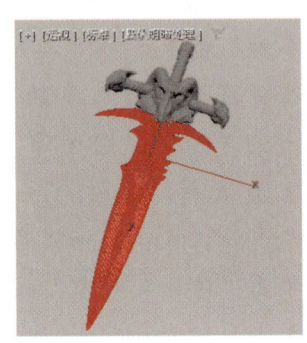

图4-1-34 设置剑柄的材质ID　　　图4-1-35 剑饰　　　图4-1-36 剑刃

步骤3 按"M"键打开材质编辑器，选中任一未使用的材质球，将其名称设为"骑士剑"，然后单击"物理材质"按钮，在弹出的"材质/贴图浏览器"对话框中双击"通用"列表中的"多维/子对象"选项，接着在弹出的"替换材质"对话框中依次单击"丢弃旧材质？"单选钮和"确定"按钮，最后选中骑士剑模型并单击"将材质指定给选定对象"按钮，即可将"骑士剑"材质赋予所选对象。

步骤4 单击"多维/子对象基本参数"卷展栏中的"设置数量"按钮，在弹出的"设置材质数量"对话框中将子材质的数量设为3，如图4-1-37所示，最后单击"确定"按钮。

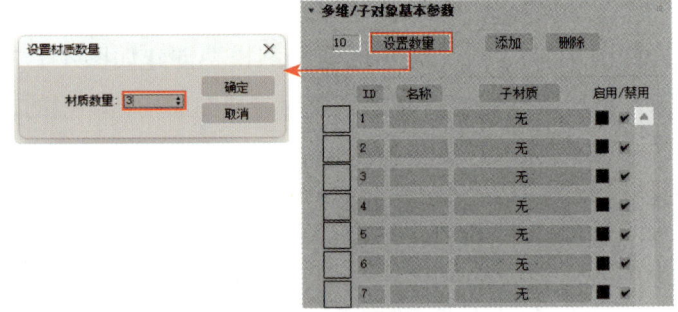

图4-1-37 设置子材质的数量

步骤5 单击"多维/子对象基本参数"卷展栏"子材质"列中的第1个"无"按钮，在弹出的"材质/贴图浏览器"对话框中双击"标准（旧版）"选项，然后在打开的面板中将该子材质的名称设为"剑柄"，最后在"Blinn基本参数"卷展栏中设置该材质的基本颜色和高光的强度与范围，如图4-1-38所示。

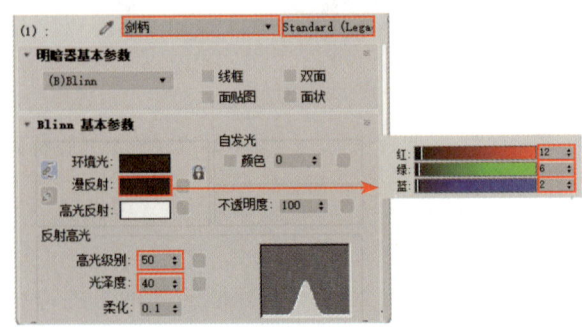

图4-1-38 设置"剑柄"子材质的参数

知识库

如图 4-1-38 所示的"Blinn 基本参数"卷展栏中的颜色控件和设置区的功能如下：

（1）颜色控件：包含"环境光""漫反射""高光反射"3个颜色组件，其中，"环境光"右侧的"颜色"按钮用于指定对象在阴影中的颜色，"漫反射"右侧的"颜色"按钮用于指定对象在光照下的颜色，"高光反射"右侧的"颜色"按钮用于指定对象高光处的颜色。单击"漫反射"和"高光反射"右侧的"无"按钮，可通过添加贴图的方式设置对象的基本颜色和高光处的颜色。

（2）"自发光"设置区：用于设置材质的自发光效果。

（3）"不透明度"设置区：用于设置材质的不透明度。

（4）"反射高光"设置区：其中的"高光级别"文本框用于控制高光的强度，数值越大，高光越亮；"光泽度"文本框用于控制高光的范围，数值越大，高光范围越小；"柔化"文本框用于柔化高光效果，常用于优化剧烈背光的效果，使背光处的光影效果更自然。

步骤6 将剑柄以合适的大小显示在透视图中，然后按"F9"键，在弹出的渲染窗口中可看到剑柄的表面非常光滑，与实际不符，因此需要为其添加凹凸纹理。单击"贴图"卷展栏中"凹凸"贴图通道右侧的"无贴图"按钮，在弹出的"材质/贴图浏览器"对话框中双击"通用"列表中的"凹痕"选项，然后在"凹痕参数"卷展栏中设置凹痕的大小、颜色和"颜色#1"与"颜色#2"的相对覆盖范围，如图 4-1-39 所示。

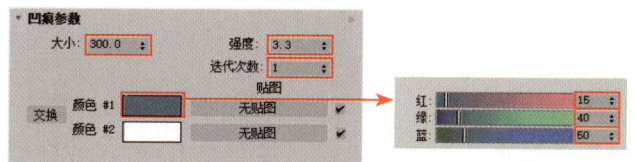

图 4-1-39　添加凹痕贴图并设置参数

提示

图 4-1-39 中各贴图通道右侧"数量"文本框中的数值可用于调整该贴图效果的强度。不同数值下的凹凸效果如图 4-1-40 所示。

"强度"文本框用于设置"颜色#1"和"颜色#2"的相对覆盖范围。该文本框中的数值越大，"颜色#2"的覆盖范围越大；数值越小，"颜色#1"的覆盖范围越大。默认值为20。当该文本框中的数值大于20时，增加的强度值通常会使凹痕更深。

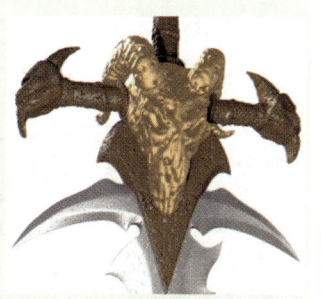

数值为50　　　　　　　　数值为300

图 4-1-40　不同数值下的凹凸效果

此外，在设置凹痕的参数时，只要"凹痕参数"卷展栏"颜色#1"通道中的颜色不是纯黑色和纯白色，模型的渲染效果图上均会出现与该模型色调一致的凹痕。

步骤7 单击两次"转到父对象"按钮，返回至"骑士剑"材质的第1层级，按住左键将"剑柄"子材质拖到"子材质"列第2行的"无"按钮上后释放左键，利用弹出的"实例（副本）材质"对话框将"剑柄"子材质复制克隆一份，如图4-1-41所示。

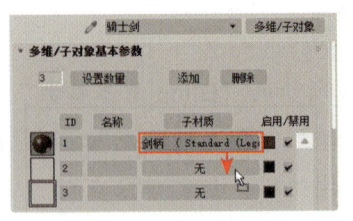

图4-1-41 复制克隆"剑柄"子材质

步骤8 单击"子材质"列中的第2个"剑柄（Standard（Legacy））"按钮，在打开的面板中将该子材质的名称设为"剑饰"，然后在"明暗器基本参数"中将该子材质的明暗器类型设为"（M）金属"，最后在"金属基本参数"卷展栏中设置该材质的基本颜色、高光的强度、高光的范围和剑饰的自发光效果，如图4-1-42（a）所示。

步骤9 在"贴图"卷展栏中将"凹凸"贴图通道右侧"数量"文本框中的数值设为50，然后单击"贴图类型"列中的"贴图#0（Dent）"按钮，在弹出的界面的"凹痕参数"卷展栏中将凹痕大小设为600，其余参数均采用默认值，如图4-1-42（b）所示。

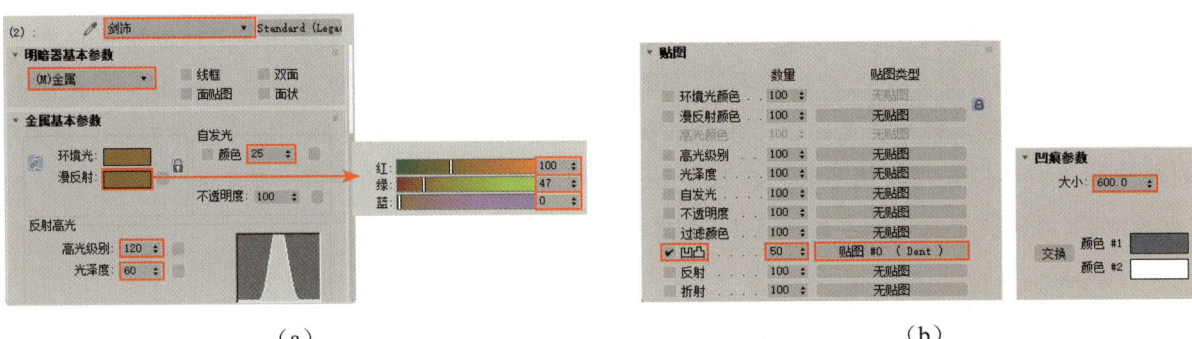

图4-1-42 设置"剑饰"子材质的参数

步骤10 单击两次"转到父对象"按钮，返回至"骑士剑"材质的第1层级，参照步骤7，将"剑饰"子材质复制克隆，以创建材质ID为3的模型的材质，然后将该子材质的名称设为"剑刃"，并在"金属基本参数"卷展栏中设置该材质的基本颜色、高光的强度与范围和剑刃的自发光效果，如图4-1-43（a）所示。

步骤11 在"贴图"卷展栏中将"凹凸"贴图通道右侧"数量"文本框中的数值设为20，然后单击该文本框右侧的"贴图#0（Dent）"按钮，在"凹痕参数"卷展栏中设置凹痕的大小和颜色，如图4-1-43（b）所示。

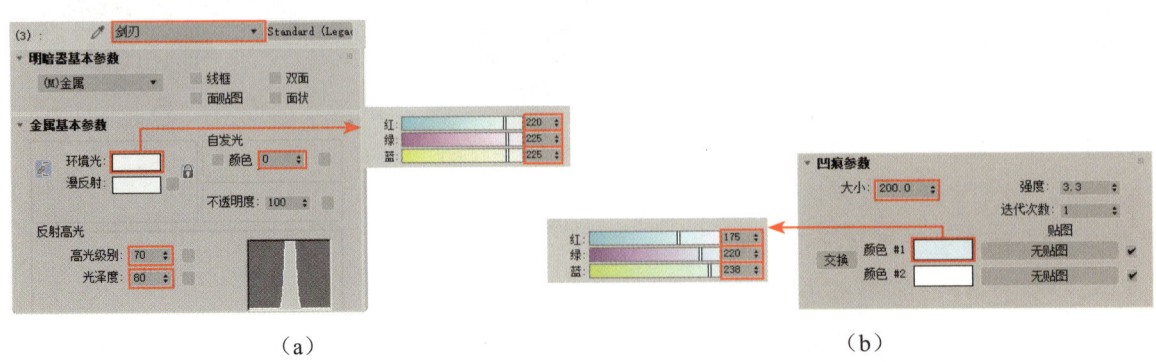

图4-1-43 设置"剑刃"子材质的参数

步骤 12 按"C"键,将透视图切换为摄影机视图,然后按"F9"键,即可看到"骑士剑"材质的渲染效果。

步骤 13 按"8"键,在弹出的"环境和效果"对话框中单击"环境贴图"下方的"无"按钮,然后在弹出的"材质/贴图浏览器"对话框中双击"位图"选项,接着在弹出的"选择位图图像文件"对话框中双击本书配套素材"素材与实例"→"项目四"→"骑士剑"→"maps"→"骑士剑背景.jpg"文件,结果如图4-1-44(a)所示。

步骤 14 按住左键将"环境和效果"对话框中的环境贴图拖到材质编辑器中任一未使用的材质球上后释放左键,在弹出的对话框中单击"实例"单选钮并单击"确定"按钮,接着将该材质球的名称设为"背景",在"坐标"卷展栏中将环境坐标类型设为"屏幕",结果如图4-1-44(b)所示。

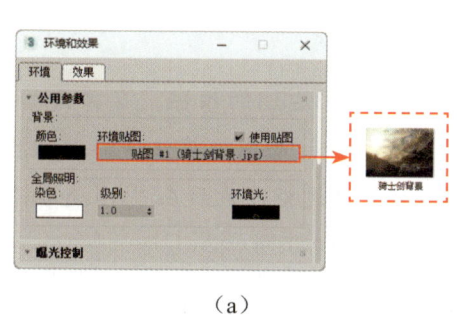
（a）

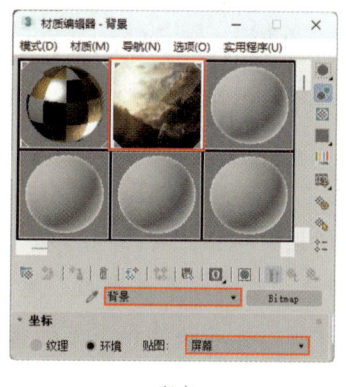
（b）

图 4-1-44 设置环境贴图

步骤 15 按"F9"键对摄影机视图进行渲染。

任务实施三　为灯笼模型创建材质——"混合"材质

下面通过为如图4-1-45（a）所示的灯笼模型创建如图4-1-45（b）所示的材质,学习利用"混合"材质表现物体质感的方法。

（a）灯笼的模型

（b）灯笼的材质

图 4-1-45 灯笼的模型及其材质

制 作 思 路

打开素材文件,在材质编辑器中创建一个"混合"材质,并将其赋予灯笼的主体,然后分别设置"材质1""材质2"和"遮罩"通道中的材质。其

为灯笼模型创建材质

中,"材质1"通道中的材质为灯笼主体的颜色(红色),"材质2"通道中的材质为灯笼上图案的颜色(金色),"遮罩"通道中的贴图用于设置灯笼上的图案。

制作步骤

步骤1 打开本书配套素材"素材与实例"→"项目四"→"灯笼"→"灯笼素材.max"文件。该灯笼模型的骨架和灯穗已有材质,读者只需要创建灯笼主体的材质。

步骤2 按"M"键打开材质编辑器,选中任一未使用的材质球,将其名称设为"灯笼",然后单击"物理材质"按钮,在弹出的"材质/贴图浏览器"对话框中双击"通用"列表中的"混合"选项,接着在弹出的"替换材质"对话框中依次单击"丢弃旧材质?"单选钮和"确定"按钮。

步骤3 在透视图中选中任一灯笼主体后右击,在弹出的快捷菜单(见图4-1-46)中选择"选择类似对象"菜单项,以选中所有的灯笼主体模型,然后单击"将材质指定给选定对象"按钮,即可将"灯笼"材质赋予所选对象。

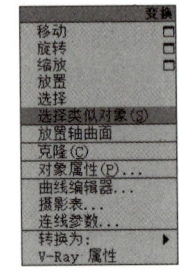

图4-1-46 快捷菜单

步骤4 单击"混合基本参数"卷展栏中"材质1"右侧的按钮,在弹出的"材质/贴图浏览器"对话框中双击"标准(旧版)"选项,然后在打开的面板中将该子材质的名称设为"底色",接着勾选"明暗器基本参数"卷展栏中的"双面"复选框,最后在"Blinn基本参数"卷展栏中设置该材质的基本颜色和高光的强度与范围,如图4-1-47所示。

 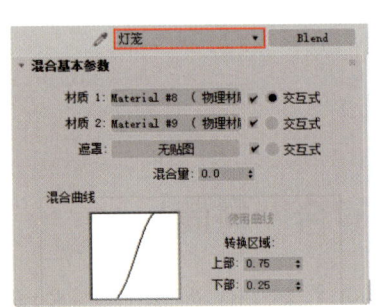 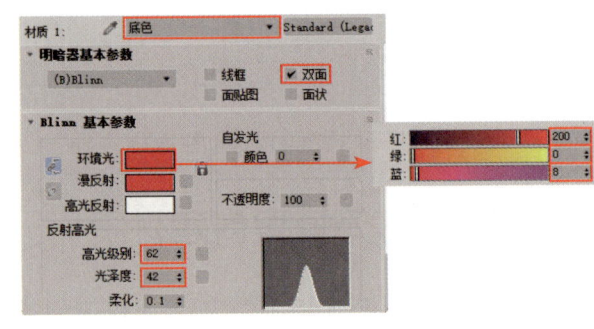

图4-1-47 设置"底色"子材质的参数

知识库

图4-1-47中"混合基本参数"卷展栏中的材质控件和设置区的功能如下:

(1)材质控件:单击"材质1"和"材质2"右侧的按钮,可在打开的界面中设置两个子材质的材质类型和参数。"材质1"和"材质2"右侧的复选框用于控制是否启用相应的子材质,"交互式"单选钮用于控制视口中的对象显示哪种材质。

(2)"遮罩"设置区:利用该设置区中的"无贴图"按钮可设置遮罩贴图的类型和参数,遮罩贴图中较亮的区域显示的主要是"材质1"通道中的材质,较暗的区域显示的主要是"材质2"通道中的材质;"混合量"文本框用于设置两种子材质混合的比例,数值为0时只显示"材质1"通道中的材质,数值为100时只显示"材质2"通道中的材质。

(3)"混合曲线"设置区:用于设置进行混合的两种子材质之间的过渡效果,只有添加遮罩贴图后,混合曲线才会影响过渡效果。

步骤 5　灯笼表面的纱布是凹凸不平的，因此还需要在"凹凸"贴图通道中添加合适的贴图，以表现纱布的纹理。单击"贴图"卷展栏中"凹凸"贴图通道右侧的"无贴图"按钮，在弹出的"材质/贴图浏览器"对话框中双击"位图"选项，然后在弹出的"选择位图图像文件"对话框中双击本书配套素材"素材与实例"→"项目四"→"灯笼"→"maps"→"灯笼布.jpg"文件，最后在"坐标"卷展栏中设置贴图的平铺次数，如图 4-1-48 所示。

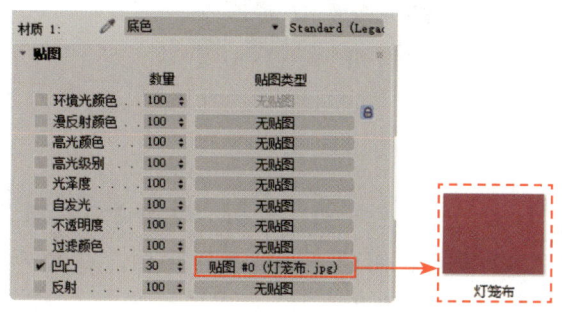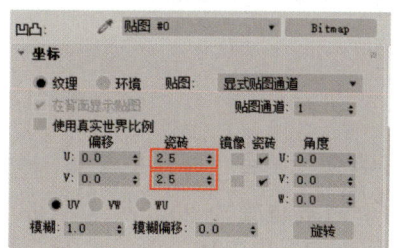

图 4-1-48　设置"凹凸"贴图通道中的贴图

如图 4-1-48 所示的"坐标"卷展栏"瓷砖"列中的"U"和"V"文本框用于设置贴图在 U 向（垂直）和 V 向（水平）平铺的次数，通常将"U"和"V"文本框中的数值设为相同的数值，以免贴图变形。"U"和"V"文本框中的数值均为 1 和均为 2.5 时，材质的显示效果如图 4-1-49 所示。

数值均为 1　　　　　　数值均为 2.5

图 4-1-49　不同数值对材质效果的影响

步骤 6　按"C"键，将透视图切换为摄影机视图，然后按"F9"键，即可看到"底色"材质的渲染效果。下面创建灯笼上图案的材质。

步骤 7　单击两次"转到父对象"按钮，返回至"灯笼"材质的第 1 层级。单击"材质 2"右侧的按钮，在打开的面板中将该子材质的名称设为"金色"，材质类型设为"标准（旧版）"，然后单击"漫反射颜色"贴图通道右侧的"无"按钮，参照步骤 5，将"漫反射颜色"贴图通道中的贴图类型设为"位图"，贴图设为"金纸.jpg"，结果如图 4-1-50（a）所示，最后在"坐标"卷展栏中将该贴图的 U 向和 V 向平铺次数均设为 5。

步骤 8　单击"转到父对象"按钮，在打开的面板中勾选"明暗器基本参数"卷展栏中的"双面"复选框，然后在"Blinn 基本参数"卷展栏中设置灯笼上图案的高光的强度、范围和图案发光的颜色，如图 4-1-50（b）所示。

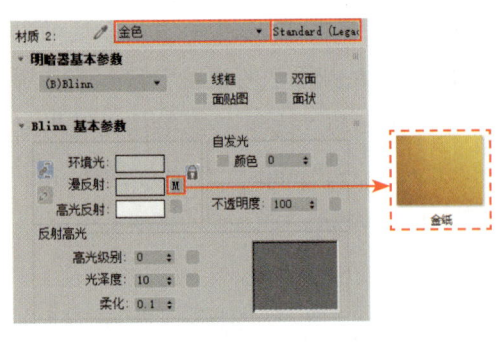
(a)

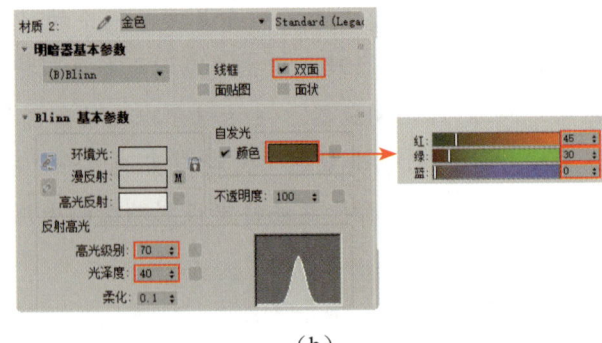
(b)

图 4-1-50 设置"金色"子材质的参数

步骤 9 单击"转到父对象"按钮,在"贴图"卷展栏中将"反射"贴图通道右侧"数量"文本框中的数值设为 80,然后单击"反射"贴图通道右侧的"无贴图"按钮,在打开的"材质/贴图浏览器"对话框中双击"通用"列表中的"光线跟踪"选项。

> **知识库**
>
> "反射"贴图通道用于设置物体表面的光线反射效果。为"反射"贴图通道指定"光线追踪"贴图类型后,可将应用该材质的对象周围的环境映射到该对象的表面。常用"反射"贴图通道中的贴图模拟玻璃、金属或其他光滑对象表面的反射效果。

步骤 10 单击两次"转到父对象"按钮,返回至"灯笼"材质的第 1 层级,单击"遮罩"右侧的"无贴图"按钮,在弹出的"材质/贴图浏览器"对话框中双击"位图"选项,然后在打开的对话框中双击"遮罩.jpg"文件,结果如图 4-1-51 所示。

步骤 11 为了使"遮罩"贴图通道中的贴图与模型匹配,从而得到理想的遮罩效果,还要为灯笼主体添加"UVW 贴图"修改器。选中任一灯笼主体,在"修改"面板中为其添加"UVW 贴图"修改器,然后在"参数"卷展栏中设置贴图的投影类型、沿 V 向平铺时的大小和贴图的方向,如图 4-1-52 所示。

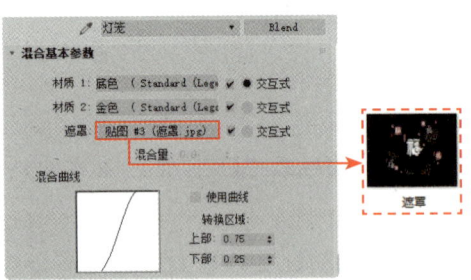

图 4-1-51 设置"遮罩"通道中的贴图

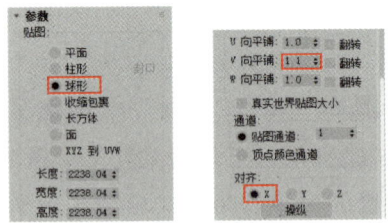

图 4-1-52 添加"UVW 贴图"修改器

步骤 12 按"F9"键对摄影机视图进行渲染。

★ 经验之谈——贴图被拉伸或贴图错位该如何解决

在 3ds Max 中,X、Y、Z 代表空间的 3 个维度,U、V、W 代表贴图空间的 3 个维度,并且与 X、Y、Z 轴对应。

创建基本体时,勾选"参数"卷展栏中的"生成贴图坐标"复选框,软件会为该基本体自动生成贴图坐标。软件自动生成的贴图坐标往往无法使模型与贴图精准地匹配，导致模型上的贴图被拉伸或错位，无法达到理想的效果。因此在将材质赋予模型后，经常需要为模型添加"UVW 贴图"修改器来调整贴图的显示效果。为模型添加"UVW 贴图"修改器前、后的效果如图 4-1-53 所示。

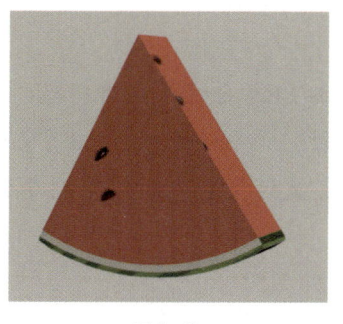
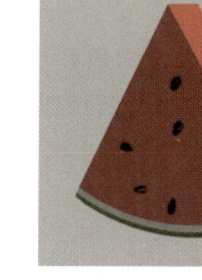

添加前　　　　　　　　　　　　添加后

图 4-1-53　为模型添加"UVW 贴图"修改器前、后的效果

为模型添加"UVW 贴图"修改器的本质是制作 UVW 贴图。制作 UVW 贴图又称 UVW 展开，就像将三维模型展开，使其平铺在二维平面上一样，将贴图展开。制作 UVW 贴图会用到"UVW 贴图"修改器或"UVW 展开"修改器。

（1）"UVW 贴图"修改器：通常用于形状和结构简单的模型。为模型添加"UVW 贴图"修改器后，可通过选择不同的投影类型（如平面、柱形、球形等）并设置贴图在长、宽、高方向上的参数和在 U、V、W 方向上的平铺次数来制作 UVW 贴图。

（2）"UVW 展开"修改器：通常用于形状和结构复杂的模型。为模型添加"UVW 展开"修改器后，单击"编辑 UV"卷展栏中的"打开 UV 编辑器"按钮，可在打开的"编辑 UVW"对话框（见图 4-1-54）中通过手动展开 UV 来制作 UVW 贴图。

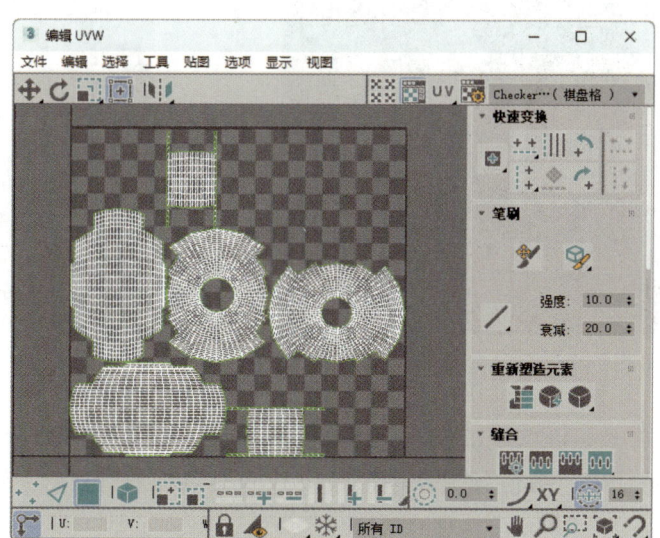

图 4-1-54　"编辑 UVW"对话框

任务二　利用 V-Ray 材质表现物体的质感

【任务描述】

V-Ray 材质是 V-Ray 插件提供的材质。与 3ds Max 自带的材质相比，V-Ray 材质的质地更加细腻，利用该材质能够增强模型的真实性。本任务将先介绍"VRayMtl"材质和 VRay_灯光材质，然后通过为洗手池模型、浴室镜模型和戒指模型创建材质，学习使用 V-Ray 材质表现物体质感的方法。

一、"VRayMtl"材质

"VRayMtl"材质相当于 3ds Max 中的"标准（旧版）"材质，但是能够更加精准、便捷地表现物体材质的反射、折射、粗糙度和纹理等效果，生活中的大部分材质都可以利用"VRayMtl"材质创建。图 4-2-1 中磨砂玻璃门的材质就是利用"VRayMtl"材质创建的。

创建"VRayMtl"材质后，在材质编辑器的"基本参数"卷展栏（见图 4-2-2）中可设置材质的基本属性，如漫反射、反射、折射、半透明和自发光等。"基本参数"卷展栏的各设置区中常用按钮、文本框、复选框和选项的功能如下：

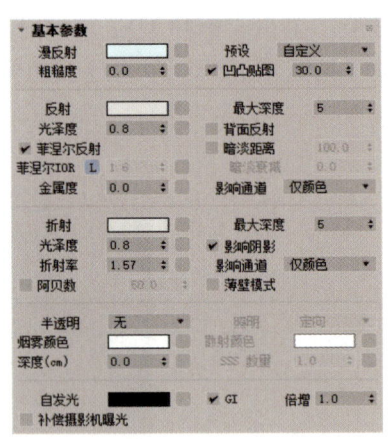

图 4-2-1　磨砂玻璃门　　　　　　　　图 4-2-2　"基本参数"卷展栏

（1）"漫反射"设置区。该设置区中的"颜色"按钮用于设置材质的基本颜色；"粗糙度"文本框用于设置材质的粗糙度，数值越大，粗糙效果越明显；"凹凸贴图"文本框用于设置材质凹凸不平的程度。

（2）"反射"设置区。该设置区中的"颜色"按钮用于设置物体反射光线的程度，颜色越浅，反射效果越明显（默认为黑色，即不反射光线）；"光泽度"文本框用于设置反射区域的模糊程度，数值越大，反射区域越清晰，高光越亮；"菲涅尔反射"复选框用于设置是否开启菲涅尔反射；当"金属度"文本框中的数值为 0 时，创建的材质为非金属材质，当该文本框中的数值为 1 时，创建的材质为金属材质；"最大深度"文本框用于设置光线反射的最多次数，该值越大，材质的细节越多。

> **知识拓展**
>
> **什么是菲涅尔反射**
>
> 菲涅尔反射是指光线从一种介质射入另一种介质时，部分光线会被反射回原介质的现象。勾选"基本参数"卷展栏中的"菲涅尔反射"复选框后，创建的材质具有真实世界的反射效果，即当光线与物体垂直时，物体几乎不反射光线；当光线与物体不垂直时，入射角越大，反射效果越明显。

（3）"折射"设置区。该设置区中的"颜色"按钮用于控制材质的透光程度，颜色越浅，材质的透光性越好；"光泽度"文本框用于设置折射区域的模糊程度，数值越大，折射区域越清晰；"折射率"文本框用于设置折射的程度，数值越大，光线产生的折射效果越明显；"最大深度"文本框用于设置折射的最多次数。

> **提示**
>
> 在创建透明材质时，一般将"反射"设置区中用于控制材质反射光线强弱的色块的颜色设为深色，将"折射"设置区中用于控制材质透光程度的色块的颜色设为浅色，使材质的折射效果比反射效果强烈。

（4）"半透明"设置区。利用"半透明"列表框中的选项可以实现材质的半透明效果（默认为"无"），其中的"SSS"选项常用于创建皮肤和玉石的材质，"烟雾颜色"右侧的"颜色"按钮用于设置透明材质的颜色。

（5）"自发光"设置区。该设置区中的"颜色"按钮用于设置材质自发光的颜色，"倍增"文本框用于设置自发光的强度。

二、VRay_灯光材质

VRay_灯光材质可以使材质产生自发光效果。创建VRay_灯光材质后，在"灯光材质参数"卷展栏（见图4-2-3）中可设置由物体所产生的光线的颜色、强度和用于遮挡发光部分的贴图等。图4-2-4中计算机屏幕的发光效果就是使用VRay_灯光材质创建的。

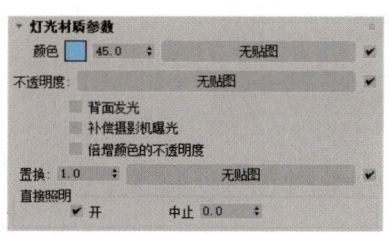

图4-2-3　"灯光材质参数"卷展栏

图4-2-4　计算机屏幕的发光效果

任务实施一　为洗手池模型创建材质——"VRayMtl"材质

下面通过为如图4-2-5（a）所示的洗手池模型创建如图4-2-5（b）所示的材质，学习利用"VRayMtl"材质表现物体质感的方法。

（a）洗手池的模型

（b）洗手池的材质

图4-2-5　洗手池的模型及其材质

制作思路

打开素材文件，在材质编辑器中创建一个"VRaymtl"材质，并将其赋予水面模型，然后设置该材质的基本颜色和反射效果，最后添加噪波贴图和衰减贴图，使水面产生水波和光线衰减效果。

制作步骤

步骤1　打开本书配套素材"素材与实例"→"项目四"→"洗手池"→"洗手池素材.max"文件。面盆和水龙头已有材质，读者只需要创建水的材质。

步骤2　按"M"键打开材质编辑器，选中任一未使用的材质球，将其名称设为"水"，然后单击"物理材质"按钮，在弹出的"材质/贴图浏览器"对话框中双击"V-Ray"列表中的"VRayMtl"选项，接着将"水"材质赋予水面模型，最后在"基本参数"卷展栏中设置该材质的基本颜色和反射、折射、半透明效果，如图4-2-6所示。

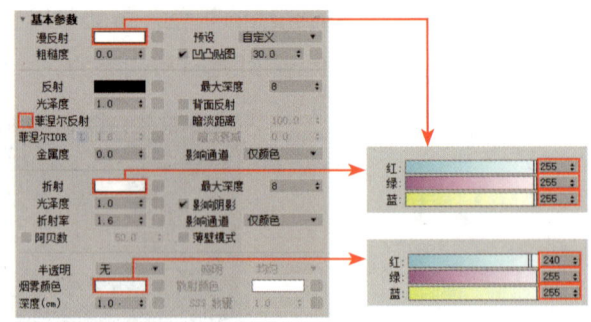

图4-2-6　设置"水"材质的参数

步骤3　按"C"键，将透视图切换为摄影机视图，然后按"F9"键，在弹出的窗口中可看到水面为蓝色半透明状。此时，还需要为水面模型添加"噪波"贴图，使水面产生水波。

步骤4　在"贴图"卷展栏中将"凹凸"贴图通道右侧"数量"文本框中的数值设为10，然后单击该文本框右侧的"无贴图"按钮，在弹出的"材质/贴图浏览器"对话框中双击"噪波"

选项，最后在"噪波参数"卷展栏中设置噪波的类型、大小和颜色，如图4-2-7所示。

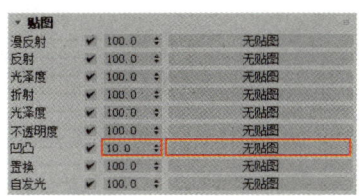 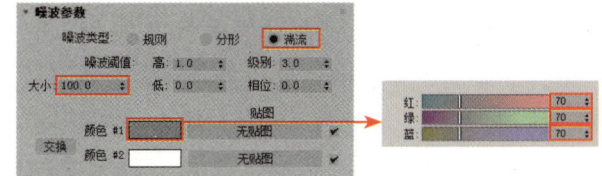

图4-2-7　添加"噪波"贴图并设置其参数

步骤5　单击"转到父对象"按钮，然后单击"贴图"卷展栏中"反射"贴图通道右侧的"无贴图"按钮，在弹出的"材质/贴图浏览器"对话框中双击"衰减"选项，最后在"混合曲线"卷展栏中调整混合曲线，如图4-2-8所示。

 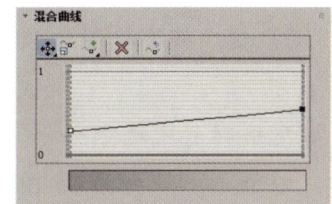

图4-2-8　添加"衰减"贴图并调整混合曲线

步骤6　按"F9"键对摄影机视图进行渲染。

任务实施二　为浴室镜模型创建材质——"VRayMtl"材质和VRay_灯光材质

下面通过为如图4-2-9（a）所示的浴室镜模型创建如图4-2-9（b）所示的材质，学习利用"VRayMtl"材质和VRay_灯光材质表现物体质感的方法。

（a）浴室镜的模型　　　　　　　　　　　　（b）浴室镜的材质

图4-2-9　浴室镜的模型及其材质

制作思路

打开素材文件，在材质编辑器中创建一个"VRayMtl"材质，将其赋予镜面模型，然后设置该材质的基本颜色和反射效果，接着创建一个VRay_灯光材质，将其赋予灯带，最后设置该材质自发光的颜色和强度。

制作步骤

步骤1 打开本书配套素材"素材与实例"→"项目四"→"浴室镜"→"浴室镜素材.max"文件。浴室镜模型的边框已有材质，读者只需要创建镜面和灯带的材质。

步骤2 按"M"键打开材质编辑器，选中任一未使用的材质球，将其名称设为"镜面"，然后单击"物理材质"按钮，在弹出的"材质/贴图浏览器"对话框中双击"VRayMtl"选项，接着将"镜面"材质赋予镜面模型，最后在"基本参数"卷展栏中设置该材质的基本颜色和反射效果，如图4-2-10所示。

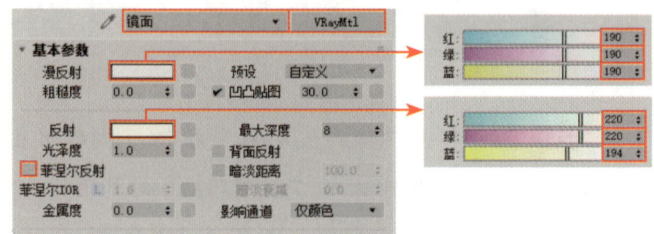

图4-2-10 设置镜面材质的参数

步骤3 按"C"键，将透视图切换为摄影机视图，然后按"F9"键，即可看到"镜面"材质的渲染效果。

步骤4 在材质编辑器中选中任一未使用的材质球，将其名称设为"灯带"，然后单击"物理材质"按钮，在弹出的"材质/贴图浏览器"对话框中双击"V-Ray"列表中的"VRay_灯光材质"选项，最后在"灯光材质参数"卷展栏中设置该材质自发光的颜色和强度，如图4-2-11所示。

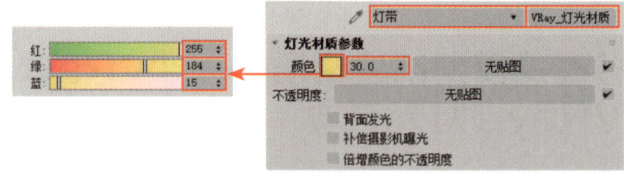

图4-2-11 设置"灯带"材质的参数

步骤5 按"F9"键对摄影机视图进行渲染。

任务实施三 为戒指模型创建材质——"VRayMtl"材质和VRay_混合材质

下面通过为如图4-2-12（a）所示的戒指模型创建如图4-2-12（b）所示的材质，学习利用"VRayMtl"材质和VRay_混合材质表现物体质感的方法。

（a）戒指的模型　　　　　　　　　　（b）戒指的材质

图4-2-12 戒指的模型及其材质

制作思路

打开素材文件，在材质编辑器中创建一个"VRayMtl"材质，将其赋予戒托模型，然后设置该材质的基本颜色和反射效果，接着创建一个VRay_混合材质，将其赋予钻石模型，最后设置3个子材质的基本颜色、反射效果、折射效果和混合颜色。

制作步骤

步骤1 打开本书配套素材"素材与实例"→"项目四"→"戒指"→"戒指素材.max"文件。按"M"键打开材质编辑器，选中任一未使用的材质球，将其名称设为"戒托"，然后单击"物理材质"按钮，在弹出的"材质/贴图浏览器"对话框中双击"VRayMtl"选项，接着将"戒托"材质赋予戒托模型，最后在"基本参数"卷展栏中设置该材质的基本颜色和反射效果，如图4-2-13所示。

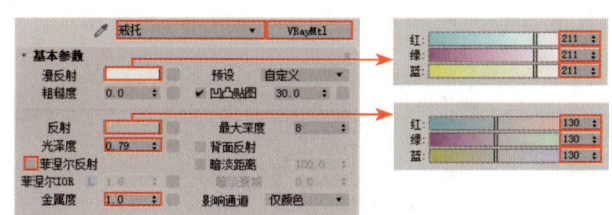

图4-2-13 设置"戒托"材质的参数

步骤2 按"C"键，将透视图切换为摄影机视图，然后按"F9"键，即可看到"戒托"材质的渲染效果。下面创建钻石的材质。

步骤3 在材质编辑器中选中任一未使用的材质球，将其名称设为"钻石"，然后单击"物理材质"按钮，在弹出的"材质/贴图浏览器"对话框中双击"V-Ray"列表中的"VRay_混合材质"选项，接着在弹出的"替换材质"对话框中依次单击"丢弃旧材质？"单选钮和"确定"按钮，最后将"钻石"材质赋予钻石模型。

 提 示

> VRay_混合材质与3ds Max内置材质中"混合"材质的用法类似，但是3ds Max内置材质中的"混合"材质只能将两种材质混合，VRay_混合材质却能在一种基本材质的基础上叠加多种材质。

步骤4 单击"参数"卷展栏中"涂层材质"列中的第1个"无"按钮，在弹出的"材质/贴图浏览器"对话框中双击"VRayMtl"选项，然后在打开的面板中将该子材质的名称设为"红色"，最后在"基本参数"卷展栏中设置"红色"子材质的基本颜色、反射效果和折射效果，如图4-2-14所示。

步骤5 单击"转到父对象"按钮，返回至"钻石"材质的第1层级，将"红色"子材质拖到"涂层材质"列第2行的"无"按钮上，将其复制克隆一份。

步骤6 单击"涂层材质"列中的第2个"红色"按钮，在打开的面板中将该子材质的名称设为"绿色"，然后在"基本参数"卷展栏中将"绿色"子材质的折射率设为2.44。

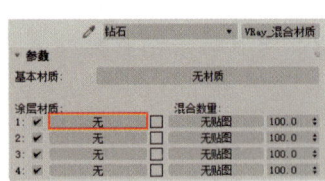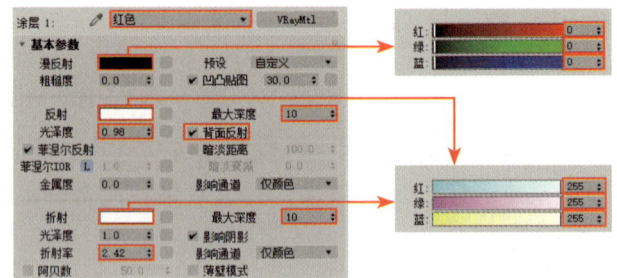

图 4-2-14 设置"红色"子材质的参数

步骤 7 单击"转到父对象"按钮,返回至"钻石"材质的第 1 层级,参照步骤 5 和步骤 6,将"绿色"子材质复制克隆一份,以创建第 3 个子材质,然后将该子材质的名称设为"蓝色",并在"基本参数"卷展栏中将"蓝色"子材质的折射率设为 2.47。

步骤 8 单击"转到父对象"按钮,返回至"钻石"材质的第 1 层级,分别单击 3 个子材质右侧的"颜色"按钮,设置 3 个子材质的颜色,如图 4-2-15 所示。

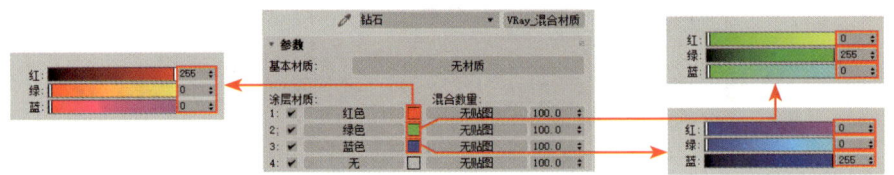

图 4-2-15 设置 3 个子材质的颜色

步骤 9 按"F9"键对摄影机视图进行渲染。

项目自测

自测习题一　为画板模型创建材质

利用本项目所学知识为如图 4-3-1(a)所示的画板模型创建如图 4-3-1(b)所示的材质。

(a)画板的模型　　　　　　　　　　(b)画板的材质

图 4-3-1 画板的模型及其材质

提示： 画板和画架的材质与画纸的材质均可使用"标准(旧版)"材质类型,并且通过在"漫反射"贴图通道中添加"位图"贴图来制作,最后设置环境贴图。贴图素材在本书素材文件"素材与实例"→"项目四"→"画板"→"maps"文件夹中。

自测习题二　为花瓶模型创建材质

利用本项目所学知识为如图 4-3-2（a）所示的花瓶模型创建如图 4-3-2（b）所示的材质。

（a）花瓶的模型

（b）花瓶的材质

图 4-3-2　花瓶的模型及其材质

提示：　花瓶的材质可使用"混合"材质来创建。创建过程中，需要分别设置"材质1""材质2"和"遮罩"通道中的子材质。

（1）"材质1"通道中的子材质：用于制作花瓶底部的条纹。制作方法为：将该中子材质的材质类型设为"标准（旧版）"，然后在该子材质的"漫反射"贴图通道中添加"坡度渐变"贴图，接着设置该贴图的贴图坐标和渐变颜色（见图 4-3-3），最后将该子材质的高光级别设为 50，光泽度设为 40。在渐变栏中单击，即可添加▲标志；双击▲标志，在弹出的窗口中可修改该标志所代表的颜色。

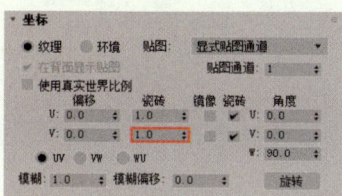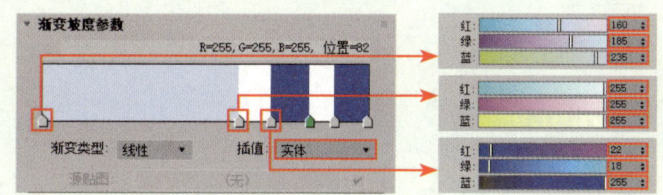

图 4-3-3　设置贴图坐标和渐变颜色的参数

（2）"材质2"和"遮罩"通道中的子材质：用于制作花瓶瓶身的花纹效果。制作方法为：将"材质1"通道中的子材质复制克隆一份，作为"材质2"通道中的子材质，然后在"材质2"子材质的"漫反射"贴图通道中添加"位图"贴图"花纹贴图.jpg"，接着在"遮罩"通道中添加"渐变"贴图，最后将"颜色#1"和"颜色#2"通道中的颜色设为白色，将"颜色#3"通道中的颜色设为黑色。

自测习题三　为沙发模型创建材质

利用本项目所学知识为如图 4-3-4（a）所示的沙发模型创建如图 4-3-4（b）所示的材质。

（a）沙发的模型　　　　　　　　　　　　（b）沙发的材质

图 4-3-4　沙发的模型及其材质

提示：　沙发的材质可使用"VRayMtl"材质来创建，并且通过在"漫反射"和"凹凸"贴图通道中添加"位图"贴图来表现布料的纹理，最后取消勾选"菲涅尔反射"复选框，以调整沙发材质的反射效果。贴图素材在本书素材文件"素材与实例"→"项目四"→"沙发"→"maps"文件夹中。

项目五
玩转摄影机、灯光和渲染

摄影机、灯光和渲染在 3ds Max 中扮演着非常重要的角色,它们相互关联,共同影响着图像和动画的效果。

本项目将通过介绍摄影机的作用和三种常用摄影机、灯光的五个要素、灯光的创建流程、3ds Max 内置的灯光、VRay 内置的灯光、3ds Max 内置的渲染器、V-Ray 渲染器、渲染测试与渲染输出高精度画面等内容,带领读者玩转摄影机、灯光和渲染。

知识目标

- 了解摄影机的作用。
- 掌握三种常见摄影机的使用方法。
- 熟悉灯光的五个要素和创建流程。
- 掌握利用 3ds Max 内置的灯光和 VRay 内置的灯光提升视觉效果的方法。
- 掌握 3ds Max 内置的渲染器和 V-Ray 渲染器的功能。
- 了解渲染测试与渲染输出高精度图像的方法。

素质目标

- 通过在长城场景中创建摄影机,了解长城的历史文化价值,增强民族自豪感和责任感。
- 通过利用灯光营造不同的氛围、传达不同的情感,不断提高自己的文化和艺术素养。

任务一 认识摄影机

【任务描述】

无论是利用 3ds Max 制作图像还是制作动画，都需要在场景中创建摄影机。摄影机决定了画面的拍摄角度和画面中所呈现的内容。本任务将先介绍摄影机的作用和 3 种常用摄影机，然后通过在汽车行驶场景和长城场景中创建摄影机，学习利用摄影机制作景深效果和运动模糊效果的方法。

一、摄影机的作用

3ds Max 中的摄影机主要用于构图和制作特殊的镜头效果。构图合理、巧妙的作品（见图 5-1-1）不仅能够有效突出主题和主体，传达丰富的情感，还能够给人以极强的视觉冲击力。在 3ds Max 中，可通过调整摄影机的位置、设置镜头的焦距来构图。

图 5-1-1 构图合理、巧妙的作品

特殊的镜头效果包括景深效果和运动模糊效果。景深是指拍摄有限距离的景物时，在画面上构成清晰影像的景物的深度，景深效果如图 5-1-2 所示。运动模糊是指拍摄高速运动的物体时，使画面局部模糊的现象，如图 5-1-3 所示。通过调整 3ds Max 中摄影机的光圈、镜头的焦距、快门的速度，可获得景深效果和运动模糊效果。

图 5-1-2 景深效果　　　　　　　　　　　图 5-1-3 运动模糊效果

答疑解惑

问：什么是光圈和快门？

答：光圈是摄影机上配合快门的速度来控制曝光量的装置，光圈的大小决定了进入镜头的光束的多少，通常通过设置光圈的大小控制画面的亮度和景深。快门是摄影机上控制曝光时间的装置，快门的速度与拍摄的运动物体的清晰度密切相关。快门速度越快，运动物体的影像越清晰。

探索与分享

两人一组，结合图 5-1-4 讨论当摄影机对焦于物体 A 时的景深范围和影响景深大小的因素，教师随机选择几名学生，让其回答。

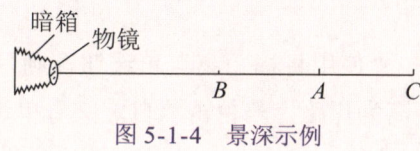

图 5-1-4　景深示例

二、三种常用摄影机

3ds Max 提供的摄影机有物理摄影机、目标摄影机和自由摄影机 3 种，如图 5-1-5 所示。利用"创建"面板"摄影机"对象类别"标准"分类中的按钮（见图 5-1-6）可以创建上述 3 种摄影机。

物理摄影机　　　　　目标摄影机　　　　　自由摄影机

图 5-1-5　创建摄影机　　　　　　　　　　　　图 5-1-6　"标准"分类中的按钮

（一）物理摄影机

物理摄影机的原理与单反相机的原理类似，但是物理摄影机的功能比目标摄影机和自由摄影机的功能多。创建物理摄影机后，可通过设置焦距、光圈、快门、曝光的相关参数，控制所拍摄画面的虚实、亮度等。

创建物理摄影机后，视口中会出现物理摄影机的图标和目标点，调整该图标和目标点的位置，摄影机所拍摄的画面也会随之改变。选中物理摄影机的图标后，在"修改"面板的"物理摄影机"卷展栏（见图 5-1-7）中可设置焦距、光圈、快门的相关参数，在"曝光"卷展栏（见图 5-1-8）中可设置曝光量和画面的色彩平衡。

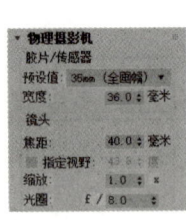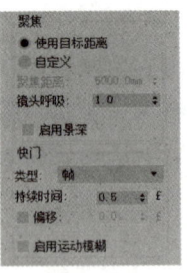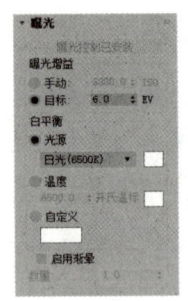

图 5-1-7 "物理摄影机"卷展栏　　　　图 5-1-8 "曝光"卷展栏

"物理摄影机"卷展栏的部分设置区中常用文本框、单选钮、复选框等的功能如下：

（1）"镜头"设置区。该设置区中的"焦距"文本框用于设置镜头的焦距，"光圈"文本框用于设置光圈的大小。在快门速度一定的情况下，光圈值越小，景深越小，景深外画面的虚化程度越大。

（2）"聚焦"设置区。若单击"使用目标距离"单选钮，则目标物体与焦平面（通过焦点并垂直于主光轴的平面）之间的距离为焦距；若单击"自定义"单选钮，则可自行设置焦距。勾选"启用景深"复选框，可启用景深功能。

（3）"快门"设置区。该设置区中的"类型"列表框用于设置快门速度的单位；"持续时间"文本框用于设置快门的速度，快门的速度会影响景深、曝光程度和运动模糊效果。

"曝光"卷展栏的部分设置区中常用单选钮的功能如下：

（1）"曝光增益"设置区。单击"手动"单选钮，在其右侧的文本框中输入 ISO 值（感光度），软件将会根据该值、快门速度和光圈大小计算曝光量，ISO 值越大，生成的图像的亮度越高；单击"目标"单选钮，可通过在其右侧的文本框中输入 EV 值（曝光值）来获得曝光效果，EV 值越大，生成的图像的亮度越低。

（2）"白平衡"设置区。单击"光源"单选钮，可通过在其下方的列表框中选择所需光源来调整画面的色彩平衡；单击"温度"单选钮，可通过在其下方的文本框中输入色温值来调整画面的色彩平衡。色温值等于 6 500 时，光源发出的光为白光；大于 6 500 时，光源发出的光为冷光；小于 6 500 时，光源发出的光为暖光。

（二）目标摄影机

与物理摄影机相同，创建目标摄影机后，调整其图标和目标点的位置，所拍摄的画面也会随之改变。当目标摄影机的图标从目标点的一侧移至另一侧时，目标摄影机会发生翻转。

选中目标摄影机的图标后，在"修改"面板的"参数"卷展栏（见图 5-1-9）中可设置镜头的焦距，剪切遮挡在镜头前的物体，等等；在"景深参数"卷展栏（见图 5-1-10）中可设置景深外画面虚化的程度。"参数"卷展栏"镜头"文本框和"剪切平面""多过程效果"设置区中的常用文本框和复选框的功能如下：

（1）"镜头"文本框。该文本框用于设置镜头的焦距。

（2）"剪切平面"设置区。该设置区中的"手动剪切"复选框用于设置是否启用剪切平面功能，"近距剪切"和"远距剪切"文本框分别用于设置摄影机镜头与近距剪切平面、远距剪切平面之间的距离。

图 5-1-9 "参数"卷展栏

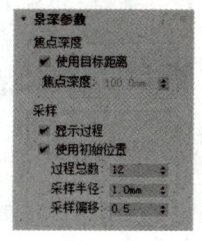
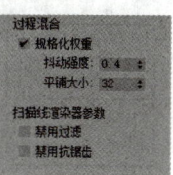

图 5-1-10 "景深参数"卷展栏

📖 知识拓展

剪切平面的功能

当镜头前的物体遮挡了要拍摄的物体时,可利用剪切平面将遮挡在镜头前的物体移除。

勾选"剪切平面"设置区中的"手动剪切"复选框后,在"近距剪切"和"远距剪切"文本框中输入不同数值,视口中会出现两个红色的线框。从目标摄影机的图标到第 1 个红色线框的距离为近距剪切的距离,从目标摄影机的图标到第 2 个红色线框的距离为远距剪切的距离,如图 5-1-11 所示。开启剪切平面功能后,近距剪切平面和远距剪切平面之间的对象将显示在摄影机视图中,其余对象不显示在摄影机视图中。

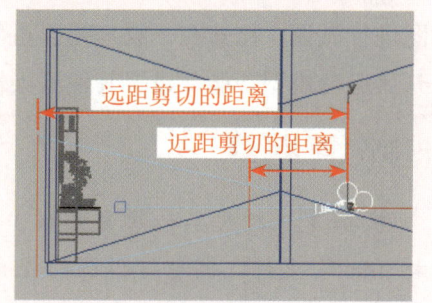

图 5-1-11 近距剪切和远距剪切的距离

(3)"多过程效果"设置区。该设置区用于控制是否启用景深功能和运动模糊功能。勾选"启用"复选框后,可在"景深参数"卷展栏和"运动模糊参数"卷展栏中设置相关参数。值得注意的是,只有当场景中的渲染器为扫描线渲染器时,这两个卷展栏中的相关设置才有效。在实际应用中,利用 V-Ray 渲染器能够更加方便地实现景深和运动模糊效果,且景深和运动模糊效果更好,所以这里对"多过程效果"设置区中的内容不做详细介绍。

(三)自由摄影机

自由摄影机的功能与目标摄影机类似,但自由摄影机没有目标点,只能通过移动和旋转摄影机的图标来调整所拍摄的画面。选中自由摄影机的图标后,"修改"面板中的内容与选中目标摄影机的图标时"修改"面板中的内容相同。

任务实施一 在汽车行驶场景中创建摄影机——物理摄影机

下面通过在如图 5-1-12 所示的汽车行驶场景中创建摄影机,学习创建物理摄影机和利用物理摄影机制作运动模糊效果的方法。

汽车行驶场景　　　　　　　　　　　　创建摄影机后的渲染效果

图 5-1-12　汽车行驶场景与创建摄影机后的渲染效果

制作思路

打开素材文件，根据需要调整透视图的视角，然后利用快捷键创建物理摄影机，并对摄影机视图进行微调，接着在"物理摄影机"卷展栏中设置摄影机的相关参数，在"渲染设置"对话框中开启运动模型功能并设置其他渲染输出参数，最后调整画面的曝光度。

制作步骤

步骤1　打开本书配套素材"素材与实例"→"项目五"→"汽车行驶"→"汽车行驶素材 .max"文件。调整透视图的视角，当透视图中的画面接近如图5-1-13所示的画面时，按"Ctrl+C"组合键创建物理摄影机。此时，透视图将自动切换为摄影机视图。

步骤2　激活摄影机视图并按"Shift+F"组合键，以显示安全框，效果如图5-1-14所示。利用操作界面右下角视口导航控件中的"推拉摄影机"按钮和"平移摄影机"按钮对摄影机视图进行微调，确保汽车在用户安全区内运动。

图 5-1-13　摄影机视图中的画面　　　　　　图 5-1-14　显示安全框

> **提示**
>
> 安全框由颜色不同的3个同心矩形组成，应使运动物体位于动作安全区内，以免播放设备不同而使运动物体的运动画面显示不完整。在设置摄影机时，应使要表现的主体位于用户安全区内。

步骤3　选中物理摄影机的图标，在"修改"面板"物理摄影机"卷展栏中设置摄影机光圈的大小和快门的速度，然后勾选"启用运动模糊"复选框，如图5-1-15所示。

步骤4　按"F10"键，在弹出的"渲染设置"对话框"V-Ray"选项卡的"相机"卷展栏中勾选"运动模糊"复选框，然后将快门的速度设为 0.3 帧，如图 5-1-16 所示。

步骤 5　将时间滑块拖至第 9 帧，按"F9"键对摄影机视图进行渲染。从渲染的画面中可看到该画面曝光过度导致失真，因此需要调整画面的曝光度。

步骤 6　选中物理摄影机的图标，然后在"修改"面板的"曝光"卷展栏中设置曝光值（见图 5-1-17），最后按"F9"键对摄影机视图进行渲染。

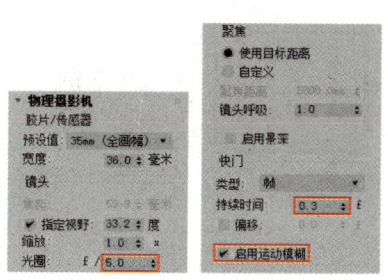 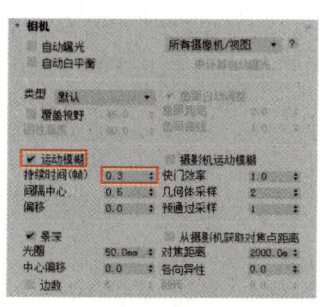 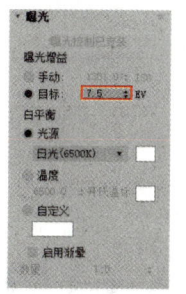

图 5-1-15　设置摄影机的参数　　　图 5-1-16　设置渲染参数　　　图 5-1-17　设置曝光值

任务实施二　在长城场景中创建摄影机——目标摄影机

长城是中国古代伟大的军事性防御工程，也是中国古代劳动人民智慧的结晶，更是中华民族精神的象征。长城不仅展示了中国古代军事防御的实力，也反映了中国古代人民对和平、统一的追求。下面通过在如图 5-1-18 所示的长城场景中创建摄影机，学习创建目标摄影机和利用目标摄影机制作景深效果的方法。

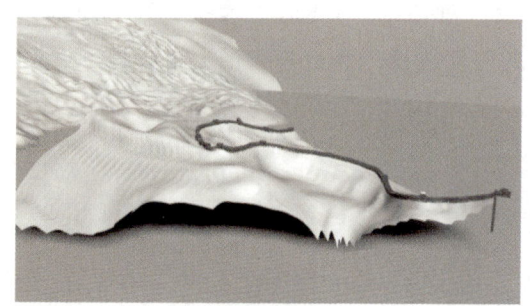 

长城场景　　　　　　　　　　　创建摄影机后的渲染效果

图 5-1-18　长城场景与创建摄影机后的渲染效果

制作思路

打开素材文件，在左视图中创建一个目标摄影机，然后在顶、左视图中调整目标摄影机的图标和目标点的位置，并对摄影机视图进行微调，最后在"渲染设置"对话框中开启景深功能并设置其他渲染参数。

在长城场景中创建摄影机

制作步骤

步骤 1　打开本书配套素材"素材与实例"→"项目五"→"长城"→"长城素材.max"文件。单击"创建"面板"摄影机"对象类别"标准"分类中的"目标摄影机"按钮，然后在左视图中按住左键并拖动鼠标，使目标点位于合适的位置后释放左键，以指定目标摄影机的图标和目标点的位置。

步骤2 按"C"键,将透视图切换为摄影机视图,然后参照图5-1-19,一边观察摄影机视图,一边在顶、左视图中调整目标摄影机的图标与目标点的位置,使目标点位于烽火台处。

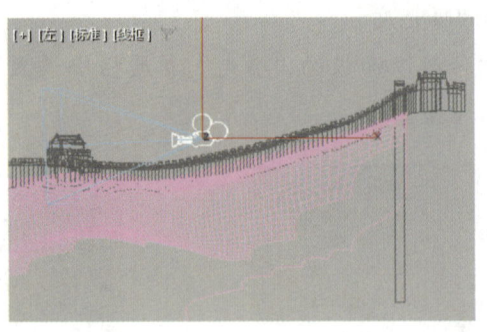 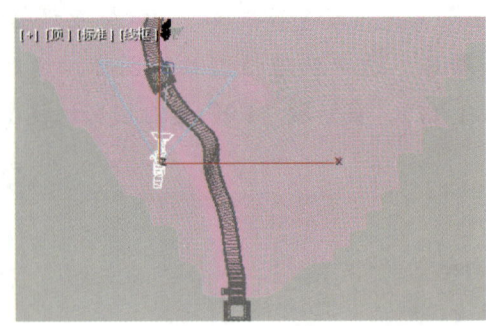

图5-1-19 目标摄影机的图标和目标点的位置

若想同时选中目标摄影机的图标和目标点,应在目标摄影机的图标与目标点的连接线上单击。在使用目标摄影机制作有景深效果的画面时,摄影机对焦于目标点所在位置,因此该位置处画面的清晰度最高。

步骤3 激活摄影机视图并按"Shift+F"组合键,以显示安全框,然后利用操作界面右下角视口导航控件中的"推拉摄影机"按钮和"平移摄影机"按钮对摄影机视图进行微调,结果如图5-1-20所示。

步骤4 按"F10"键,勾选弹出的"渲染设置"对话框"V-Ray"选项卡的"相机"卷展栏中的"景深"复选框和"从摄影机获取对焦点距离"复选框,然后将光圈大小设为60 mm,如图5-1-21所示。

 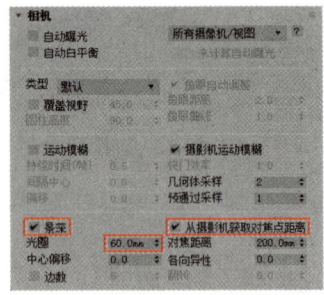

图5-1-20 摄影机视图中的画面　　图5-1-21 设置摄影机的渲染参数

步骤5 按"F9"键对摄影机视图进行渲染。

探索与分享

本任务实施中的景深效果是利用目标摄影机实现的。请读者利用物理摄影机实现长城场景的景深效果,并讨论物理摄影机与目标摄影机的区别。

任务二 利用灯光提升视觉效果

【任务描述】

灯光在场景中扮演着非常重要的角色，它不仅能增强场景的真实感和纵深感，还能突出场景中的重要元素，让画面更具视觉冲击力。本任务将先介绍灯光的五个要素、灯光的创建流程、3ds Max 内置的灯光和 VRay 内置的灯光，然后通过在音乐厅场景、卧室场景和林间小道场景中创建灯光，学习利用灯光提升视觉效果的方法。

一、灯光的五个要素

利用 3ds Max 内置的灯光可以模拟现实世界中的自然光（如太阳光）和人造光（如灯光、烛光等）。创建灯光后，可根据需要设置灯光的强度、颜色、位置、阴影和衰减五个要素，从而达到照亮场景、增强物体的质感和营造场景氛围的目的。

（1）强度。灯光的强度是指灯光的亮度，主要控制场景的明暗。

（2）颜色。灯光的颜色不同，其照明效果和所营造的氛围也不同。例如，白色灯光的照明效果极佳，主要用于照亮场景；黄色灯光和蓝紫色灯光的照明效果不佳，常用于营造温馨和阴暗的氛围。常见的灯光效果和场景氛围如图 5-2-1 所示。

　　　白色灯光　　　　　　　　　　　黄色灯光　　　　　　　　　　蓝紫色灯光

图 5-2-1　常见的灯光效果和场景氛围

（3）位置。光源的位置不同，物体上的高光和物体所产生的阴影也不同。合理地设置光源的位置，可以增强画面的真实感。

（4）阴影。物体在灯光的照射下会产生阴影，阴影的强弱能够传递不同的情感。通常情况下，强烈的阴影会使人产生紧张、压抑的感觉，柔和的阴影会使人产生温馨、舒适的感觉。

（5）衰减。衰减是一种在灯光的照射范围内，光线逐渐减弱的现象。如果不开启灯光的衰减功能，则在灯光的照射范围内，光线的亮度均相同。合理运用灯光的衰减功能不仅能够有效控制光照范围，还能增强场景的层次感和真实感。

二、灯光的创建流程

创建灯光时应遵循"先整体、后局部、再细节"原则。灯光的创建流程大致分为以下3个步骤：

（1）创建主光源。在场景中创建灯光时，要先创建主光源。主光源能够起到照亮整个场景的作用，它的颜色决定了整个场景的氛围，如图5-2-2（a）所示。

（2）创建辅助光源。创建主光源后，需要在场景中创建辅助光源。辅助光源主要用于照亮场景中光线较暗的区域或突出场景中的某一区域，如图5-2-2（b）所示。

（3）创建点缀光源。点缀光源通常是体积较小的灯球、灯带等，它不会影响场景整体的亮度，但能够使场景更具层次感，如图5-2-2（c）所示。在场景中创建辅助光源后，还可以根据需要创建点缀光源。

（a）创建主光源　　　　　　　（b）创建辅助光源　　　　　　　（c）创建点缀光源

图 5-2-2　为客厅场景创建灯光

三、3ds Max 内置的灯光

3ds Max 内置的灯光包括光度学灯光、标准灯光和 Arnold 灯光，其中最常用的是标准灯光。

标准灯光有目标聚光灯、自由聚光灯、目标平行光、自由平行光、泛光和天光6种。利用"创建"面板"灯光"对象类别"标准"分类中的按钮（见图5-2-3）可以创建这6种标准灯光，其中常用的有目标聚光灯、目标平行光、泛光和天光。

（一）目标聚光灯

目标聚光灯发出的光束为锥形，常用于照亮场景中的特定对象，或者模拟舞台灯、汽车灯、手电筒等发出的灯泡。目标聚光灯的效果如图5-2-4所示。

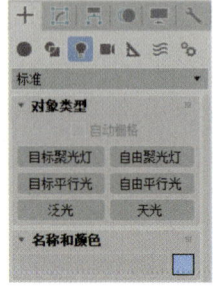

图 5-2-3　"标准"分类中的按钮　　　　　　图 5-2-4　目标聚光灯的效果

创建目标聚光灯后,在"修改"面板的"常规参数"卷展栏(见图 5-2-5)中可设置是否启用灯光与该灯光的类型、灯光是否投射阴影与该阴影的类型等,在"强度/颜色/衰减"卷展栏(见图 5-2-6)中可设置灯光的强度、颜色和衰减效果,在"聚光灯参数"卷展栏(见图 5-2-7)中可设置聚光区和灯光衰减区的大小、聚光灯光束的形状等。

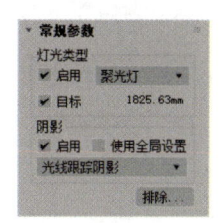

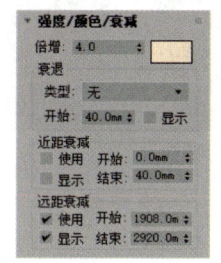

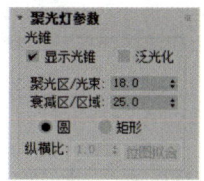

图 5-2-5 "常规参数"卷展栏　　图 5-2-6 "强度/颜色/衰减"卷展栏　　图 5-2-7 "聚光灯参数"卷展栏

 目标聚光灯、目标平行光、泛光的"修改"面板中部分卷展栏的功能类似,后文在讲解目标平行光和泛光时,不再介绍这些卷展栏的功能。

(二)目标平行光

目标平行光由平行光线构成且具有方向,平行光线呈圆柱状或棱柱形,照射区域的大小取决于"平行光参数"卷展栏(见图 5-2-8)"聚光区/光束"文本框中数值的大小。目标平行光的效果如图 5-2-9 所示。

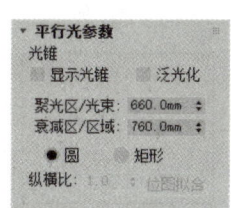

图 5-2-8 "平行光参数"卷展栏　　　　图 5-2-9 目标平行光的效果

(三)泛光

泛光是一种点状光源,由一个点向四周发出均匀、柔和的光线。通常利用泛光模拟壁灯、台灯、吊灯等灯具发出的灯光。图 5-2-10 中石灯发出的光就是利用"泛光"命令制作的。

(四)天光

天光虽然没有可见光束,但是可以将场景均匀地照亮。天光自然,柔和,通常用于模拟环境中的自然光。天光的效果如图 5-2-11 所示。

创建天光后,在"修改"面板的"天光参数"卷展栏(见图 5-2-12)中可控制光的强度、颜色以及是否投射投影。

  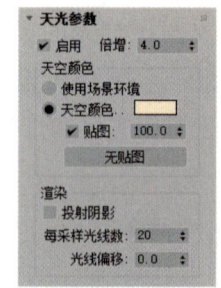

图 5-2-10 泛光的效果　　　　图 5-2-11 天光的效果　　　　图 5-2-12 "天光参数"卷展栏

四、VRay 内置的灯光

VRay 内置的灯光是指 V-Ray 插件提供的灯光。与 3ds Max 内置的灯光相比，VRay 内置的灯光参数少，很方便就能获得理想的光照效果。

VRay 内置的灯光有 VRay 灯光、VRay 环境光、VRayIES 和 VRay 太阳光 4 种。利用"创建"面板"灯光"对象类别"VRay"分类中的按钮（见图 5-2-13）可以创建上述 4 种灯光，其中常用的有 VRay 灯光和 VRay 太阳光。

图 5-2-13 "VRay"分类中的按钮

（一）VRay 灯光

VRay 灯光功能强大，类型较多，应用范围十分广泛。VRay 灯光有平面、穹顶、球体、网格、圆形 5 种类型，读者可以根据需要选择不同的灯光类型，调整灯光的位置、强度、颜色，控制灯光是否对物体材质产生影响。图 5-2-14 中书房内的灯光都是利用 VRay 灯光制作的，其中照亮整个场景的灯光为 VRay 穹顶灯，左侧墙体最上和最下置物处的灯光为 VRay 平面灯，书房上空吊灯的灯光为 VRay 球体灯。

（1）VRay 平面灯：沿一个方向照射的矩形灯，光线具有很强的方向性。

（2）VRay 穹顶灯：可以均匀地照亮场景，与 3ds Max 内置灯光中的天光类似。

（3）VRay 球体灯：由一个点向四周发出均匀的光线，与 3ds Max 内置灯光中的泛光类似。

（4）VRay 网格灯：可以将物体设为光源并由该物体向外发光。

（5）VRay 圆形灯：沿一个方向照射的圆形灯，与 3ds Max 内置灯光中的目标平行光类似。

创建 VRay 灯光后，在"修改"面板的"常规"卷展栏（见图 5-2-15）中可设置 VRay 灯光的类型、强度、颜色（或色温）和灯的大小等；在"选项"卷展栏（见图 5-2-16）中可设置灯光是否投射阴影和渲染时是否渲染灯光本身、灯光对大气和物体的材质属性是否产生影响及影响的程度等。

图 5-2-14　书房的灯光效果　　　图 5-2-15　"常规"卷展栏　　　图 5-2-16　"选项"卷展栏

（二）VRay 太阳光

VRay 太阳光是一种模拟太阳光的灯光，常用于制作正午、黄昏和夜晚时的光照效果。在客厅场景中创建的 VRay 太阳光的效果如图 5-2-17 所示。创建 VRay 太阳光后，在"太阳参数"卷展栏（见图 5-2-18）中可设置灯光的强度、颜色和灯的大小，在"选项"卷展栏（见图 5-2-19）中可设置是否渲染灯光本身和渲染时灯光是否对大气和物体的材质属性产生影响及影响的程度等。

 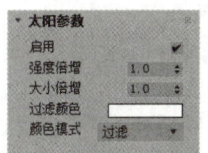 

图 5-2-17　客厅的光照效果　　　图 5-2-18　"太阳参数"卷展栏　　　图 5-2-19　"选项"卷展栏

任务实施一　在音乐厅场景中创建灯光——目标平行光和目标聚光灯

下面通过在如图 5-2-20（a）所示的音乐厅场景中创建灯光，学习目标平行光和目标聚光灯的创建方法。音乐厅的灯光效果如图 5-2-20（b）所示。

（a）音乐厅场景　　　　　　　　　　　（b）音乐厅的灯光效果

图 5-2-20　音乐厅场景与音乐厅的灯光效果

制作思路

打开素材文件，在场景中创建一个目标平行光并调整其参数，将其作为照亮场景的主光源，然后创建一个目标聚光灯并调整其参数，将其作为照亮钢琴的辅助光源。

在音乐厅场景中创建灯光

制作步骤

步骤1 打开本书配套素材"素材与实例"→"项目五"→"音乐厅"→"音乐厅素材.max"文件。音乐厅场景中已有点缀光源，读者只需在场景中创建主光源和辅助光源。

步骤2 单击"创建"面板"灯光"对象类别"标准"分类中的"目标平行光"按钮，然后在前视图中的合适位置按住左键并拖动鼠标，使目标点位于所需位置后释放左键，即可在音乐厅的左上方创建目标平行光，结果如图5-2-21所示。

步骤3 在"修改"面板的"平行光参数"卷展栏中设置聚光区和灯光衰减区的大小；在"常规参数"卷展栏中取消勾选"启用"复选框，以免该灯光产生的阴影与将要创建的聚光灯所产生的阴影相互影响，使场景中的阴影变得杂乱；在"强度/颜色/衰减"卷展栏中设置灯光的强度和颜色，如图5-2-22所示。

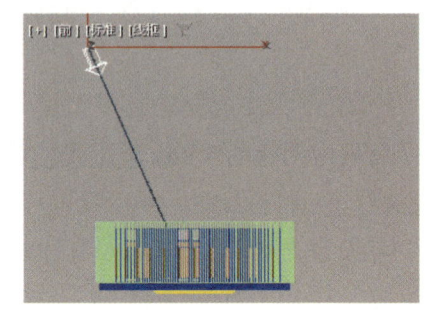

图5-2-21 创建目标平行光

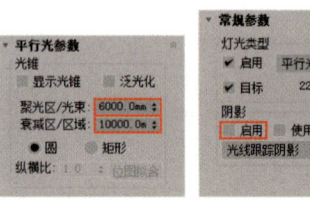 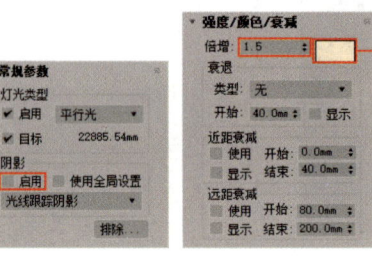

图5-2-22 设置目标平行光的参数

知识库

图5-2-22中部分设置区中的常用复选框、文本框、列表框等的功能如下：

（1）"光锥"设置区中的"显示光锥"复选框用于控制在未选中目标平行灯时是否仍显示目标聚光灯的圆柱体线框；"泛光化"复选框用于控制灯光是否在所有方向上投射光线；"聚光区/光束"文本框用于设置聚光区的大小，该区域内的物体将受到全部光的照射；"衰减区/区域"文本框用于设置灯光衰减区的大小，在该区域内的物体受到的光将逐渐衰减。

（2）"阴影"设置区中的"启用"复选框用于控制灯光是否产生阴影；"使用全局设置"复选框用于控制渲染设置中的全局设置是否对阴影产生影响；"阴影方法"列表框用于设置阴影的类型，每一种阴影类型都有与其对应的参数卷展栏。

（3）"倍增"文本框用于设置灯光的强度。

（4）"颜色"按钮用于设置灯光的颜色。

（5）"近距衰减"设置区中的"开始"和"结束"文本框用于指定光线开始淡入的位置和灯光强度增加到最大时的位置，"使用"复选框用于控制是否使用近距衰减功能，"显示"复选框用于控制衰减区域外的对象是否可见。

（6）"远距衰减"设置区中的"开始"和"结束"文本框用于控制光线开始减弱的位置和光线消失的位置。

步骤 4 参照图 5-2-23，在前、顶视图中调整目标平行光的图标和目标点的位置。

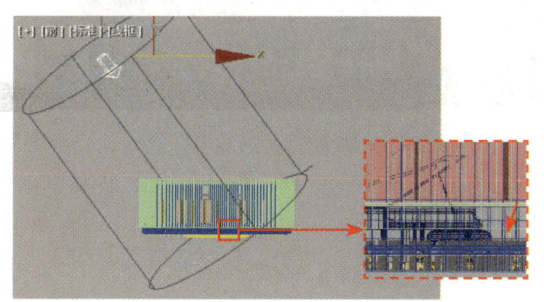 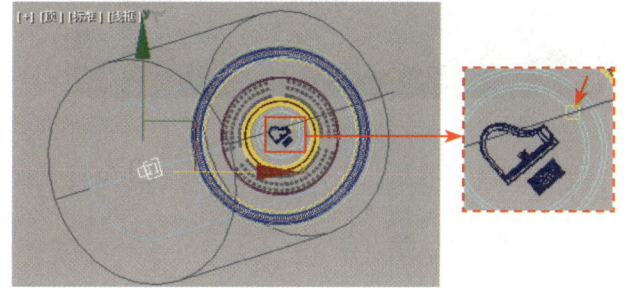

图 5-2-23　目标平行光的图标和目标点的位置

当场景中的对象较多时，在主工具栏的"选择过滤器"下拉列表中选择"L-灯光"选项，可以很方便地选中场景中的灯光。

当视口中的 Gizmo 图标的大小不合适时，可按"＋"或"－"键将其放大或缩小。

步骤 5　激活摄影机视图，然后按"F9"键，即可看到目标平行光的效果。

步骤 6　选中钢琴模型，按"Alt+Q"组合键使其孤立显示，然后单击"创建"面板"灯光"对象类别"标准"分类中的"目标聚光灯"按钮，将光标移至前视图中钢琴的上方，接着按住左键并拖动鼠标，当目标点位于合适的位置时释放左键，即可在钢琴的上方创建目标聚光灯，结果如图 5-2-24 所示。

步骤 7　选中目标聚光灯图标，在"修改"面板"常规参数"卷展栏中设置目标聚光灯阴影的类型，在"强度/颜色/衰减"卷展栏中设置灯光的强度、颜色（与目标平行光颜色相同）和衰减效果，在"聚光灯参数"卷展栏中设置聚光区和灯光衰减区的大小，如图 5-2-25 所示。

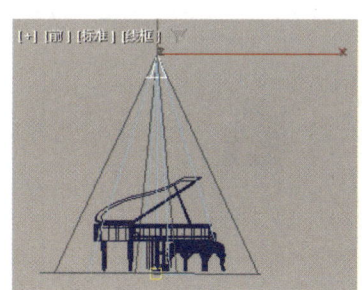 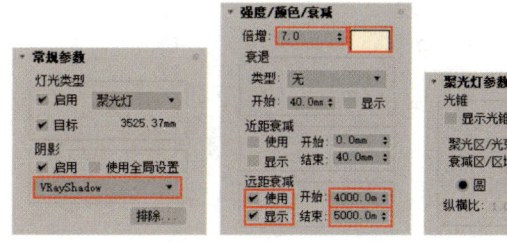

图 5-2-24　目标聚光灯的图标和目标点的位置　　图 5-2-25　设置目标聚光灯的参数

步骤 8　单击 3ds Max 操作界面下方的"孤立当前选择"按钮，退出模型孤立显示模式，然后按"F9"键对摄影机视图进行渲染。

任务实施二　在卧室场景中创建灯光——VRay 太阳光

下面通过在如图 5-2-26（a）所示的卧室场景中创建灯光，学习 VRay 太阳光的创建方法。卧室的光影效果如图 5-2-26（b）所示。

（a）卧室场景　　　　　　　　　　　　（b）卧室的光影效果

图 5-2-26　卧室场景与卧室的光影效果

制作思路

打开素材文件，在场景中创建 VRay 太阳光，然后通过调整 VRay 太阳光的位置和参数，模拟阳光透过窗户照射在房间内的灯光效果。

制作步骤

步骤 1　打开本书配套素材"素材与实例"→"项目五"→"卧室"→"卧室素材 .max"文件。

步骤 2　单击"创建"面板"灯光"对象类别"VRay"分类中的"VRay 太阳光"按钮，将光标移至前视图中卧室左侧的合适位置，然后按住左键并拖动鼠标，当目标点位于卧室中床的上方时释放左键，最后在弹出的"V-Ray 太阳光"对话框中单击"是"按钮，添加 VRay 天空环境贴图。

> **提示**
>
> VRay 天空环境贴图与 Vray 太阳光配合使用，能够使画面产生不同的亮度和颜色。

步骤 3　参照图 5-2-27，在前、顶视图中调整 VRay 太阳光的图标和目标点的位置。

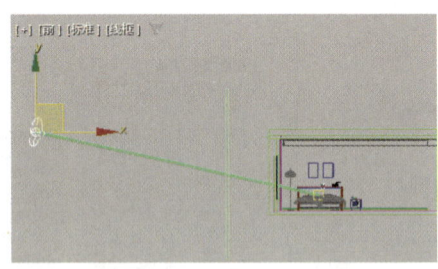 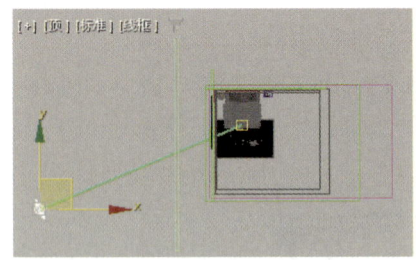

图 5-2-27　VRay 太阳光的图标和目标点的位置

步骤 4　选中 VRay 太阳光的图标，在"修改"面板的"太阳参数"卷展栏中设置灯光的强度、颜色和灯的大小，在"选项"卷展栏中勾选"不可见"复选框，如图 5-2-28 所示。

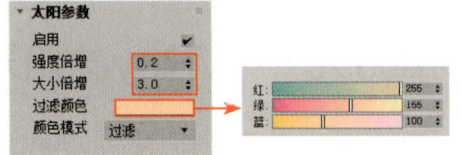 

图 5-2-28　设置 VRay 太阳光的参数

> **知识库**
>
> 图 5-2-28 中"太阳参数"卷展栏和"选项"卷展栏中常用文本框、按钮和复选框的功能如下：
>
> （1）"强度倍增"文本框：用于设置灯光的强度。
>
> （2）"大小倍增"文本框：用于设置灯的大小。
>
> （3）"过滤颜色"右侧的"颜色"按钮：用于设置灯光的颜色。
>
> （4）"不可见"复选框：用于设置渲染时是否渲染灯光本身。

步骤 5 激活摄影机视图，然后按"F9"键对该视图进行渲染。

任务实施三 在林间小道场景中创建灯光——VRay 灯光和泛光

下面通过在如图 5-2-29（a）所示的林间小道场景中创建灯光，重点学习 VRay 灯光和泛光的创建方法。林间小道场景与林间小道的光影效果如图 5-2-29（b）所示。

（a）林间小道场景

（b）林间小道的光影效果

图 5-2-29 林间小道场景与林间小道的光影效果

制作思路

打开素材文件，在场景中创建一个 VRay 穹顶灯并调整其参数，将其作为照亮场景的主光源，然后创建一个目标平行光并调整其参数，使场景中产生月光效果，最后创建泛光，照亮场景中的背光区。

扫一扫

在林间小道场景中创建灯光

制作步骤

步骤 1 打开本书配套素材"素材与实例"→"项目五"→"林间小道"→"林间小道素材 .max"文件，然后按"C"键，将透视图切换为摄影机视图。

步骤 2 单击"创建"面板"灯光"对象类别"VRay"分类中的"VRay 灯光"按钮，在"常规"卷展栏中将灯光类型设为"穹顶"，然后在场景中的任意位置单击，创建 VRay 穹顶灯，如图 5-2-30 所示。

步骤 3 在"修改"面板的"常规"卷展栏中设置灯光的强度和颜色，在"选项"卷展栏中勾选"不可见"复选框，如图 5-2-31 所示。

图 5-2-30 创建 VRay 穹顶灯

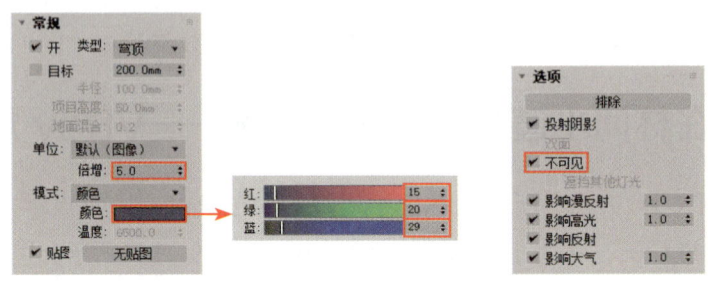

图 5-2-31 设置 VRay 灯光的参数

步骤 4 按 "F9" 键对摄影机视图进行渲染，从渲染得到的画面中可看到 VRay 穹顶灯的效果。

步骤 5 单击 "创建"面板 "灯光"对象类别 "标准"分类中的 "目标平行光"按钮，然后在前视图中林间小道的右上方创建一个目标平行光，在 "修改"面板的 "平行光参数"卷展栏中设置聚光区和灯光衰减区的大小，在 "常规参数"卷展栏中设置阴影的类型，在 "强度/颜色/衰减"卷展栏中设置灯光的强度和颜色，如图 5-2-32 所示。

 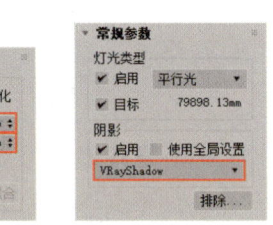 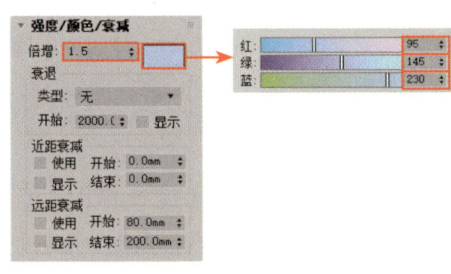

图 5-2-32 设置目标平行光的参数

步骤 6 参照图 5-2-33，在前、顶视图中调整目标平行光的图标与目标点的位置。

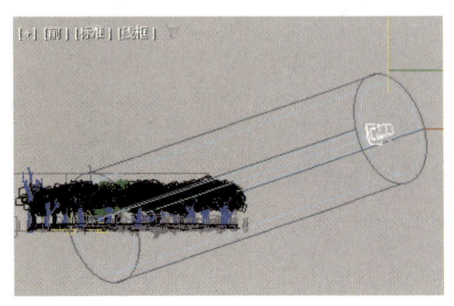 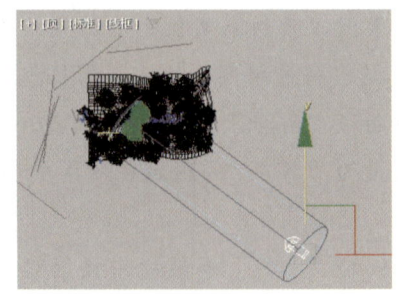 

图 5-2-33 目标平行光的图标与目标点的位置

步骤 7 按 "F9" 键对摄影机视图进行渲染，从渲染得到的画面可以看到场景中的背光区很暗，因此需要为林间小道添加泛光，以提高背光区的亮度。

步骤8　单击"创建"面板"灯光"对象类别"标准"分类中的"泛光"按钮，然后创建一个泛光，泛光的位置可参照图5-2-34进行设置。

图5-2-34　泛光的位置

步骤9　在"修改"面板的"常规参数"卷展栏中设置阴影的类型，在"强度/颜色/衰减"卷展栏中设置灯光的强度和颜色，如图5-2-35所示。

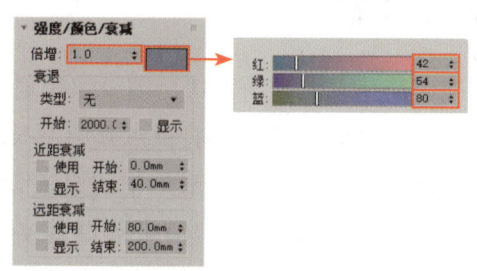

图5-2-35　设置泛光的参数

步骤10　按"F9"键对摄影机视图进行渲染。

任务三　渲染场景并输出画面

【任务描述】

渲染场景并输出画面是制作3ds Max动画的最后环节，通过渲染可以将场景中的灯光、模型及其材质等直观地呈现在画面中。场景中如果使用了V-Ray材质或VRay内置的灯光，则只能使用V-Ray渲染器渲染该场景；如果使用了3ds Max材质和3ds Max内置的灯光，则使用任意一个渲染器都可以渲染该场景，但使用V-Ray渲染器渲染输出的画面效果通常更好。

本任务将先介绍3ds Max内置的渲染器、V-Ray渲染器和渲染设置的相关知识，然后通过渲染林间小道场景，学习使用V-Ray渲染器渲染场景并输出画面的方法。

一、3ds Max 内置的渲染器

单击主工具栏中的"渲染设置"按钮 或按"F10"键,在弹出的"渲染设置"对话框的"渲染器"下拉列表中可选择 3ds Max 内置的 Quicksilver 硬件渲染器、ART 渲染器、扫描线渲染器、VUE 文件渲染器或 Arnold 渲染器,如图 5-3-1 所示。

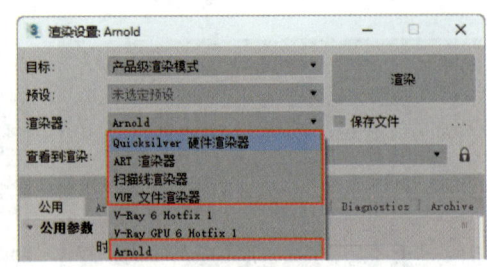

图 5-3-1　3ds Max 提供的渲染器

在 3ds Max 内置的渲染器中,常用的有扫描线渲染器和 Arnold 渲染器。扫描线渲染器的渲染速度快,但功能较少,渲染输出的画面效果差,适用于对画面质量要求不高的场景。Arnold 渲染器是一款基于物理算法的渲染器,操作简便且渲染效果逼真。由于 Arnold 渲染器的渲染界面为英文界面,不便于教学,因此本书对该渲染器不做详细介绍。

二、V-Ray 渲染器

V-Ray 渲染器操作简单,渲染速度快,渲染效果逼真,并且使用扫描线渲染器渲染的场景均可用 V-Ray 渲染器进行渲染,因此本书将重点介绍 V-Ray 渲染器。

在如图 5-3-1 所示的"渲染设置"对话框的"渲染器"下拉列表中选择"V-Ray 6 Hotfix 1"或"V-Ray GPU 6 Hotfix 1"选项,可将渲染器设为 V-Ray 渲染器。选择"V-Ray 6 Hotfix 1"选项后,可在"渲染设置"对话框的"公用""V-Ray""GI"选项卡中根据需要设置相关参数。

答疑解惑

问:"V-Ray 6 Hotfix 1"渲染器和"V-Ray GPU 6 Hotfix 1"渲染器有何不同?

答:"V-Ray 6 Hotfix 1"渲染器是最常用的渲染器,主要依靠计算机的 CPU 和内存处理数据,比较稳定,不容易崩溃。"V-Ray GPU 6 Hotfix 1"渲染器是一种新兴的渲染器,主要依靠计算机的 GPU(显卡)处理数据,可以实时渲染场景中并显示渲染得到的画面,但对计算机硬件的要求高且不稳定。

(一)"公用"选项卡

"公用"选项卡中的"公用参数"卷展栏(见图 5-3-2)用于设置渲染输出的图像或视频的时间、尺寸等。该卷展栏中常用设置区及其部分单选钮、复选框、文本框等的功能如下:

(1)"时间输出"设置区:用于设置渲染输出的图像或视频的时间范围。若单击"单帧"单选钮,则输出与当前帧所对应的画面;若单击"活动时间段"单选钮,则输出时间控件显示范围内的所有画面;若单击"范围"单选钮,则输出指定的两个帧之间的(包括与这两个帧对应的)所有画面;若单击"帧"单选钮,则输出非连续帧所对应的画面。"每 N 帧"文本框用于设置帧的采样规律,即每隔几帧渲染一次,仅适用于按"活动时间段"和"范围"输出视频时。

(2)"输出大小"设置区:用于设置输出图像或视频的分辨率和纵横比。可以在该设置区左上方的列表框中根据需要选择符合行业标准的电影和视频的纵横比,然后利用右侧的按钮设置图像或视频的分辨率;也可以选择"自定义"选项,然后在"宽度"和"高度"文本框中自行设置图像或视频的分辨率。确定了图像或视频的分辨率,其纵横比也就确定了。

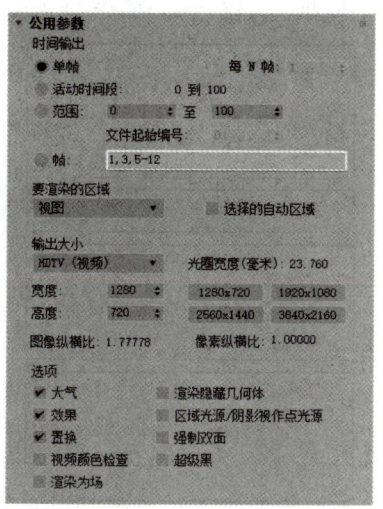
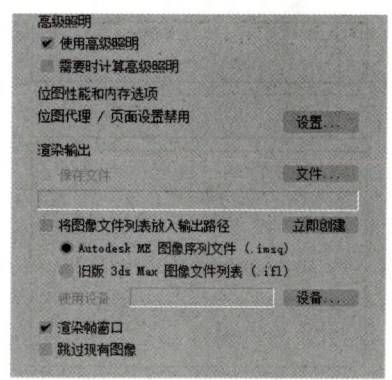

图 5-3-2 "公用参数"卷展栏

(3)"选项"设置区:该设置区中的"大气"复选框用于设置是否渲染应用的大气环境,"渲染隐藏几何体"复选框用于设置是否渲染场景中隐藏的模型,"强制双面"复选框用于设置是否渲染所有曲面的两个面(需要加快渲染速度时,通常不勾选该复选框)。

(4)"渲染输出"设置区:该设置区用于设置输出的文件的储存方式。单击该设置区中的"文件"按钮,在弹出的"渲染输出文件"对话框中设置渲染输出的文件的储存位置、格式和名称后,"渲染输出"设置区中的"保存文件"复选框会自动勾选,此后若对该文件执行渲染操作,则输出的图像或视频文件会自动保存在指定位置。

提 示

除了在"渲染输出"设置区中对输出的图像或视频文件进行自动保存设置外,还可以对其进行手动保存,即在渲染完成后单击"V-Ray 帧缓冲区"对话框中的"保存当前通道"按钮,然后在弹出的"保存图像"对话框中设置输出的文件的储存位置、格式和名称并单击"保存"按钮。

Gamma 值会影响输出的图像和视频画面的颜色,在自动保存文件或手动保存文件前,应选中"渲染输出文件"或"保存图像"对话框中的"自动(推荐)"单选钮。若输出的图像或视频画面的颜色与渲染窗口中显示的颜色不一致,则可通过自行设置 Gamma 值来解决。

(二)"V-Ray"选项卡

"V-Ray"选项卡的部分卷展栏中的常用按钮、复选框、文本框和列表框的功能如下:

(1)"全局开关"卷展栏(见图 5-3-3)。单击"默认"或"高级"按钮,该卷展栏中的内容会相应变化。该卷展栏中的"灯光"复选框用于控制是否渲染场景中的灯光;"隐藏灯光"复选框用于控制是否渲染场景中隐藏的灯光;勾选"覆盖深度"复选框后,可在其右侧的文本框中设置整个场景中光线反射和折射的最多次数;"最大透明级别"文本框用于设置透明材质受光线影响的最大程度，数值越大，材质越逼真。

（2）"图像采样器（抗锯齿）"卷展栏（见图5-3-4）。该卷展栏中的"类型"列表框用于设置图像采样器的类型，有渐进式图像采样器和渲染块图像采样器两种；"最小着色比率"文本框用于设置阴影、折射模糊和反射模糊的精度，数值越大，阴影、折射模糊和反射模糊效果越好。

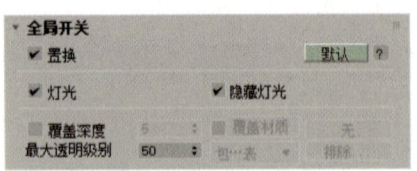

图 5-3-3 "全局开关"卷展栏

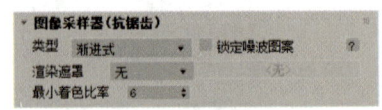

图 5-3-4 "图像采样器（抗锯齿）"卷展栏

 提 示

使用渐进式图像采样器时，渲染器首先会尽可能快地输出低质量的图像，随着时间的推移，渲染器会不断增加采样次数，输出质量越来越高的图像，直到达到设定的质量要求。渲染时如果使用渐进式图像采样器，输出的图像质量通常较高，但是渲染时间较长，在某些情况下可能会出现噪点或颜色偏差等问题。如果需要快速预览渲染效果，可选择渐进式图像采样器。

使用渲染块图像采样器时，渲染器会将场景分为若干个小格子，并且同时对其中的几个小格子进行渲染。使用渲染块图像采样器可以缩短整个场景的渲染时间，但是可能会出现边缘伪阴影等问题。对大型场景进行渲染时如果需要缩短渲染时间，可选择模块式图像采样器。

（3）"渐进式图像采样器"卷展栏和"渲染块图像采样器"卷展栏（见图5-3-5）。这两个卷展栏分别对应图5-3-4中"类型"下拉列表中的"渐进式"和"渲染块"选项，用于实现输出的图像中的抗锯齿（消除图像中物体边缘出现的锯齿现象）效果和控制渲染图像时产生的噪点的数量。如图5-3-5所示的卷展栏中的常用文本框及其功能如下：

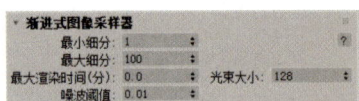 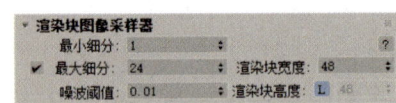

图 5-3-5 "渐进式图像采样器"卷展栏和"渲染块图像采样器"卷展栏

◆ "最小细分"文本框：用于设置每个像素所使用的采样样本的最小数值，通常采用默认值1。

◆ "最大细分"文本框：用于设置每个像素所使用的采样样本的最大数值，数值越大，抗锯齿效果越好，噪点也越少。该文本框中的数值不同时图像的渲染效果如图5-3-6所示。

◆ "最大渲染时间（分）"文本框：用于设置渲染时长的上限值，该值越大，输出的图像质量越高。

◆ "噪波阈值"文本框：用于控制渲染时图像产生的噪点的数量，数值越小，噪点越少。噪波阈值不同时图像的渲染效果如图5-3-7所示。

图 5-3-6　图像的渲染效果

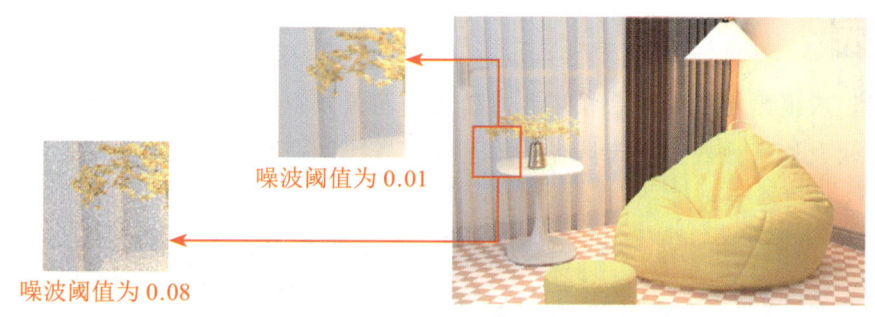

图 5-3-7　噪波阈值不同时图像的渲染效果

（4）"图像过滤器"卷展栏（见图 5-3-8）。图像过滤器是配合图像采样器一起使用的。勾选"图像过滤器"卷展栏中的"图像过滤器"复选框后，在"过滤器"列表框中可选择图像过滤器的类型，其中常用的有"区域""Catmull-Rom""Mitchell-Netravali"和"VRayLanczosFilter"4 种图像过滤器。

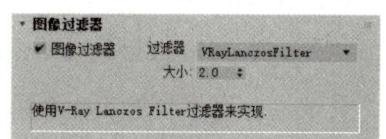

图 5-3-8　"图像过滤器"卷展栏

- ◆ "区域"图像过滤器：通过模糊边缘达到抗锯齿效果。抗锯齿效果较差，但渲染速度快，常用于进行渲染测试。
- ◆ "Catmull-Rom"图像过滤器：主要用于对图像中物体的边缘进行锐化处理，使图像看起来更清晰。
- ◆ "Mitchell-Netravali"图像过滤器：可以使图像产生模糊效果，以达到降低噪点的目的，适合渲染具有景深或运动模糊效果的场景。
- ◆ "VRayLanczosFilter"图像过滤器：V-Ray 渲染器默认的图像过滤器，可以较好地兼顾渲染速度和渲染质量。

（三）"GI"选项卡

GI 是指间接照明，用于模拟现实世界中光在物体间的传播现象。开启 GI 后，不受灯光直接照射的物体也会受到光的漫反射作用。"GI"选项卡的部分卷展栏中的常用按钮、复选框、列表框和文本框等的功能如下：

（1）"全局照明"卷展栏（见图 5-3-9）。单击"默认"或"高级"按钮，该卷展栏中的内容会相应变化。该卷展栏中的"启用 GI"复选框用于设置是否使用全局照明模式；"首次引擎"列表框用于设置光线照射在物体上产生第一次反射时使用的渲染引擎的类型，该文本框中有"发光贴图""暴力计算（BF）"和"灯光缓存"3 个选项；"二次引擎"列表框用于设置光线照射在物体上产生第二次反射时使用的渲染引擎的类型,该列表框中有"暴力计算(BF)"和"灯光缓存"两个选项。

- ◆ "发光贴图"渲染引擎:自行对场景进行判断,并且精确计算细节较多的区域,粗略计算其他区域。该渲染引擎的渲染速度较快,但无法精确地模拟光在物体间的传播现象,输出的图像或视频质量一般。
- ◆ "暴力计算(BF)"渲染引擎:对每个像素点进行计算,精确地模拟光在物体间的传播现象,输出的图像或视频质量好,但渲染速度较慢。
- ◆ "灯光缓存"渲染引擎:可以快速、直接地显示场景中灯光的预览效果,且对角落处的光照效果计算精确,一般作为二次引擎。

> 渲染时,应根据场景的复杂程度和对输出的图像或视频质量要求的不同,在"首次引擎"和"二次引擎"列表框中选择合适的渲染引擎,以提高渲染效率。这两个列表框中的选项有以下3种组合方式:
> (1)"发光贴图"和"灯光缓存"。采用这种组合方式渲染输出的图像或视频质量一般。这种组合方式适用于渲染对输出的图像或视频质量要求不高的场景。
> (2)"BF算法"和"灯光缓存"。这种组合方式适用于渲染灯光较为单一的场景,如室外场景。
> (3)"发光贴图"和"BF算法"。采用这种组合方式渲染输出的图像或视频质量高,但是渲染时间长,并且对计算机的配置要求较高。这种组合方式适用于渲染对输出的图像或视频质量要求较高的场景。

(2)"发光贴图"卷展栏(见图5-3-10)。将渲染引擎类型设为"发光贴图"后,"GI"选项卡中会出现"发光贴图"卷展栏。该卷展栏中的"当前预设"列表框用于设置发光贴图的预设类型,它决定了输出的画面的质量;"细分"文本框用于控制全局照明的采样质量,数值越大,输出的画面质量越高;"插值采样"文本框用于控制画面的细部模糊程度,数值越大,输出的画面中的细节越模糊;"模式"列表框用于控制发光贴图的生成方式。

(3)"灯光缓存"卷展栏(见图5-3-11)。将渲染引擎类型设为"灯光缓存"后,"GI"选项卡中会出现"灯光缓存"卷展栏,其中,"细分"文本框中的数值越大,输出的画面中灯光的效果越好。

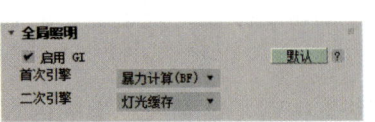

图5-3-9 "全局照明"卷展栏

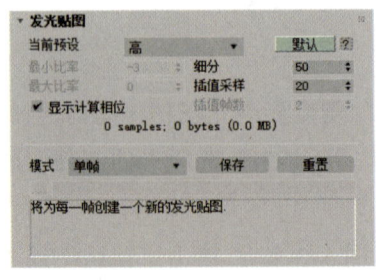

图5-3-10 "发光贴图"卷展栏

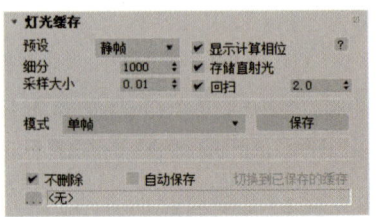

图5-3-11 "灯光缓存"卷展栏

三、渲染设置

渲染输出较复杂的场景时所需的时间较多，为节省时间，可先对场景进行渲染测试，观察输出的低精度图像（见图 5-3-12）中材质和灯光的效果是否合理并根据需要进行必要的调整，最后渲染输出高精度图像（见图 5-3-13）。

图 5-3-12　低精度图像

图 5-3-13　高精度图像

（1）渲染测试。渲染测试的步骤如下：① 设置较低的图像分辨率；② 将图像采样器的最小着色比率、最大细分值设为较小的数值，将噪波阈值设为较大的数值，并将渲染时长上限值设为较小的数值；③ 将图像过滤器的类型设为"区域"；④ 将渲染引擎分别设为"发光贴图"和"灯光缓存"，并将发光贴图的预设类型设为"非常低"，将控制全局照明采样质量和灯光缓存样本数量的细分值均设为较小的数值。对大多数场景进行测试渲染时，可参照图 5-3-14 进行设置。

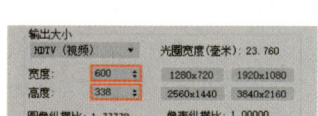
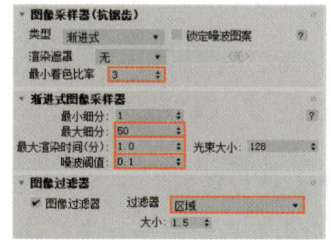

图 5-3-14　渲染测试时的设置

（2）输出高精度图像。输出高精度图像时，需要进行以下渲染设置：① 设置较高的图像分辨率；② 将图像采样器的类型设为"渲染块"，并将图像采样器的最小着色比率和最大细分值均设为较大的数值，将噪波阈值设为较小的数值；③ 将图像过滤器设为"VRayLanczosFilter"或"Catmull-Rom"；④ 将渲染引擎分别设为"发光贴图"和"BF 算法"（或"发光贴图"和"灯光缓存"），并将发光贴图的预设类型设为"高"。在输出高精度图像时，可参照图 5-3-15 进行设置。

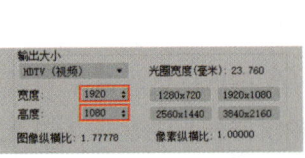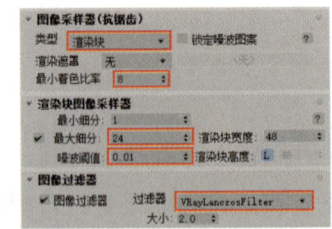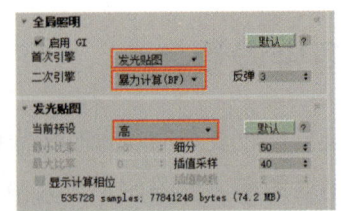

图 5-3-15 渲染输出高精度画面时的设置

任务实施 渲染林间小道场景并输出——V-Ray 渲染器

下面通过渲染如图 5-3-16 所示的林间小道场景并输出渲染的图像，学习使用 V-Ray 渲染器渲染场景并输出图像的方法。

林间小道场景　　　　　　　　　　　林间小道场景的渲染效果

图 5-3-16 林间小道场景及其渲染效果

制作思路

打开素材文件，选择需要使用的渲染器和要渲染的视图，然后设置图像的分辨率和文件的大小、名称、储存位置，接着设置抗锯齿效果和降低噪点的相关参数，最后设置渲染引擎的类型和参数并输出渲染的图像。

制作步骤

步骤 1 打开本书配套素材"素材与实例"→"项目五"→"林间小道"→"林间小道渲染素材 .max"文件。林间小道场景中已有摄影机和灯光，读者只需设置渲染参数并输出图像。

步骤 2 单击主工具栏的"渲染设置"按钮或按"F10"键，在弹出的"渲染设置"对话框中选择渲染器的类型和要渲染的视图，如图 5-3-17 所示。

步骤 3 在"公用"选项卡"公用参数"卷展栏的"输出大小"设置区中设置图像的分辨率（见图 5-3-18），然后单击"渲染输出"设置区中的"文件…"按钮，在弹出的"渲染输出文件"对话框中设置渲染输出的文件的名称、储存位置和储存格式（".jpg"格式），采用软件默认的 Gamma 值。

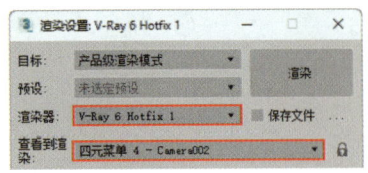 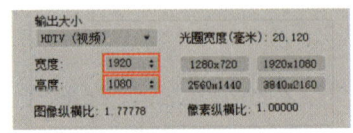

图 5-3-17 选择渲染器的类型和要渲染的视图　　　图 5-3-18 设置图像的分辨率

步骤 4 单击"渲染"按钮或按"F9"键进行渲染,从渲染得到的图像中可以看到树叶、地面等物体上有许多噪点,物体边缘也不够清晰,因此还需要对图像采样器和渲染引擎进行设置,以达到理想的抗锯齿效果并降低图像中的噪点。

步骤 5 在"V-Ray"选项卡的"图像采样器(抗锯齿)"卷展栏中设置图像采样器的类型和最小着色比率,在"渲染块图像采样器"卷展栏中设置最大采样值和噪波阈值,如图 5-3-19 所示。

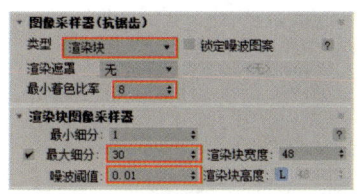

图 5-3-19 设置图像采样器的参数

步骤 6 在"GI"选项卡的"全局照明"卷展栏中设置渲染引擎的类型,在"发光贴图"卷展栏中设置发光贴图的预设类型,在"灯光缓存"卷展栏中设置细分值,如图 5-3-20 所示。

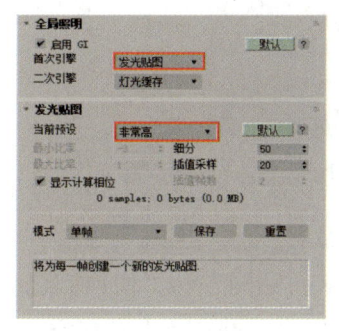 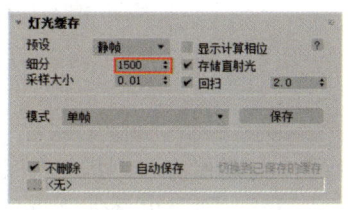

图 5-3-20 设置渲染引擎的参数

步骤 7 单击"渲染"按钮或按"F9"键对摄影机视图进行渲染。渲染完成后,图像会自动保存到设置的储存位置。

探索 与 分享

在实际工作中,需要先渲染测试,再渲染输出高精度画面。为节省版面,本任务实施仅介绍了渲染输出高精度图像的方法。请读者根据前文介绍的渲染测试方法,对林间小道进行渲染测试。

★ 经验之谈——使用光子贴图加快渲染的进程

渲染的速度在很大程度上取决于计算机配置的高低。当计算机的配置保持不变时,要想加快渲染的进程,就要使用光子贴图对场景进行渲染。

要使用光子贴图对场景进行渲染,就要先使用 V-Ray 渲染器计算光子(俗称"跑光子")。计算光子所消耗的时间与图像的尺寸大小密切相关,但是无论图像的尺寸大小如何,光子的计算结果均相同,且输出的光子贴图可以储存并多次调用。为节省时间,可以先输出尺寸较小的光子贴图,在输出尺寸较大的高精度图像时,只需调用之前保存的光子贴图,并在此基础上进行渲染即可。

使用光子贴图渲染图像与渲染动画的操作略有不同。下面主要介绍使用光子贴图渲染图像的具体操作。

（1）在"渲染设置"对话框"公用"选项卡的"公用参数"中设置光子贴图的尺寸，一般设为高精度图像尺寸的25%~50%。

（2）在"V-Ray"选项卡的"全局开关"卷展栏中（见图5-3-21）勾选"不渲染最终图像"复选框。勾选该复选框后，只渲染光子贴图，不渲染最终图像。

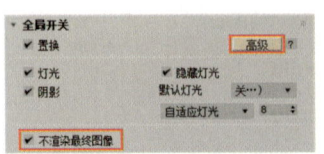

图 5-3-21 "全局开关"卷展栏

（3）在"GI"选项卡中将渲染引擎分别设为"发光贴图"和"灯光缓存"，然后在"发光贴图"卷展栏中将发光贴图的预设类型设为"低"，如图5-3-22所示。

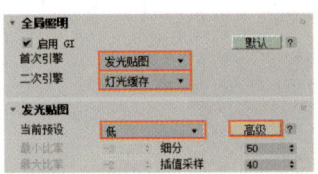

图 5-3-22 "全局照明"卷展栏和"发光贴图"卷展栏

（4）在"发光贴图"卷展栏和"灯光缓存"卷展栏的"模式"下拉列表中选择"单帧"选项，然后勾选"不删除""自动保存""切换到保存的贴图"和"切换到已保存的缓存"复选框并单击"..."按钮，在弹出的"自动保存发光贴图"对话框和"自动保存光子贴图"对话框中分别设置发光贴图和光子贴图的名称与储存位置（最好将这两个文件储存在同一个位置，便于调用），结果如图5-3-23所示。

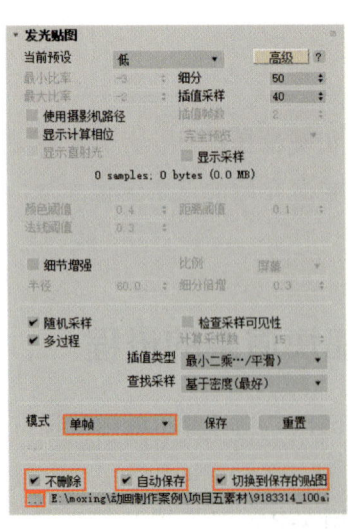 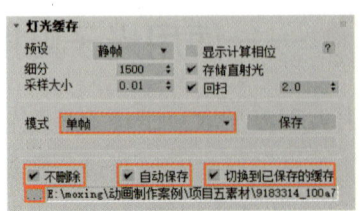

图 5-3-23 "发光贴图"卷展栏和"灯光缓存"卷展栏 ①

（5）其他设置与高精度图像的渲染参数保持一致，按"F9"键进行渲染。渲染完成后，可在设置的文件储存位置找到发光贴图和光子贴图。

（6）在"渲染设置"对话框"公用"选项卡的"公用参数"卷展栏中设置最终图像的尺寸，

然后在"V-Ray"选项卡的"全局开关"卷展栏中取消勾选"不渲染最终图像"复选框。

（7）在"GI"选项卡的"发光贴图"卷展栏中将发光贴图的预设类型设为"高"，然后在"发光贴图"卷展栏和"灯光缓存"卷展栏的"模式"下拉列表中选择"从文件"选项，接着单击"..."按钮，在弹出的对话框中分别选择发光贴图（后缀为 .vrmap）和光子贴图（后缀为 .vrlmap），结果如图 5-3-24 所示。按"F9"键渲染高精度图像。

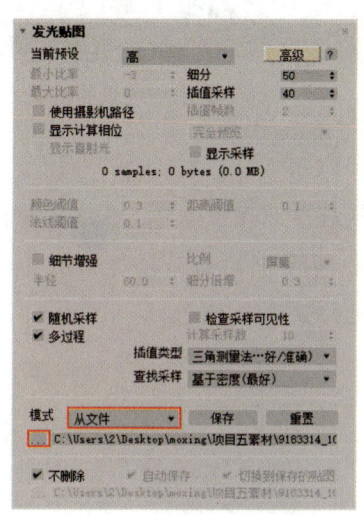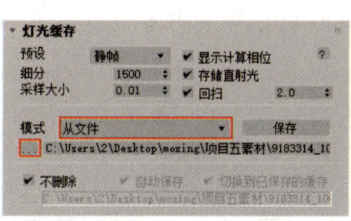

图 5-3-24 "发光贴图"卷展栏和"灯光缓存"卷展栏 ②

> 使用光子贴图渲染动画时，除了以下 3 点，其他操作均可参照渲染图像时的设置进行：
>
> （1）设置帧的采样规律。在"公用"选项卡中单击"活动时间范围"按钮，在"每 N 帧"文本框中将帧的采样规律设为每 5 帧（通常设为 5～10 帧）渲染一次。
>
> （2）在"GI"选项卡"发光贴图"卷展栏的"模式"下拉列表中选择"增量添加到当前贴图"选项，将渲染得到的多张发光贴图合并为一张发光贴图；在"灯光缓存"卷展栏的"模式"下拉列表中选择"穿行"选项，该选项可将渲染的多张光子贴图合并为一张光子贴图。
>
> （3）渲染好光子贴图后，将帧的采样规律设为每 1 帧渲染一次，就可以渲染动画了。

自测习题一　在小木屋场景中创建摄影机并调试灯光

素材文件中已有灯光，并且设置好了渲染参数，但是灯光的效果未达到预期。请读者利用本项目所学知识，在如图 5-4-1（a）所示的小木屋场景中创建摄影机，然后调整场景中灯光的参数，最后进行渲染输出。小木屋场景的渲染效果如图 5-4-1（b）所示。

（a）小木屋场景　　　　　　　　　　　　（b）小木屋场景的渲染效果

图 5-4-1　小木屋场景及其渲染效果

提示：　　在顶视图中创建一个目标摄影机，然后参照图 5-4-2，在顶、前视图中调整目标摄影机的图标和目标点的位置，使摄影机视图中的画面接近如图 5-4-1（b）所示的画面，最后调整场景中目标平行光和天光的强度与颜色。

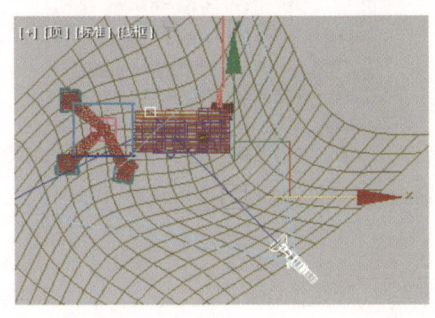 

图 5-4-2　目标摄影机的图标和目标点的位置

自测习题二　在售货车场景中创建灯光并输出图像

素材文件中已有摄影机，请读者利用本项目所学知识在如图 5-4-3（a）所示的售货车场景中创建灯光，然后设置售货车场景的渲染参数并输出图像。售货车场景的渲染效果如图 5-4-3（b）所示。

（a）售货车场景　　　　　　　　　　　　（b）售货车场景的渲染效果

图 5-4-3　售货车场景及其渲染效果

提示：（1）创建主光源。在场景中的任意位置创建一个VRay穹顶灯并设置灯光的强度、颜色、渲染时的可见性，取消勾选"影响漫反射"和"影响反射"复选框，使场景中的物体不受该灯光产生的漫反射和反射光线的影响。VRay穹顶灯的参数如图5-4-4所示。

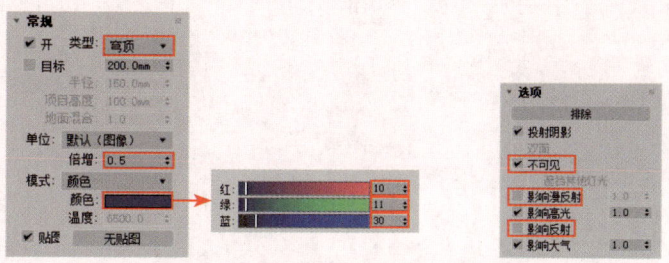

图5-4-4　VRay穹顶灯的参数

（2）创建辅助光源。在售货车上方创建一个聚光灯并设置灯光的强度、颜色、远距衰减参数、聚光区的大小和灯光衰减区的大小，如图5-4-5所示；在车棚下方创建一个VRay平面灯并设置灯光的强度、颜色（与目标聚光灯相同）、渲染时的可见性，取消勾选"影响反射"复选框，如图5-4-6所示。

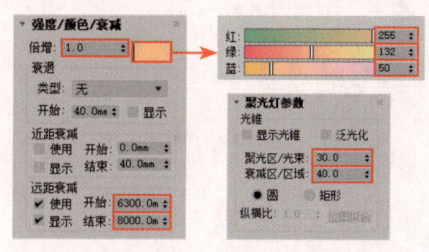 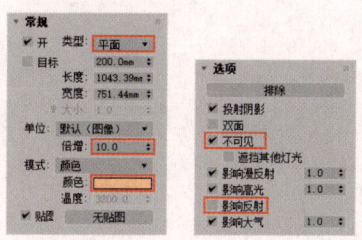

图5-4-5　目标聚光灯的参数　　　　图5-4-6　VRay平面灯的参数

（3）创建点缀光源。在售货车上的吊灯处创建一个VRay球体灯，然后设置其半径和灯光的强度、颜色（与目标聚光灯相同）、渲染时的可见性，取消勾选"影响反射"复选框，如图5-4-7所示。

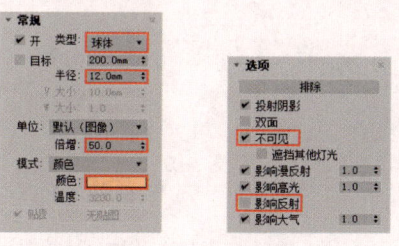

图5-4-7　VRay球体灯的参数

（4）进行渲染测试，确认灯光设置合理后渲染输出高精度图像。

项目六
领略动画制作的魅力

在 3ds Max 中制作动画时,只需要制作每个动画序列的起始画面、结束画面和其他关键画面,软件就可以自动生成中间画面,而不必像早期制作动画那样,先分段绘制对象的一系列变化,然后用摄影机依次拍摄绘制而成的诸多图像。

利用 3ds Max 可以制作基本动画、角色动画、粒子动画、动力学动画等。其中,基本动画包括属性动画、摄影机动画、灯光动画,以及利用约束和控制器制作的动画。本项目将主要介绍基本动画的制作方法。

知识目标

- 掌握制作属性动画的方法。
- 掌握制作摄影机动画和灯光动画的方法。
- 掌握利用修改器制作动画的方法。
- 掌握利用约束和控制器制作动画的方法。

素质目标

- 通过独立制作动画,培养精益求精的工匠精神和良好的职业精神。
- 通过了解国产动画电影中三维技术与传统文化的结合,增强文化自信和民族认同感。

任务一　制作属性动画

【任务描述】

动画是指利用人眼的视觉暂留特性，使连续播放的静态图像相互衔接而形成的动态效果。属性动画是通过更改对象的属性值实现动画效果的，对象的移动、旋转、大小变化等动画效果通常是利用属性动画实现的。本任务将先介绍关键帧和轨迹视图的相关知识，然后通过制作挂钟动画和蝴蝶飞舞动画，学习制作属性动画的方法。

一、关键帧与关键点

（一）什么是关键帧

动画中的每一幅静态图像就是一帧。关键帧是指在动画中起决定性作用的帧，常用于定义一组动作的起始状态和终止状态。利用 3ds Max 制作动画时，只需要制作出不同时间节点上的关键帧（关键画面），软件就会在两个相邻关键帧之间自动生成中间帧（非关键画面）。关键帧和中间帧构成了动画。在动画和时间控件中拖动时间滑块或单击"播放动画"按钮▶，即可查看动画效果。

（二）设置关键点的方法

关键帧的值称为关键点，关键点位于轨迹栏上。单击动画和时间控件中的"自动关键点"按钮或"设置关键点"按钮（见图6-1-1），可采用自动或手动方式设置关键点。

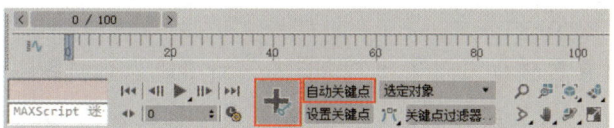

图6-1-1　"自动关键点"按钮和"设置关键点"按钮

（1）采用自动方式设置关键点。单击"自动关键点"按钮或按"N"键，开启自动设置关键点功能。此时拖动时间滑块至所需位置，然后更改对象的值（如更改对象的移动、旋转、缩放等参数），软件就会自动在时间滑块所在的位置设置一个关键点。

（2）采用手动方式设置关键点。单击"设置关键点"按钮，开启手动设置关键点功能。此时拖动时间滑块至所需位置，然后更改对象的属性值，再单击"设置关键点"按钮➕或按"K"键，即可在时间滑块所在的位置设置一个关键点。

二、轨迹视图

轨迹视图用于查看和编辑关键点，有曲线编辑器和摄影表两种模式，最常用的是曲线编辑器模式。单击主工具栏的"曲线编辑器"按钮，可打开"轨迹视图 - 曲线编辑器"（见图6-1-2），其界面由菜单栏、工具栏、控制器窗口和关键点窗口组成，各组成部分的常用功能如下：

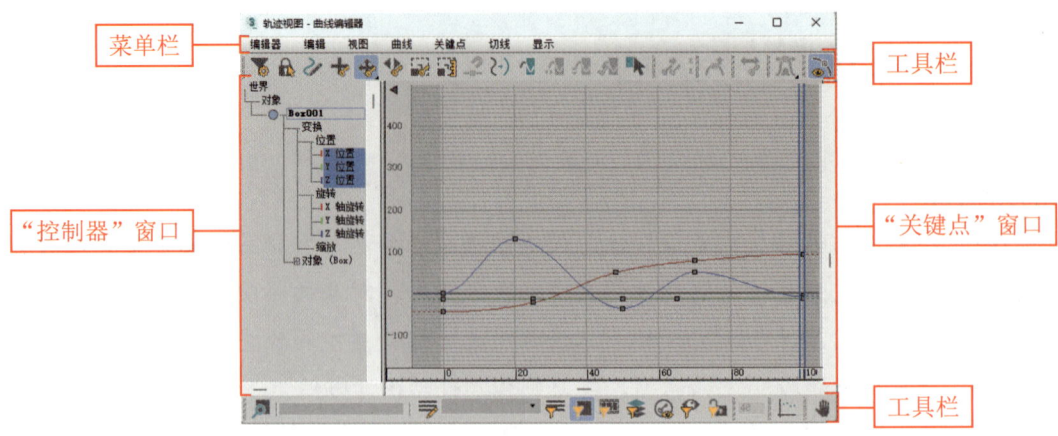

图 6-1-2　轨迹视图 - 曲线编辑器

（1）菜单栏：由"编辑器""编辑""视图""曲线""关键点"等菜单组成，每个菜单中包含多个菜单项。利用"编辑器"菜单可切换轨迹视图的模式，利用"编辑"→"控制器"菜单可添加控制器、设置对象在第一个关键点前和最后一个关键点后的运动状态等。

（2）工具栏：主要用于编辑关键点，其中常用的有"移动关键点"按钮 和"添加/移除关键点"按钮 。

- ◆ "**移动关键点**"按钮 ：单击该按钮后，可在关键点窗口中调整关键点及其切线控制柄的位置。
- ◆ "**添加/移除关键点**"按钮 ：单击该按钮后，在关键点窗口中曲线的合适位置单击，即可添加关键点；按住"Shift"键并在关键点窗口中单击曲线上的关键点，即可删除该关键点。

（3）"控制器"窗口：用于显示对象的名称、轨迹标签等。

（4）"关键点"窗口：用于显示和编辑关键点。利用工具栏中的按钮可以在该窗口中编辑关键点。

探索与分享

打开本书配套素材"素材与实例"→"项目六"→"纸飞机动画"→"纸飞机动画.max"文件。该文件中已有纸飞机飞翔的动画，请读者利用"轨迹视图 - 曲线编辑器"改变纸飞机飞翔的路径。

任务实施一　制作挂钟动画——属性动画

下面通过制作如图 6-1-3 所示的挂钟动画，学习制作属性动画的方法。

图 6-1-3　挂钟动画效果截图

制作思路

打开素材文件，设置动画的帧速率、开始时间和结束时间，然后隐藏挂钟上的玻璃罩，开启自动设置关键点功能，利用主工具栏中的"选择并旋转"按钮与动画和时间控件中的时间滑块制作秒针在第 0~1 帧的转动动画，接着利用"轨迹视图 - 曲线编辑器"制作秒针持续转动动画，最后使用同样的方法制作分针持续转动动画。

制作步骤

步骤1 打开本书配套素材"素材与实例"→"项目六"→"挂钟动画"→"挂钟素材 .max"文件。单击动画和时间控件中的"时间配置"按钮，然后参照图 6-1-4 设置动画的帧速率、开始时间和结束时间，最后单击"确定"按钮。

> **知识库**
>
> 图 6-1-4 中的"帧速率"设置区用于设置每秒播放的静态画面的数量，单位为 fps。该设置区中的"NTSC""PAL"和"电影"单选钮分别对应 3 种不同制式的视频类型，NTSC 视频的帧速率为 30 fps，PAL 视频的帧速率为 25 fps，电影视频的帧速率为 24 fps。本书案例中的视频类型均为"PAL"。

步骤2 选中挂钟上的玻璃罩并右击，在弹出的快捷菜单中选择"隐藏选定对象"菜单项，将玻璃罩隐藏，以便选择指针。

步骤3 单击"自动关键点"按钮，然后将时间滑块拖至第 1 帧，选中秒针模型，在前视图中将其按顺时针方向绕 y 轴旋转 6°，如图 6-1-5 所示。

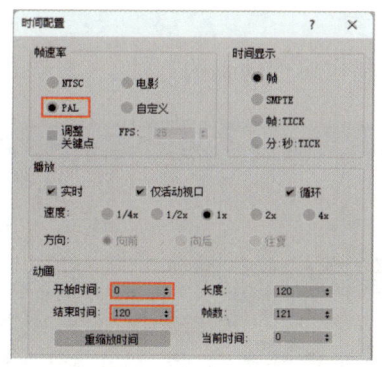
图 6-1-4 设置时间配置

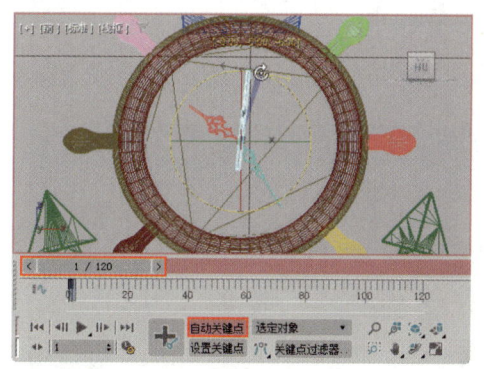
图 6-1-5 设置关键点

步骤4 单击主工具栏中的"曲线编辑器"按钮，然后选择"编辑"→"控制器"→"超出范围类型"菜单项，在弹出的"参数曲线超出范围类型"对话框中选择"相对重复"选项并单击"确定"按钮，如图 6-1-6 所示。关闭"轨迹视图 - 曲线编辑器"。

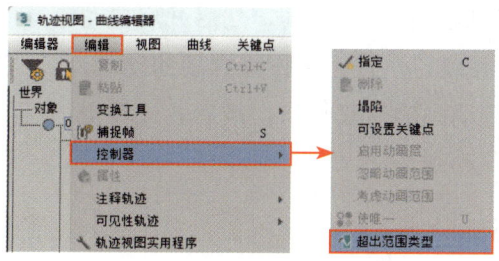 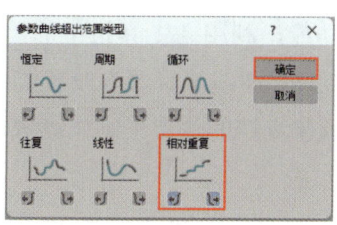
图 6-1-6 制作秒针持续转动动画

知识库

常利用"参数曲线超出范围类型"对话框制作循环动画。单击该对话框各选项下方的 和 按钮,可分别指定对象在第一个关键点前和最后一个关键点后的运动类型。

超出范围的运动类型有 6 种,其中常用的运动类型及其功能如下:

(1)恒定:默认的运动类型,选择该选项后,对象仅在第一个和最后一个关键点间应用动画效果。

(2)循环:在动画时间范围内重复应用第一个和最后一个关键点间的动画效果。

(3)往复:在动画时间范围内重复动画时在向前和向后间交替。

(4)相对重复:在动画时间范围内重复应用第一个和最后一个关键点间的动画效果,但在每次重复时会在动作的末端产生偏移,使对象继续朝某个方向移动,而不是回到原点。

步骤 5 将时间滑块拖至第 60 帧,然后选中分针,将其在前视图中按顺时针方向绕 y 轴旋转 6°,最后参照步骤 4 制作分针持续转动动画。

步骤 6 单击"自动关键点"按钮,关闭自动设置关键点功能,然后激活摄影机视图,单击"播放动画"按钮,查看挂钟动画。

探索与分享

秒针和分针的转动时间较短,使得时针的旋转角度很小,因此在本任务实施中没有制作时针的转动动画。请读者延长动画的总时长,然后制作时针的转动动画。

任务实施二 制作蝴蝶飞舞动画——属性动画

下面通过制作如图 6-1-7 所示的蝴蝶飞舞动画,学习制作属性动画的方法。

图 6-1-7 蝴蝶飞舞动画效果截图

制作思路

打开素材文件,设置动画的帧速率、开始时间和结束时间,然后开启自动设置关键点功能,利用主工具栏中的"选择并旋转"按钮制作蝴蝶扇翅动画,利用"轨迹视图 - 曲线编辑器"设置蝴蝶扇翅动画的往复动作,最后通过在摄影机视图中调整蝴蝶的位置来制作蝴蝶的位移动画。

扫一扫

制作蝴蝶飞舞动画

制作步骤

步骤1 打开本书配套素材"素材与实例"→"项目六"→"蝴蝶飞舞动画"→"蝴蝶素材.max"文件。单击动画和时间控件中的"时间配置"按钮,然后在弹出的"时间配置"对话框中单击"PAL"单选钮,将动画的开始时间和结束时间分别设为第0帧和第60帧,最后单击"确定"按钮。

步骤2 单击"自动关键点"按钮,然后将时间滑块拖至第3帧,接着选中蝴蝶的左侧翅膀,在前视图中将其按逆时针方向绕 y 轴旋转70°,如图6-1-8所示。

步骤3 单击主工具栏中的"曲线编辑器"按钮,然后选择"编辑"→"控制器"→"超出范围类型"菜单项,在弹出的"参数曲线超出范围类型"对话框中选择"往复"选项并单击"确定"按钮。

步骤4 参照步骤2和步骤3的操作,为蝴蝶的右侧翅膀制作扇翅动画(顺时针旋转70°)。激活摄影机视图,然后单击"播放动画"按钮,查看蝴蝶扇翅动画。

步骤5 将时间滑块拖至第0帧,然后采用框选方式选中蝴蝶,在摄影机视图中将其移至画面的右上角,如图6-1-9所示。

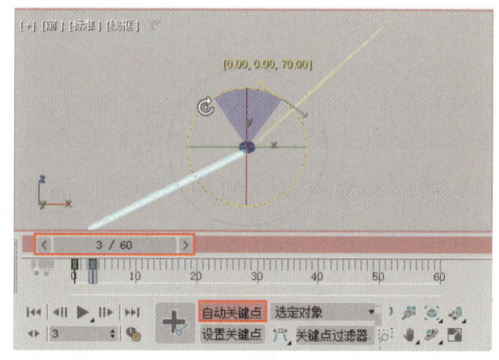

图6-1-8 设置关键点

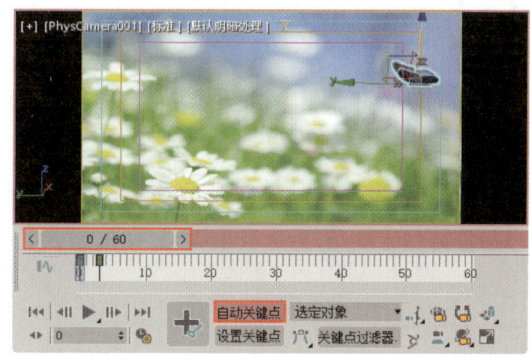

图6-1-9 蝴蝶的位置(第0帧)

步骤6 将时间滑块拖至第60帧,然后在摄影机视图中将蝴蝶模型移至画面中最大的花朵的上方,如图6-1-10所示。

步骤7 单击"播放动画"按钮,可以看到蝴蝶的运动轨迹是一条直线,不符合实际,因此需要调整蝴蝶的运动轨迹。

步骤8 将时间滑块拖至第20帧,然后在摄影机视图中将蝴蝶模型移至如图6-1-11所示的位置。

图6-1-10 蝴蝶的位置(第60帧)

图6-1-11 蝴蝶的位置(第20帧)

步骤9 将时间滑块拖至第45帧,然后在摄影机视图中将蝴蝶移至如图6-1-12所示的位置。

图 6-1-12　蝴蝶模型的位置（第 45 帧）

步骤 10　单击"自动关键点"按钮，关闭自动设置关键点功能，然后单击"播放动画"按钮，查看蝴蝶飞舞动画。

任务二　制作摄影机动画和灯光动画

【任务描述】

在场景中创建摄影机和灯光后，可以通过改变摄影机和灯光的位置、调整它们的参数来制作摄影机动画和灯光动画。本任务将先介绍摄影机动画和灯光动画的相关知识，然后通过制作古街漫游动画和海上日落动画，学习制作摄影机动画和灯光动画的方法。

一、摄影机动画

摄影机动画是指通过模拟摄影机的推拉、平移、旋转等运动，调整光圈的大小和快门的速度等参数，对同一场景进行拍摄，从而得到的动态画面。漫游动画是最常见的一种摄影机动画，常用于从不同角度展示建筑物的内外部空间和环境氛围。

通过在不同的时间节点将摄影机移动、旋转至所需位置，根据需要对摄影机进行路径约束，然后调整光圈的大小和快门的速度等参数，可以制作摄影机动画。例如，通过在不同的时间节点移动和旋转摄影机，可制作长城漫游动画（见图 6-2-1）。

图 6-2-1　长城漫游动画效果截图

二、灯光动画

灯光动画是模拟灯光的运动和变化的动画。常见的灯光动画有开关灯动画、灯光闪烁动画、探照灯动画、舞台灯光动画、日出日落动画等。

灯光动画主要是通过调整灯光的位置、颜色、强度、照射范围等参数制作的。例如，通过旋转灯光可制作探照灯动画（见图 6-2-2），通过移动 VRay 太阳光可制作日出或日落动画（见图 6-2-3）。

图 6-2-2　探照灯动画效果截图

图 6-2-3　日落动画效果截图

任务实施一　制作古街漫游动画——摄影机动画

古街漫游动画常常出现在古风动画中，用来展示古街的建筑和人文风貌。下面通过制作如图 6-2-4 所示的古街漫游动画，学习制作摄影机动画的方法。

图 6-2-4　古街漫游动画

制作思路

打开素材文件,设置动画的帧速率、开始时间和结束时间,然后调整透视图的视角,接着创建一个物理摄影机并调整其参数,最后开启自动设置关键点功能,通过调整物理摄影机的图标和目标点的位置来制作摄影机动画。

制作古街漫游动画

制作步骤

步骤1 打开本书配套素材"素材与实例"→"项目六"→"古街漫游动画"→"古街素材.max"文件。单击动画和时间控件中的"时间配置"按钮,然后在弹出的"时间配置"对话框中单击"PAL"单选钮,将动画的开始时间和结束时间分别设为第0帧和第500帧,最后单击"确定"按钮。

步骤2 在透视图中调整视角,当透视图中的画面接近如图6-2-5所示的画面时,按"Ctrl+C"组合键创建物理摄影机。此时,透视图将自动切换为摄影机视图。参照图6-2-6,在顶视图中调整物理摄影机的图标和目标点的位置。

 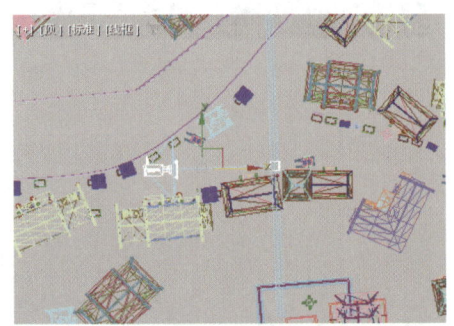

图6-2-5 摄影机视图中的画面 　　图6-2-6 物理摄影机的图标和目标点的位置

步骤3 利用操作界面右下角视口导航控件中的"推拉摄影机"按钮和"平移摄影机"按钮对摄影机视图进行微调。

步骤4 选中物理摄影机的图标,在"修改"面板的"物理摄影机"卷展栏中参照图6-2-7调整光圈的大小并勾选"启用景深"复选框。

步骤5 单击"自动关键点"按钮,然后将时间滑块拖至第500帧,在顶视图中选中物理摄影机的图标和目标点,将它们移至如图6-2-8所示的位置,使摄影机视图的画面接近如图6-2-9所示的画面。

图6-2-7 设置物理摄影机的参数

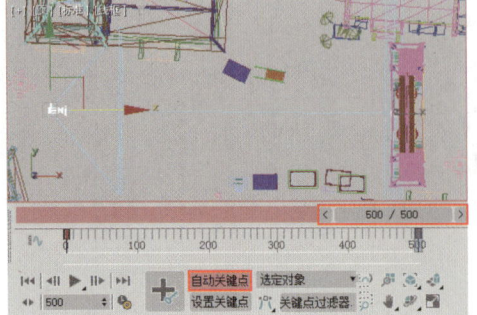 

图6-2-8 物理摄影机的图标和目标点的位置(第500帧)　　图6-2-9 摄影机视图中的画面

步骤6 激活摄影机视图，然后单击"播放动画"按钮，可以看到摄影机在运动过程中会被建筑物遮挡，因此需要调整物理摄影机的运动路径。

步骤7 将时间滑块拖至第140帧，然后在顶视图中调整物理摄影机的图标和目标点的位置，如图6-2-10所示。

步骤8 选中物理摄影机的图标和目标点，然后在轨迹栏中选中第140帧处的关键点，按住"Shift"键将其复制克隆至第200帧处，接着将时间滑块拖至第200帧，在顶视图中调整物理摄影机的图标和目标点的位置，如图6-2-11所示。

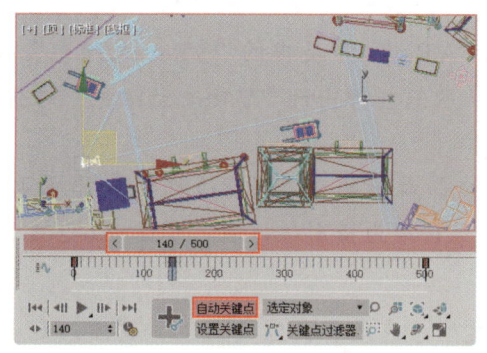

图6-2-10 物理摄影机的图标和目标点的位置（第140帧）

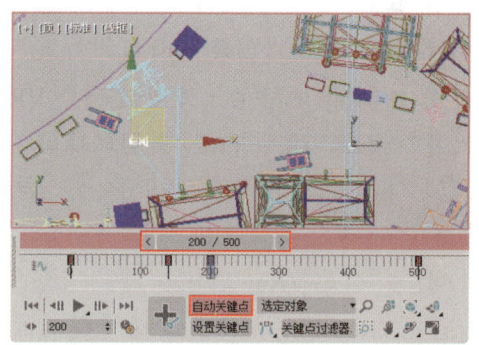

图6-2-11 物理摄影机的图标和目标点的位置（第200帧）

步骤9 单击"自动关键点"按钮，关闭自动设置关键点功能，然后激活摄影机视图，单击"播放动画"按钮，查看古街漫游动画。

探索与分享

2人一组，讨论在步骤8中复制克隆关键点的用意。除复制克隆关键点外，还可以怎样制作第140帧~200帧间的动画？

任务实施二 制作海上日落动画——灯光动画

下面通过制作如图6-2-12所示的海上日落动画，学习制作灯光动画的方法。

图6-2-12 海上日落动画效果截图

制作思路

打开素材文件，设置动画的帧速率、开始时间和结束时间，然后创建一个VRay太阳光并调整其参数，最后开启自动设置关键点功能，通过在前视图中调整VRay太阳光的位置来制作日落效果。

制作步骤

步骤1 打开本书配套素材"素材与实例"→"项目六"→"海上日落动画"→"海上日落素材.max"文件。素材文件中已有摄影机，且已制作好了小船航行动画，读者只需创建灯光并制作灯光动画。

步骤2 单击动画和时间控件中的"时间配置"按钮，然后在弹出的"时间配置"对话框中单击"PAL"单选钮，将动画的开始时间和结束时间分别设为第0帧和第300帧，最后单击"确定"按钮。

步骤3 单击"创建"面板"灯光"对象类别"VRay"分类中的"VRay太阳光"按钮，在顶视图中VRay地坪的上方创建一个VRay太阳光，然后在弹出的"V-Ray太阳光"对话框中单击"是"按钮，添加VRay天空环境贴图。

答疑解惑

问：什么是VRay地坪？

答：VRay地坪是V-Ray插件提供的一种对象类型，它没有具体的长度和宽度，是一个无限大的平面，常用于制作地面、水面等。本任务实施中的海面就是利用"VRay地坪"命令制作的，只有在渲染时才能看到海面效果。

步骤4 参照图6-2-13，在顶、前视图中调整VRay太阳光的图标和目标点的位置。

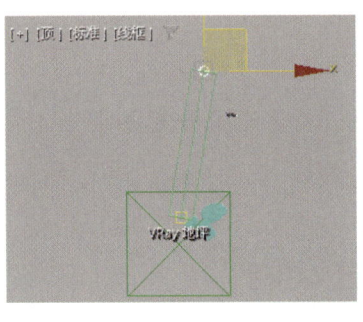
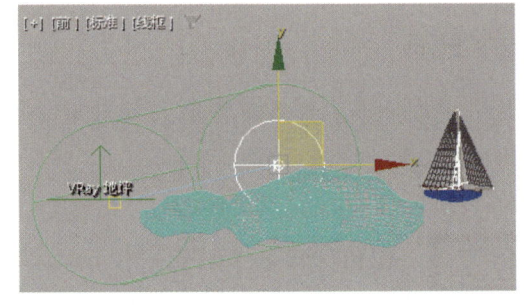

图6-2-13　VRay太阳光的图标和目标点的位置

步骤5 选中VRay太阳光的图标，在"修改"面板的"太阳参数"卷展栏中设置灯光的强度、颜色和灯的大小，在"天空参数"卷展栏中设置天空环境贴图的类型和地平线的偏移程度，在"云"卷展栏中勾选"打开云层"复选框并设置云层的密度，结果如图6-2-14所示。

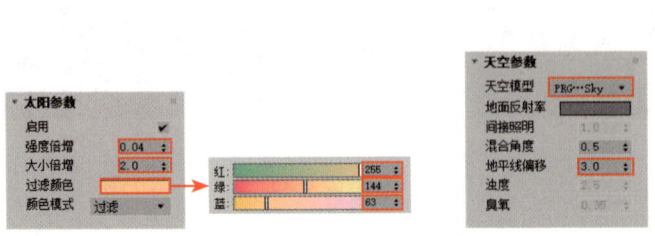

图6-2-14　设置VRay太阳光的参数

知识库

如图 6-2-14 所示的"天空参数"卷展栏和"云"卷展栏中的列表框、复选框和常用文本框的功能如下：

（1）"天空模型"列表框：用于设置天空环境贴图的类型。VRay 太阳光提供了 5 种天空环境贴图，分别用于模拟阴天、晴天等不同的天气。

（2）"地平线偏移"文本框：用于设置地平线的偏移程度。默认的地平线位于绝对水平线处，在渲染得到的画面中比较突兀。在制作案例时，常利用该文本框调整地平线的偏移程度，以弱化地平线在视觉上的突兀感。

（3）"浊度"文本框：用于设置 VRay 太阳光的浊度。该文本框中的数值会影响 VRay 太阳光的颜色，数值越大，灯光的颜色就越接近暖色调。除此之外，VRay 太阳光的颜色还与其所处的位置有关，VRay 太阳光与地平线的夹角越小，光的颜色就越接近暖光。

（4）"臭氧"文本框：用于控制天空环境贴图中臭氧层的厚度，数值越大，天空的颜色就越浅。

（5）"打开云层"复选框：用于设置是否开启云层效果。

（6）"密度"文本框：用于设置云层的密度。

（7）"多样化"文本框：用于设置云层中云的形状变化，数值越大，云的形状越丰富。

步骤 6 单击"自动关键点"按钮，然后将时间滑块拖至第 300 帧，接着在前视图中选中 VRay 太阳光的图标，将其沿 y 轴向下移至如图 6-2-15 所示的位置。

步骤 7 按"F10"键，在弹出的"渲染设置"对话框中单击"公用"选项卡"公用参数"卷展栏中的"活动时间段"单选钮，然后根据需要设置视频的分辨率，接着单击"渲染输出"设置区中的"文件…"按钮，在弹出的"渲染输出文件"对话框中设置渲染输出文件的储存位置、格式和名称，最后单击"渲染"按钮，等待一段时间后，即可在设置的文件储存位置查看制作的海上日落动画效果。

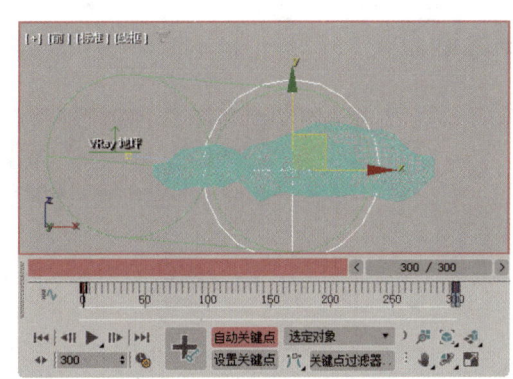

图 6-2-15　第 300 帧处 VRay 太阳光图标的位置

任务三　利用修改器制作动画

【任务描述】

修改器可以附加到二维图形、三维模型或其他对象上，使它们产生变化。除了用于建模，修改器还可以用于制作动画。本任务将先介绍制作动画时的常用修改器和利用修改器制作动画的步骤，然后通过制作海面动画、网球弹跳动画和人物表情动画，学习利用修改器制作动画的方法。

一、制作动画时的常用修改器

比起通过手动编辑对象的点、边、面来制作动画，合理地利用修改器不仅可以更方便地控制对象产生的形变，还可以使动画更加流畅、自然。制作动画时的常用修改器有"噪波""拉伸""弯曲""变形器"和FFD等。

（1）"噪波"修改器。"噪波"修改器常用于制作湖面、海面动画，如图6-3-1所示。在利用"噪波"修改器制作动画时，应先在"修改"面板的"参数"卷展栏中设置噪波的随机起始点、平滑程度和强度等并勾选"动画噪波"复选框，然后根据需要，将不同时间节点上噪波的平滑程度、强度、相位等设为不同的数值。

图 6-3-1　海面动画效果截图

（2）"拉伸"修改器。利用"拉伸"修改器可使对象沿着指定的轴（主轴）进行拉伸，并在其他两个轴（副轴）上应用相应的缩放效果。"拉伸"修改器常用于制作对象的弹性形变和塑性形变动画。利用"拉伸"修改器制作的篮球弹跳动画如图6-3-2所示。在利用"拉伸"修改器制作动画时，通常需要在"修改"面板的"参数"卷展栏中设置对象的拉伸程度并指定拉伸时所依据的轴。

图 6-3-2　篮球弹跳动画效果截图

（3）"弯曲"修改器。利用"弯曲"修改器可以制作对象弯曲动画，利用该修改器制作的翻页动画如图6-3-3所示。利用"弯曲"修改器制作动画时，通常需要在"修改"面板的"参数"卷展栏中调整对象弯曲的角度和方向。

图 6-3-3　翻页动画效果截图

（4）"变形器"修改器。"变形器"修改器可在对象和其副本间建立联系，并且根据对象和其副本间的差异生成动画，常用于制作角色的表情动画。图 6-3-4 中的人物眨眼动画就是利用"变形器"修改器制作的。利用"变形器"修改器制作动画时，需要将对象的副本加载在"通道列表"卷展栏的通道中并编辑该对象的形状。

图 6-3-4　人物眨眼动画效果截图

（5）FFD 修改器。利用 FFD 修改器可以非常方便地调整对象的形状，常用于制作对象的变形动画，如鱼在水中游动动画（见图 6-3-5）。利用 FFD 修改器制作动画时，可在不同的时间节点上调整晶格上的控制点，使对象的形状随时间变化而变化。

图 6-3-5　鱼在水中游动动画效果截图

二、利用修改器制作动画的步骤

利用修改器制作动画的步骤大致如下：

（1）选择场景中需要产生动态效果的对象，为其添加相应的修改器。

（2）调整修改器的参数，使对象产生相应的变化，然后在合适的时间节点上设置关键点，以制作关键帧。若想采用自动方式设置关键点，则需要在调整修改器的参数前，先单击"自动关键点"按钮，将其激活。

（3）制作好关键帧后单击"播放动画"按钮，查看动画效果，并根据需要进行调整。

需要注意的是，若采用手动方式设置关键点，则在制作修改器动画前，需要先单击动画和时间控件中的"关键点过滤器"按钮，在弹出的"设置关键点过滤器"对话框（见图 6-3-6）中勾选"修改器"复选框，否则该修改器的参数变化将不被记录。

图 6-3-6　"设置关键点过滤器"对话框

任务实施一　制作海面动画——"噪波"修改器

下面通过制作如图6-3-7所示的海面动画,学习利用"噪波"修改器制作动画的方法。

图6-3-7　海面动画效果截图

制作思路

打开素材文件,设置动画的帧速率、开始时间和结束时间,然后为海面模型添加"噪波"修改器,接着开启自动设置关键点功能,通过设置"噪波"修改器的参数来制作海面动画。

制作步骤

步骤1　打开本书配套素材"素材与实例"→"项目六"→"海面动画"→"海面素材.max"文件。素材文件中已制作好了岸边浪花的动画,读者只需要制作远处的海面动画。

步骤2　单击动画和时间控件中的"时间配置"按钮,在弹出的"时间配置"对话框中单击"PAL"单选钮,然后将动画的开始时间和结束时间分别设为第0帧和第200帧,最后单击"确定"按钮。

步骤3　选中海面模型,为其添加"噪波"修改器。确认时间滑块位于第0帧,然后单击"自动关键点"按钮,在"修改"面板的"参数"卷展栏中设置噪波的随机起始点、平滑程度、强度和振动的频率,如图6-3-8所示。

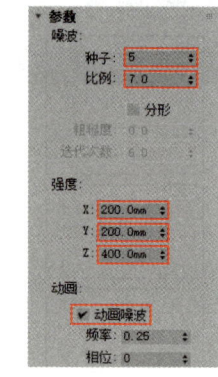

图6-3-8　"噪波"修改器的参数（第0帧）

知识库

如图6-3-8所示的"参数"卷展栏中各设置区及其中常用的文本框和复选框的功能如下:

(1)"噪波"设置区:其中的"种子"文本框用于设置噪波的随机起始点,该数值会影响噪波的分布;"比例"文本框用于设置噪波的平滑程度,数值越大,噪波越平滑,在制作动画时,需要根据对象的尺寸和动画效果进行调整。

(2)"强度"设置区:用于设置噪波的强度。在该设置区的"x""y""z"文本框中可分别设置噪波在3个坐标轴方向上的强度。

（3）"动画"设置区：用于设置噪波动画。勾选"动画噪波"复选框，可使用噪波动画功能。"频率"文本框用于设置噪波在单位时间内振动的次数，数值越大，噪波振动越快，默认数值为 0.25。"相位"文本框用于设置噪波波形的起始点和结束点，默认情况下，噪波波形的关键点分别位于第 0 帧和动画的最后一帧，数值分别为 0 和 100。

步骤 4 将时间滑块拖至第 200 帧，然后在"修改"面板"参数"卷展栏的"相位"文本框中输入"90"，以设置噪波波形的起始点和结束点。

步骤 5 单击"自动关键点"按钮，关闭自动设置关键点功能，然后激活摄影机视图，单击"播放动画"按钮查看海面动画。

任务实施二　制作网球弹跳动画——"拉伸"修改器

网球在与地面接触后弹起的过程中，不仅运动轨迹、运动速度会发生变化，而且在与球拍和地面接触后，还会产生形变。下面通过制作如图 6-3-9 所示的网球弹跳动画，学习利用"拉伸"修改器制作动画的方法。

图 6-3-9　网球弹跳动画效果截图

制作思路

打开素材文件，设置动画的帧速率、开始时间和结束时间，然后开启自动设置关键点功能，依次制作网球的位移动画、弹跳动画、旋转动画、落地后的滚动动画，最后为网球添加"拉伸"修改器，通过调整该修改器的参数来制作网球与地面接触后产生的形变。

制作步骤

1. 制作网球的位移与弹跳动画

步骤 1 打开本书配套素材"素材与实例"→"项目六"→"网球弹跳动画"→"网球场素材 .max"文件。单击动画和时间控件中的"时间配置"按钮，然后在弹出的"时间配置"对话框中单击"PAL"单选钮，将动画的开始时间和结束时间分别设为第 0 帧和第 120 帧，最后单击"确定"按钮。

步骤 2 选中场景中的任一网球，确认时间滑块位于第 0 帧，然后单击"自动关键点"按钮，参照图 6-3-10，在顶、左视图中调整网球的位置，使其位于球网左侧的半空中，且在摄影机视图中不显示。

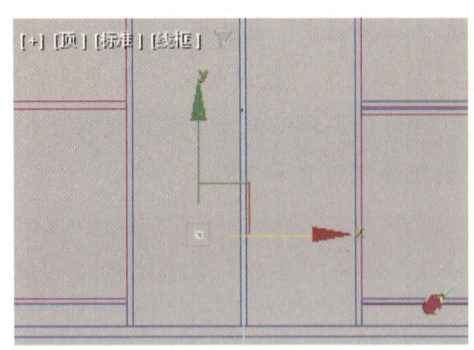

图 6-3-10 网球的位置（第 0 帧）

步骤3 将时间滑块拖至第 76 帧，然后参照图 6-3-11，在顶、前视图中调整网球的位置，使其位于球拍附近的地面上。

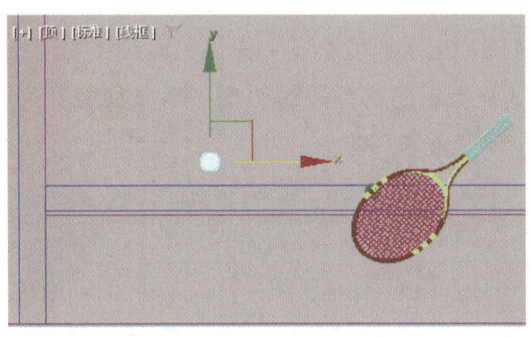
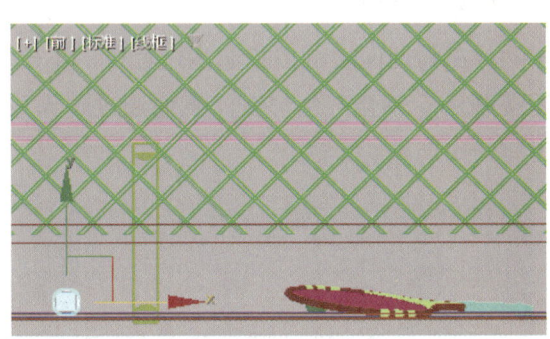

图 6-3-11 网球的位置（第 76 帧）

步骤4 将时间滑块拖至第 0 帧，单击"播放动画"按钮，可以看到网球从球网里穿过，不符合常理，因此需要调整网球的运动轨迹。将时间滑块拖至第 20 帧，然后在前视图中将网球沿 y 轴向上移至合适的位置，结果如图 6-3-12 所示。

步骤5 将时间滑块拖至第 55 帧，然后在前视图中将网球沿 y 轴向下移动，使其落在地面上，结果如图 6-3-13 所示。

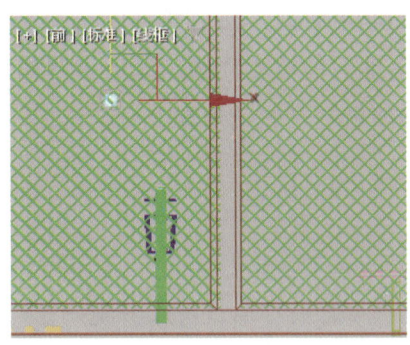
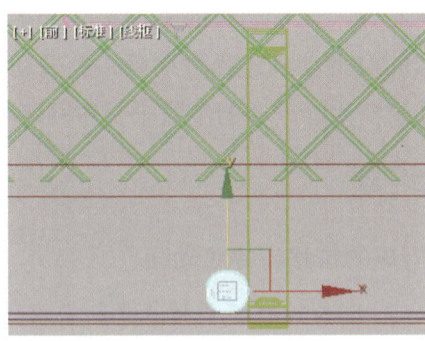

图 6-3-12 网球的位置（第 20 帧）　　图 6-3-13 网球的位置（第 55 帧）

步骤6 将时间滑块拖至第 60 帧，参照图 6-3-14，将网球沿 y 轴向上移动，然后将时间滑块拖至第 67 帧，在前视图中将网球沿 y 轴向下移动，使其落在地面上。

步骤7 将时间滑块拖至第 70 帧，参照图 6-3-15，将网球沿 y 轴向上移动，然后将时间滑块拖至第 72 帧，在前视图中将网球沿 y 轴向下移动，使其落在地面上。

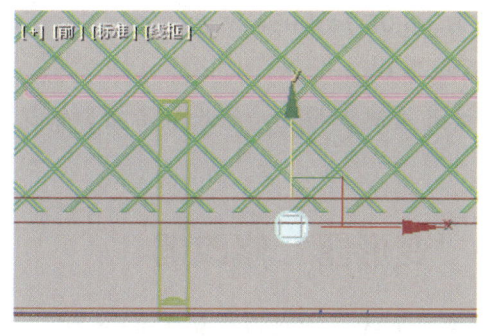
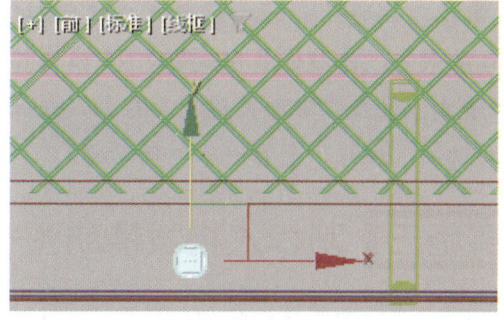

图 6-3-14　网球的位置（第 60 帧）　　　图 6-3-15　网球的位置（第 70 帧）

步骤 8　将时间滑块拖至第 74 帧，参照图 6-3-16 调整网球的位置，使其位于半空中。这是网球最后一次弹起，弹起高度较小。

2. 制作网球的旋转动画

步骤 1　将时间滑块拖至第 20 帧，然后在前视图中将网球按顺时针方向绕 y 轴旋转 360°。

步骤 2　将时间滑块拖至网球落地的关键帧处，然后在前视图中将网球依次按顺时针方向绕 y 轴旋转合

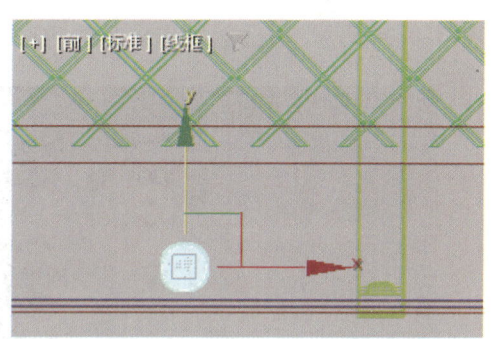

图 6-3-16　网球的位置（第 74 帧）

适的角度。例如，在第 55，67，72，76 帧处，分别将网球旋转 720°，420°，50° 和 50°。网球旋转的角度应根据相邻关键点间时间间隔的长短来判断，时间越长，旋转角度越大。

步骤 3　将时间滑块拖至第 120 帧，然后在顶视图中将网球移至如图 6-3-17 所示的位置，最后在前视图中将网球按顺时针方向绕 y 轴旋转 1 080°。

3. 制作网球与地面接触时的变形动画

步骤 1　选中网球，将时间滑块拖至第 0 帧，为其添加"拉伸"修改器，然后将时间滑块拖至第 55 帧，在"修改"面板的"参数"卷展栏中设置网球拉伸的程度和产生拉伸效果的轴，如图 6-3-18 所示。

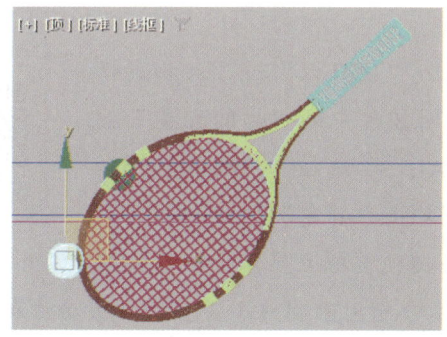
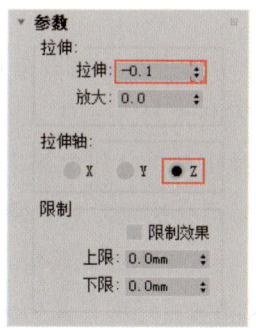

图 6-3-17　网球的位置（第 120 帧）　　图 6-3-18　设置"拉伸"修改器的参数

知识库

图 6-3-18 中的"拉伸"设置区用于设置对象拉伸的程度。其中的"拉伸"文本框用于设置应用到拉伸轴上的拉伸量，"放大"文本框用于设置应用到除拉伸轴外的其他两个坐标轴上的拉伸量，这两个文本框中的数值共同影响着对象拉伸的程度。"拉伸轴"设置区用于设置沿哪个轴拉伸对象。

步骤2 分别将第67,72帧处网球的拉伸量设为 –0.05 和 0.03,然后调整网球的位置,使网球落在地面上,最后将第60,70,74帧处的拉伸量设为0。

步骤3 单击"自动关键点"按钮,关闭自动设置关键点功能,然后激活摄影机视图,单击"播放动画"按钮,查看网球弹跳动画。

任务实施三　制作人物表情动画——"变形器"修改器

角色的表情动画是塑造角色的形象和传达情感的重要方式。精心设计角色的动作和表情,有利于突出角色的个性,增强情节的张力。下面通过制作如图6-3-19所示的人物表情动画,学习利用"变形器"修改器制作动画的方法。

图 6-3-19　人物表情动画效果截图

制作思路

打开素材文件,设置动画的帧速率、开始时间和结束时间,然后将小男孩模型复制克隆两份,分别对小男孩模型的副本进行编辑,以制作扭头和生气时的关键帧,接着为小男孩模型(原始模型)添加"变形器"修改器,并将小男孩模型的副本分别加载到"变形器"修改器的两个通道中,最后开启手动设置关键点功能,在不同时间节点上调整通道中的小男孩模型的副本对原始模型的影响程度。

制作步骤

步骤1 打开本书配套素材"素材与实例"→"项目六"→"人物表情动画"→"人物素材 .max"文件。单击动画和时间控件中的"时间配置"按钮,然后在弹出的"时间配置"对话框中单击"PAL"单选钮,将动画的开始时间和结束时间分别设为第0帧和第100帧,最后单击"确定"按钮。

扫一扫

制作人物表情动画

步骤2 选中小男孩模型,按"Alt+Q"组合键使其孤立显示,然后按住"Shift"键将其向右移动并复制克隆两份,两个副本分别用于制作小男孩的扭头动作和表情变化。

步骤3 选中位于画面中间的小男孩模型,按"1"键选择编辑顶点模式,然后在"修改"面板的"软选择"卷展栏中勾选"使用软选择"复选框,在左视图中框选小男孩头部和颈部的顶点,并将所选顶点按顺时针方向绕z轴旋转一定角度,如图6-3-20所示。按"1"键退出编辑顶点模式。

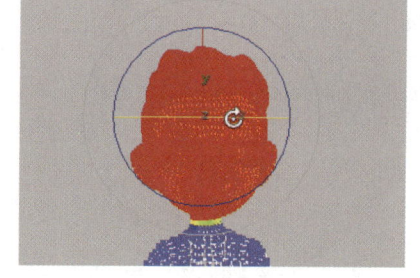

图 6-3-20　选择并旋转小男孩模型头部的顶点

知识库

图 6-3-20 中的"使用软选择"复选框和"衰减"文本框的功能如下：

（1）"使用软选择"复选框：若在勾选该复选框后选择子对象，则在选中所选子对象的同时，也会选中该对象周围的其他子对象。

（2）"衰减"文本框：用于设置软选择影响区域的范围，默认为 20 mm。

步骤 4　选中最右侧的小男孩模型，按"1"键选择编辑顶点模式，然后单击"修改"面板"选择"卷展栏中的"阻挡"按钮，避免选中小男孩模型背部的顶点，最后在透视图中选中嘴部的顶点并对其进行调整（见图 6-3-21），使小男孩的嘴角向下，结果如图 6-3-22 所示。

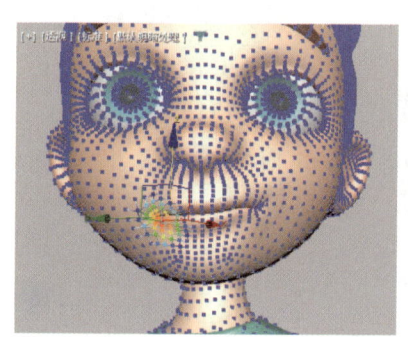
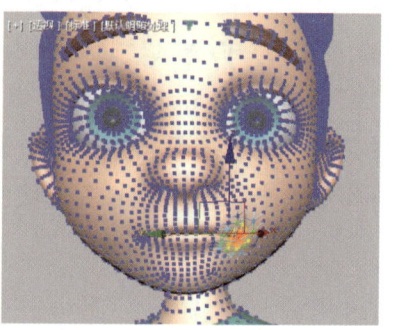
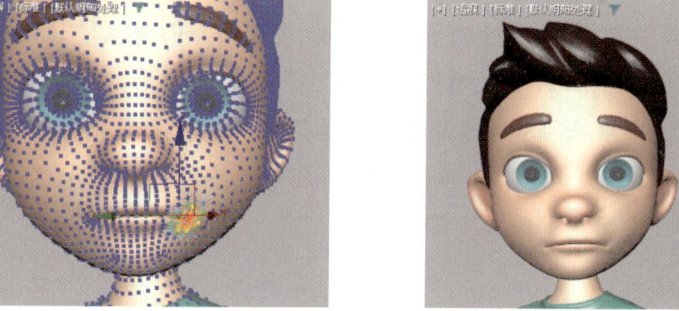

图 6-3-21　调整嘴部的顶点　　　　　　　　　　　图 6-3-22　调整后的效果

提示

图 6-3-21 可作为读者在调整嘴部顶点时的参照，但该图并非调整嘴部顶点的完整步骤图。读者在制作时需要反复对嘴角及其周边的顶点进行调整，同时避免使模型产生较大的变形。

步骤 5　在透视图中选中上眼皮处的顶点并对其进行调整（见图 6-3-23），使双眼的上眼皮略微向下压，结果如图 6-3-24 所示。

步骤 6　取消勾选"使用软选择"复选框，然后按"5"键选择编辑元素模式。在透视图中选中眉毛并对其进行调整（见图 6-3-25），使眉头低于眉尾，结果如图 6-3-26 所示。按"5"键退出编辑元素模式。

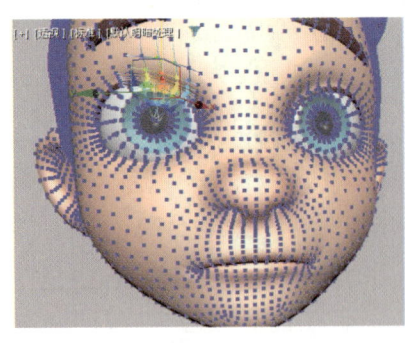
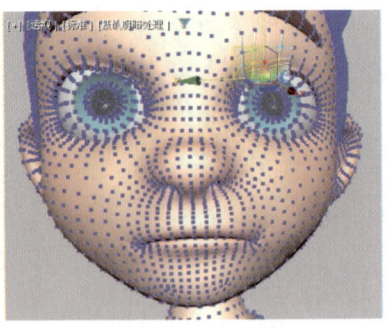

图 6-3-23　调整上眼皮处的顶点　　　　　　　图 6-3-24　调整后的效果

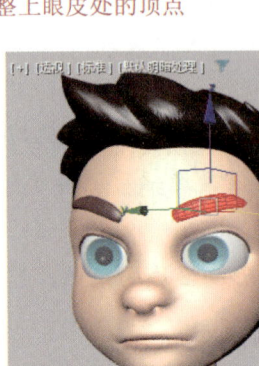

　　图 6-3-25　调整眉毛　　　　　　　　　　　图 6-3-26　调整后的效果

步骤 7　选中画面最左侧的小男孩模型（原始模型）并为其添加"变形器"修改器，然后在"修改"面板的"通道列表"卷展栏中单击第 1 个通道中的"空"按钮，接着在"通道参数"卷展栏中单击"从场景中拾取对象"按钮，选中画面中间的小男孩模型，最后在"1"按钮右侧的文本框中将该通道的名称设为"扭头"，结果如图 6-3-27 所示。

图 6-3-27　第 1 个通道中的对象

知识库

　　除了利用"通道参数"卷展栏中的"从场景中拾取对象"按钮加载对象外，在已加载对象的通道按钮上右击，利用弹出的快捷菜单（见图 6-3-28）中的菜单项也可以加载对象、删除已加载的对象或重新加载对象。

　　"通道列表"卷展栏中各通道按钮右侧的文本框用于设置原始模型受该通道中的对象影响的程度，数值越大，原始模型受到的影响越大。

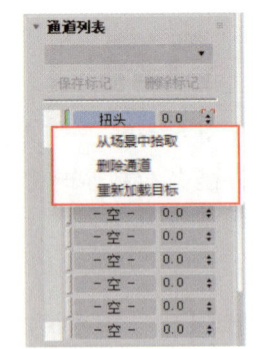

图 6-3-28　弹出的快捷菜单

步骤 8　将画面最右侧的小男孩模型加载到"通道列表"卷展栏中的第 2 个通道中，然后将该通道的名称设为"生气"。

步骤 9　单击"自动关键点"按钮，将时间滑块拖至第 15 帧，在"通道列表"卷展栏"扭头"通道右侧的文本框中输入"100"并按回车键；将时间滑块拖至第 30 帧，在"生气"通道右侧的文本框中输入"100"并按回车键；将时间滑块拖至第 45 帧，在"扭头"通道右侧的文本框中输入"0"并按回车键；将时间滑块拖至第 60 帧，在"生气"通道右侧的文本框中输入"30"并按回车键。

步骤 10 人物扭头和变换表情的动作间有停顿，因此需要在这两个动作间添加关键点。将时间滑块拖至第 18 帧，在"生气"通道右侧的文本框中输入"0"并按回车键；将时间滑块拖至第 35 帧，在"扭头"通道右侧的文本框中输入"100"并按回车键；将时间滑块拖至第 47 帧，在"生气"通道右侧的文本框中输入"80"并按回车键。

> **提 示**
>
> 若两个关键点所对应的画面完全相同，则可使用克隆关键点的方法来制作动画。例如，第 18 帧与第 15 帧的动画效果相同，选中第 15 帧处的关键点，按住"Shift"键和左键并拖动鼠标将该关键点移至第 18 帧处后释放左键，即可将第 15 帧处的关键点克隆到第 18 帧处。

步骤 11 隐藏小男孩模型的副本，单击"自动关键点"按钮，关闭自动设置关键点功能。单击 3ds Max 操作界面下方的"孤立当前选择"按钮，退出模型孤立显示模式。按"C"键，将透视图切换为摄影机视图，然后按"Shift+F"键显示安全框，最后单击"播放动画"按钮，查看人物表情动画。

★ 经验之谈——实际应用中角色面部表情的操控方法

利用"变形器"修改器制作角色的面部表情动画时，首先需要手动编辑角色模型副本的点、边、面等，以制作角色的表情，然后将角色模型的副本加载至"变形器"修改器的通道中，利用通道右侧的文本框控制角色模型的副本影响角色模型的程度。这种方法适用于制作面部表情变化次数少且变化幅度较小的动画。当角色的面部表情变化频繁或者变化幅度较大时，使用这种方法制作表情动画既不方便，制作的表情也不自然。

要想快速制作角色的面部表情，并且使所制作的表情自然，就需要先为角色的面部绑定骨骼并进行蒙皮，然后利用控制线圈操控角色的面部表情。可以利用 3ds Max 提供的骨骼按照这种方法制作角色的面部表情动画，但是需要动画制作者对角色头部的结构有所了解。在实际操作中，常利用 BonyFace 插件制作角色的面部表情。BonyFace 插件可以在角色的五官和面部肌肉处自动生成骨骼和控制线圈，动画制作者利用控制线圈可以方便地调整角色的面部表情，如图 6-3-29 所示。

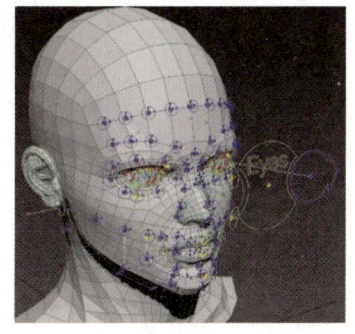
自动生成的骨骼和控制器

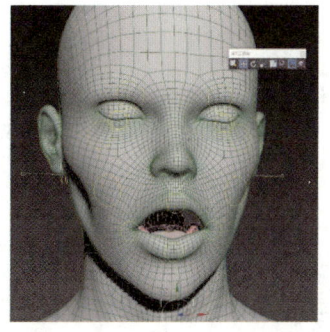
隐藏骨骼并利用控制器调整面部表情

图 6-3-29　利用 BonyFace 插件制作角色的面部表情

利用 BonyFace 插件制作角色面部表情的步骤如下：

（1）拆分模型。将角色的头部模型拆分为头、左眼、右眼、上牙、下牙、舌头 6 个部分，并为它们分别设置名称。

（2）利用 BonyFace 插件拾取角色的头部模型，该插件即可自动识别角色的五官。

（3）利用 BonyFace 插件生成辅助线条并对其进行调整，使辅助线条与模型面部完全匹配。

（4）调整完成后，利用 BonyFace 插件为角色的面部创建骨骼并自动蒙皮。

（5）通过调整角色的面部表情检查蒙皮效果，然后调整蒙皮效果不理想部位的骨骼的权重。

（6）利用控制线圈调整角色的面部表情并在不同时间节点上设置关键点，以制作表情动画。

提 示

骨骼、蒙皮和调整权重的相关内容将在项目八中详细介绍。

任务四　利用约束和控制器制作动画

【任务描述】

利用约束和控制器可以非常方便地控制对象的运动轨迹和运动状态，常用于实现一个对象随着另一个对象的变化而变化的动画效果和对象沿着指定的路径运动的动画效果。本任务将先介绍常用的约束和控制器的相关知识，然后通过制作眼神动画和山路行车动画，学习利用约束和控制器制作动画的方法。

一、常用的约束

利用"动画"→"约束"下的菜单（见图 6-4-1）可以将对象 A 约束到对象 B 上，使对象 A 的运动受到对象 B 的限制。其中，对象 A 称为被约束对象，对象 B 称为约束对象或目标对象。利用"约束"下的菜单制作动画时，需要一个被约束对象和至少一个目标对象。

利用"约束"下的菜单制作动画时，应先选择被约束对象，然后根据需要选择"动画"→"约束"菜单下的子菜单，最后选择目标对象。常用的约束类型有附着约束、曲面约束、路径约束、链接约束、注视约束等。

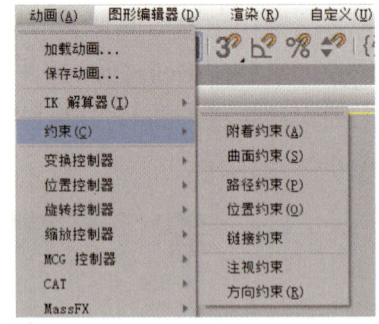

图 6-4-1　"约束"菜单下的菜单

（一）附着约束

附着约束是一种位置约束，利用"附着约束"命令在被约束对象和目标对象间建立约束关系后，被约束对象的位置会随着目标对象位置的变化而变化。如图 6-4-2 所示的树叶漂浮动画就是利用"链接约束"命令制作的。需要注意的是，应用附着约束时，目标对象必须是网格对象或能转换为网格对象的对象。

应用附着约束后，在"运动"面板"附着参数"卷展栏（见图6-4-3）的"位置"设置区中可设置被约束对象与目标对象的相对位置。

图6-4-2 树叶漂浮动画效果截图

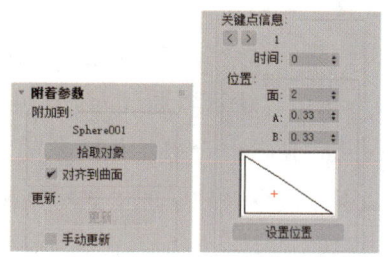

图6-4-3 "附着参数"卷展栏

（二）曲面约束

利用"曲面约束"命令可以将被约束对象限制在目标对象的表面，但是目标对象必须是能通过修改参数改变其大小或形状的对象，如未转换为可编辑多边形或可编辑网格的球体、圆锥体、圆柱体、圆环、四边形面片、放样对象和NURBS对象。

应用曲面约束后，不能直接移动被约束对象，但是可以通过在"运动"面板的"曲面控制器参数"卷展栏（见图6-4-4）中设置被约束对象在目标对象表面U向和V向上的位置来调整被约束对象的位置。

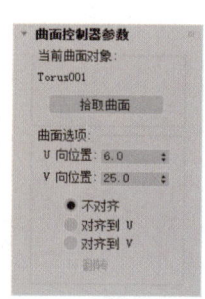

图6-4-4 "曲面控制器参数"卷展栏

（三）路径约束

利用"路径约束"命令可以使被约束对象沿着指定的路径（曲线）运动。"路径约束"命令常用于制作汽车沿指定路径行驶、小鸟沿指定路径飞翔等动画。如图6-4-5所示的汽车行驶动画就是利用"路径约束"命令制作的。

应用路径约束后，软件会在动画时间范围的始端和末端自动设置关键点。通过在"运动"面板的"路径参数"卷展栏（见图6-4-6）中添加和删除路径、调整被约束对象受目标对象影响的程度、设置被约束对象的运动速度等，可编辑利用"路径约束"命令制作的动画。

图6-4-5 汽车行驶动画效果截图

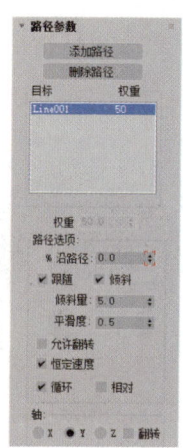

图6-4-6 "路径参数"卷展栏

(四)链接约束

利用"链接约束"命令可以使被约束对象继承目标对象的位置、旋转角度和缩放比例,从而使二者做出相同的动作。"链接约束"命令常用于制作手持工具、抓取物体等动画。如图6-4-7所示的机械臂抓取小球动画就是利用"链接约束"命令制作的。

应用链接约束后,被约束对象会随着目标对象的位置、旋转角度和缩放比例的变化而变化。利用"链接约束"命令制作动画时,单击"运动"面板"链接参数"卷展栏(见图6-4-8)中的"添加链接"按钮,还可以通过为被约束对象添加其他目标对象,并调整该目标对象在不同时间节点上的位置,使同一个被约束对象随多个目标对象的位置、旋转角度和缩放比例变化而变化。单击"链接参数"卷展栏中的"删除链接"按钮,可以断开所选中的目标对象与被约束对象之间的链接。

  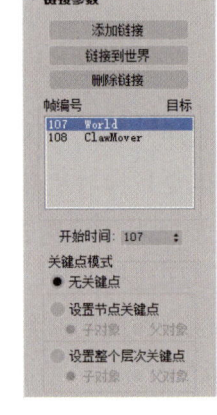

图6-4-7 机械臂抓取小球动画　　　　　　　　图6-4-8 "链接参数"卷展栏

(五)注视约束

利用"注视约束"命令可以使被约束对象的某个局部坐标轴始终指向注视目标,被约束对象会随着注视目标位置的变化而旋转,从而产生被约束对象一直注视着注视目标的动画效果。"注视约束"命令常用于制作摄影机跟踪拍摄动画、光的跟踪照射动画和角色眼神动画。如图6-4-9所示的眼神动画就是利用"注视约束"命令制作的。

应用注视约束后,可通过调整注视目标的位置来制作动画,并且在"运动"面板的"注视约束"卷展栏(见图6-4-10)中可为被约束对象与注视目标之间添加和删除注视约束、调整注视目标的权重、重新指定被约束对象的局部坐标轴等。

  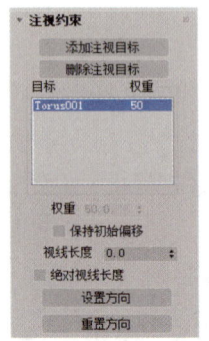 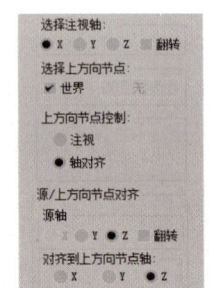

图6-4-9 眼神动画效果截图　　　　　　　　图6-4-10 "注视约束"卷展栏

答疑解惑

问：什么是权重？

答：权重是指某一因素或指标对某一事物的影响程度。在注视约束中，每个注视目标都有一个权重值，该数值用于控制被约束对象受注视目标影响的程度。

二、常用的控制器

利用控制器可以在对象原有动画的基础上添加其他动画，以丰富对象的运动效果。

利用控制器调整动画时，应先选择要添加控制器的对象，然后在"运动"面板的"指定控制器"卷展栏中选择要添加的控制器的类型，接着单击"指定控制器"按钮，根据需要在弹出的对话框中选择所需控制器，如图 6-4-11 所示。

常用的控制器有线性控制器、噪波控制器、列表控制器等。

（1）线性控制器。为对象添加线性控制器后，"轨迹视图 - 曲线编辑器"中曲线上各关键点之间的线段变为直线，对象将以恒定的速度运动。线性控制器常用于制作对象匀速运动的动画，如机械运动、颜色渐变动画等。

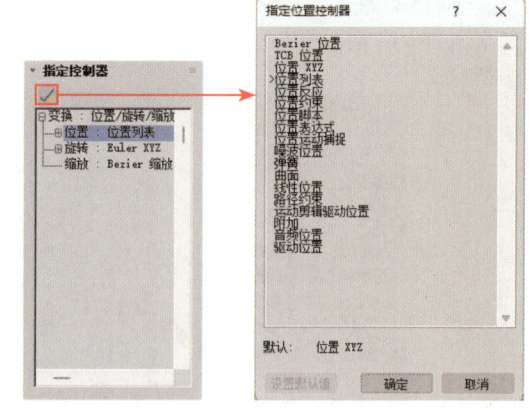

图 6-4-11　选择控制器的类型和需要的控制器

（2）噪波控制器。为对象添加噪波控制器后，该对象会根据所设置的噪波参数生成噪波动画。利用噪波控制器可实现对象左右摇晃、上下抖动的动画效果。

（3）列表控制器。列表控制器是一个复合控制器，由多个控制器组成。默认情况下，列表控制器中每个控制器的权重值都是 100，通过调整控制器的权重值可改变该控制器对对象的影响程度。

任务实施一　制作眼神动画——注视约束

下面通过制作如图 6-4-12 所示的眼神动画，学习制作注视约束动画的方法。

图 6-4-12　眼神动画效果截图

制 作 思 路

打开素材文件，创建一个"点"辅助对象，然后对两只眼睛和"点"辅助对象应用注视约束，接着调整眼球的转动方向，最后开启自动设置关键点功能，通过在不同时间节点上移动"点"辅助对象来制作眼神动画。

制作步骤

步骤1 打开本书配套素材"素材与实例"→"项目六"→"眼神动画"→"人物素材.max"文件。

步骤2 单击"创建"面板"辅助对象"对象类别"标准"分类中的"点"按钮，然后在前视图中小男孩模型前方的任意位置单击，创建一个"点"辅助对象，接着在"修改"面板的"参数"卷展栏中设置其显示效果和大小，如图6-4-13所示。

制作眼神动画

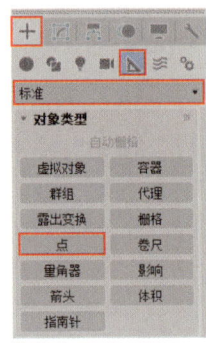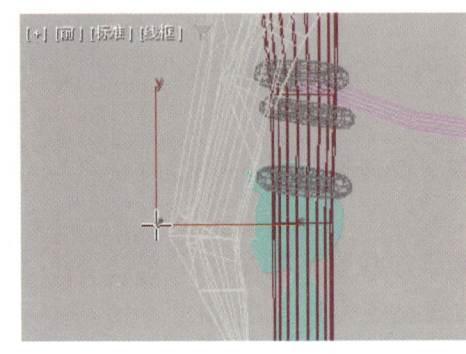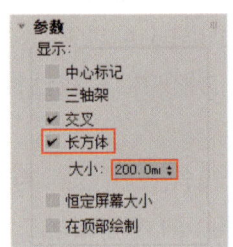

图6-4-13 创建"点"辅助对象并设置其参数

步骤3 利用"快速对齐"按钮将"点"辅助对象与小男孩模型以轴点为基准对齐，然后将透视图切换为摄影机视图，在顶、前视图中调整"点"辅助对象的位置。调整后，"点"辅助对象在顶、前视图和摄影机视图中的位置如图6-4-14所示。

图6-4-14 "点"辅助对象的位置

步骤4 选中小男孩的两只眼睛，然后选择"动画"→"约束"→"注视约束"菜单，接着选择视口中的"点"辅助对象。

步骤5 在摄影机视图中可以看到，应用注视约束后，眼睛未能正确显示（见图6-4-15），因此需要对其进行调整。选中左眼，在"运动"面板的"注视约束"卷展栏中单击"设置方向"按钮（见图6-4-16），然后在摄影机视图中将左眼沿逆时针方向绕z轴旋转至合适的位置，最后使用同样的方法沿逆时针方向绕z轴旋转右眼，结果如图6-4-14所示。

图 6-4-15 应用注视约束后眼睛的显示效果

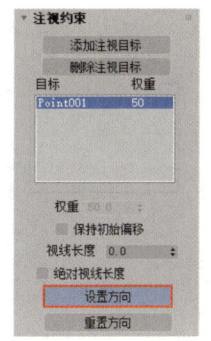
图 6-4-16 "设置方向"按钮

> **知识库**
>
> 如图 6-4-16 所示"注视约束"卷展栏中的按钮、目标列表和"权重"文本框的功能如下：
>
> （1）"添加注视目标"按钮：单击该按钮，选中视口中的对象，可将其作为注视目标添加在目标列表中。
>
> （2）"删除注视目标"按钮：单击该按钮，可从目标列表中移除影响约束对象的注视目标。
>
> （3）目标列表：用于显示注视目标的名称和权重。
>
> （4）"权重"文本框：用于设置所选注视目标对被约束对象的影响程度。只有为被约束对象添加多个注视目标时，该文本框才可用。
>
> （5）"设置方向"按钮：单击该按钮，可通过旋转被约束对象来调整其偏移方向。
>
> （6）"重置方向"按钮：单击该按钮，可使被约束对象的方向恢复为默认状态。

步骤 6 移动"点"辅助对象，查看眼球的旋转效果。若两只眼睛眼球的转动方向相反，可将其中一只眼球镜像（不进行克隆），然后调整其副本的角度，确保两只眼球的转动方向一致。

> **提示**
>
> 左右移动"点"辅助对象时，若两只眼球的转动方向相反，则将转动方向与"点"辅助对象的移动方向相反的那只眼球沿 x 轴镜像；上下移动"点"辅助对象时，若两只眼球的转动方向相反，则将转动方向与"点"辅助对象的移动方向相反的那只眼球沿 y 轴镜像；若两只眼球的转动方向一致但不协调，则只需要调整其中一只眼球的旋转角度。

步骤 7 单击"设置关键点"按钮，确认时间滑块位于第 0 帧，然后按"K"键设置关键点。

步骤 8 将时间滑块拖至第 30 帧，在透视图中移动"点"辅助对象，使眼睛注视画面的左下方（见图 6-4-17），然后按"K"键设置关键点；选中第 0 帧处的关键点，按住"Shift"键将其拖至第 55 帧；将时间滑块拖至第 80 帧，在透视图中移动"点"辅助对象，使眼睛注视画面的右上方（见图 6-4-18），然后按"K"键设置关键点；选中第 0 帧处的关键点，按住"Shift"键将其拖至第 110 帧处。

图 6-4-17　第 30 帧的画面　　　　　　　　　图 6-4-18　第 80 帧的画面

步骤 9　单击"播放动画"按钮，可以看到眼球因在转动时没有停顿而使眼神动画显示不自然，所以需要进行调整。

步骤 10　选中第 30 帧处的关键点，按住"Shift"键将其拖至第 37 帧；选中第 55 帧处的关键点，按住"Shift"键将其拖至第 62 帧；选中第 80 帧处的关键点，按住"Shift"键将其拖至第 87 帧。

步骤 11　单击"设置关键点"按钮，关闭手动设置关键点功能，然后单击"播放动画"按钮，查看眼神动画。

任务实施二　制作山路行车动画——链接约束、路径约束和控制器

下面通过制作如图 6-4-19 所示的山路行车动画，学习利用链接约束、路径约束、噪波控制器和列表控制器制作动画的方法。

图 6-4-19　山路行车动画效果截图

制作思路

打开素材文件，为 4 个车轮制作旋转动画，并对车轮和车身应用链接约束，然后利用"路径约束"命令制作车身沿运动路径行驶的动画，利用噪波控制器制作车身上下颠簸动画，最后通过移动自由摄影机的图标和目标点制作摄影机动画。

制作步骤

步骤 1　打开本书配套素材"素材与实例"→"项目六"→"山路行车动画"→"山路行车素材.max"文件。

步骤 2　选中汽车前轮，将时间滑块拖至第 20 帧，然后单击"自动关键点"按钮，在左视图中将汽车前轮按逆时针方向绕 x 轴绕旋转 360°，接着单击主工具栏中的"曲线编辑器"按钮，

在打开的"轨迹视图 - 曲线编辑器"中选择"编辑"→"控制器"→"超出范围类型"菜单,最后在弹出的"参数曲线超出范围类型"对话框中选择"往复"选项并单击"确定"按钮。

步骤3 参照步骤2,制作汽车后轮的旋转动画。

步骤4 单击"自动关键点"按钮,关闭自动设置关键点功能。将时间滑块拖至第0帧,选中汽车的前轮和后轮,然后选择"动画"→"约束"→"链接约束"菜单,再选中车身,即可对车轮和车身应用链接约束。

步骤5 将透视图转换为摄影机视图,按"Shift+F"键显示安全框。选中车身,然后选择"动画"→"约束"→"路径约束"菜单,最后选择作为运动路径的曲线,如图6-4-20所示。

步骤6 单击"播放动画"按钮,可以看到汽车虽然沿曲线运动,但是汽车的运动方向不合理,因此还需要在"运动"面板的"路径参数"卷展栏中勾选"跟随"复选框,再单击"y"单选钮,如图6-4-21所示。

图6-4-20 选择作为运动路径的曲线

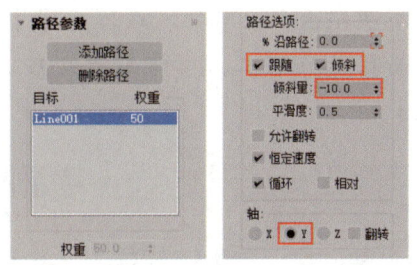
图6-4-21 设置路径约束的参数

知识库

如图6-4-21所示"路径参数"卷展栏中部分复选框、文本框和"轴"设置区的功能如下:

(1)"跟随"复选框:用于控制被约束对象沿着曲线运动的同时,是否会随着曲线曲率的变化而改变自身的运动方向。

(2)"倾斜"复选框:用于控制被约束对象沿着曲线运动的同时是否倾斜。

(3)"倾斜量"文本框:用于设置被约束对象在运动时倾斜的方向和程度。

(4)"平滑度"文本框:用于设置被约束对象在转弯时改变运动方向的快慢程度。该数值越小,被约束对象对曲线变化的反应越灵敏。若该数值较大,则可消除突然发生的转折。

(5)"恒定速度"复选框:勾选该复选框后,被约束对象会以一个恒定的速度运动;取消勾选该复选框后,被约束对象运动时的速度变化取决于作为路径的曲线上各顶点之间的距离。

(6)"轴"设置区:用于设置被约束对象与路径对齐的轴。

步骤7 此时,在"运动"面板的"指定控制器"卷展栏中可以看到软件自动添加了"位置列表"控制器。展开"位置列表"控制器,然后参照图6-4-22选择"可用"选项并单击"指定控制器"按钮,在弹出的"指定位置控制器"对话框中双击"噪波位置"选项,最后在弹出的对话框中设置噪波的振动频率和强度,以实现车身上下颠簸的效果。关闭"噪波控制器:车身\噪波位置"对话框。

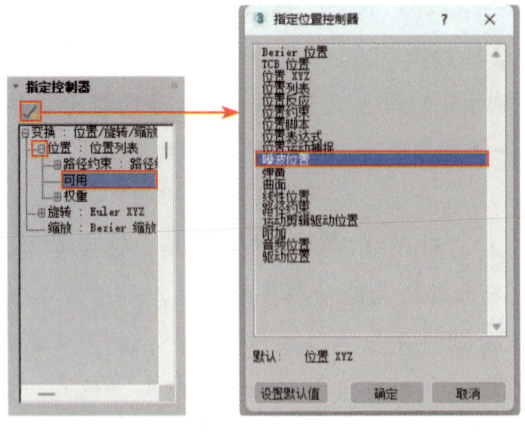
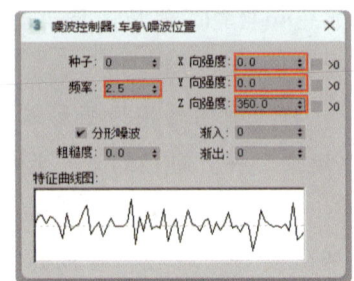

图6-4-22 为车身添加"噪波位置"控制器

步骤8 选中场景中的自由摄影机的图标和目标点,单击"自动关键点"按钮,然后将时间滑块拖至第200帧,在顶视图中向上移动自由摄影机的图标和目标点,使摄影机视图中的画面接近如图6-4-23所示的画面。此时,自由摄影机的图标和目标点在顶视图中的位置如图6-4-24所示。

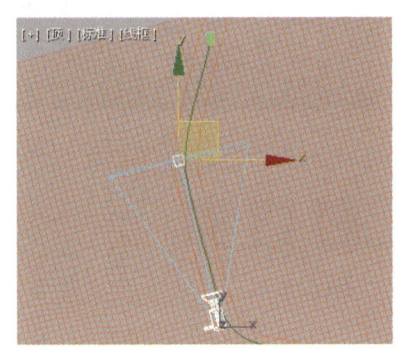

图6-4-23 摄影机视图　　　　　　　图6-4-24 自由摄影机的图标和目标点的位置

步骤9 单击"自动关键点"按钮,关闭自动设置关键点功能。激活摄影机视图,单击"播放动画"按钮,查看山路行车动画。

以艺载道

国产动画电影中三维技术与传统文化的碰撞

时至今日,中国动画已有100多年的历史了。这100多年来,一代代创作者努力把中华优秀传统文化融入动画艺术,创作出大量彰显中国风格、中国气派的优秀作品,不断为世界动画艺术宝库增添新的光彩。从过去的《大闹天宫》到《哪吒闹海》,再到新时代的《西游记之大圣归来》《白蛇:缘起》《哪吒之魔童降世》《姜子牙》《长安三万里》等,这些优秀的动画作品都具有浓厚的历史底蕴和文化色彩。

新时代国产动画的发展离不开三维技术的进步。下面以动画电影《长安三万里》为例,结合影片中的画面介绍其中应用的三维技术。

《长安三万里》的一大特点是能够将大家从小耳熟能详的唐诗进行具象化表达。在影片的高潮部分,李白在黄河边与众人饮酒作诗:"君不见,黄河之水天上来,奔流到海不复回……"。李白在吟诵这句"天生我材必有用,千金散尽还复来"时,洒酒成水,仙鹤飞起,银河与黄河相接,他与天庭里的仙人碰杯共饮(见图6-4-25),镜头最终回到李白"万古愁"的面庞。创作者利用三维技术将《将进酒》这首诗所表面的画面呈现给观众,不仅使观众被大唐盛世的繁荣与浪漫深深吸引,还使观众在画面中感受到李白大起大落的一生和他的潇洒、豪迈、悲苦,这种强烈的对比令无数观众动容。

图6-4-25 《长安三万里》画面截图①

这段动画中的很多片段都可以利用本项目所学的知识来制作。例如,李白在船上饮酒舞剑(见图6-4-26)的画面中,江面动画可以利用"噪波"修改器制作,舞剑的动作则需要利用"链接约束"命令在剑与拿剑的手之间建立链接关系;在李白和众人骑着仙鹤飞向银河(见图6-4-27)的画面中,镜头的转变可以利用摄影机动画来实现,而仙鹤的飞翔路径可以利用"路径约束"命令来控制;李白与天庭里的仙人共饮时,需要利用"链接约束"命令在酒碗与拿酒碗的手之间建立链接关系。

图6-4-26 《长安三万里》画面截图②　　图6-4-27 《长安三万里》画面截图③

一部优秀的动画作品除了依靠想象力和创造力,尤其需要创作者秉承一颗匠人之心,认真对待每一个造型、每一帧画面。工匠精神是中国动画代代相承的优秀传统,也是中国动画从"高原"走向"高峰"的内在支撑。

项目自测

自测习题一　制作秋千动画

利用本项目所学知识制作如图6-5-1所示的秋千动画。

图 6-5-1　秋千动画效果截图

提示：（1）利用主工具栏中的"选择并旋转"按钮制作秋千摆动一个来回的动画效果，然后将秋千的运动类型设为"往复"，以制作循环动画。

（2）在顶视图中创建 VRay 太阳光，然后参照图 6-5-2，在顶、前视图中调整 VRay 太阳光的图标和目标点的位置，接着将该灯光的强度值设为 0.04，颜色设为黄色（R：244，G：140，B：60），大小倍增设为 5。勾选"打开云层"复选框，最后将云层的密度值设为 0.38。

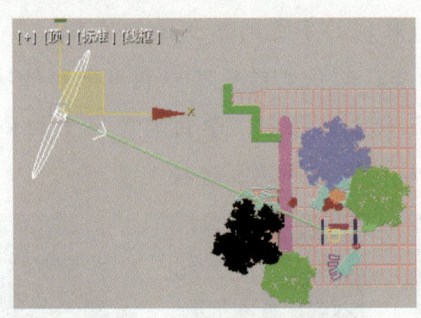 

图 6-5-2　VRay 太阳光的图标和目标点的位置

（3）通过在不同时间节点上移动 VRay 太阳光的图标的位置制作日落动画。

自测习题二　制作水中游鱼动画

利用本项目所学知识制作如图 6-5-3 所示的水中游鱼动画。

图 6-5-3　水中游鱼动画效果截图

提示：（1）将小鱼孤立显示，为其添加"FFD 4×4×4"修改器，然后在第 0 帧和第 20 帧分别调整晶格上的控制点并设置关键点，如图 6-5-4 所示。

（2）在轨迹栏中选中第 0 帧和第 20 帧处的关键点，按住"Shift"键将它们分别拖至第 40 帧和第 60 帧，然后使用同样的方法将它们每隔 20 帧克隆一次。

（3）退出模型孤立显示模式，对小鱼和视口中的曲线应用路径约束，然后在"路径参数"卷展栏中设置路径约束的参数，如图6-5-5所示。

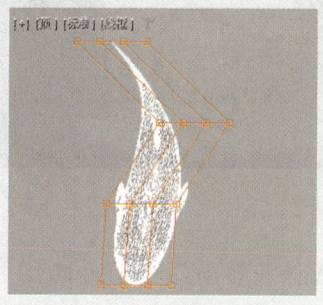
第0帧

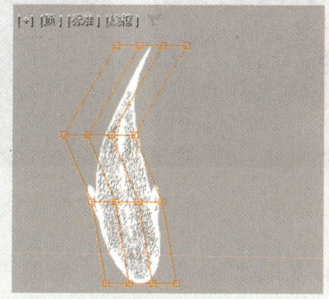
第20帧

图6-5-4　调整晶格上的控制点

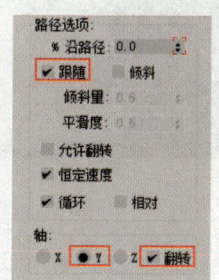

图6-5-5　设置路径约束的参数

（4）在透视图中调整第0帧的画面，使其接近如图6-5-6所示的画面时创建物理摄影机，然后参照图6-5-7调整物理摄影机的图标和目标点的位置。

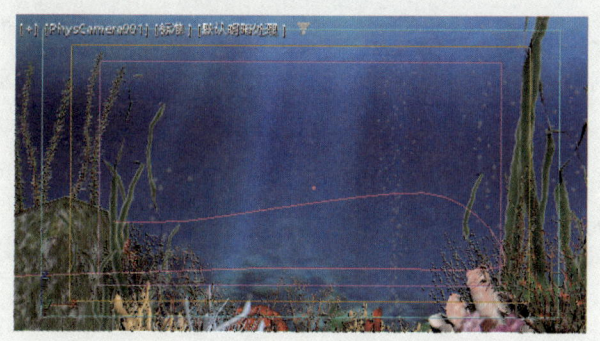

图6-5-6　摄影机视图中的画面

图6-5-7　物理摄影机的图标和目标点的位置（第0帧）

（5）参照图6-5-8，在顶视图中调整第220帧处物理摄影机的图标和目标点的位置，以制作摄影机动画。

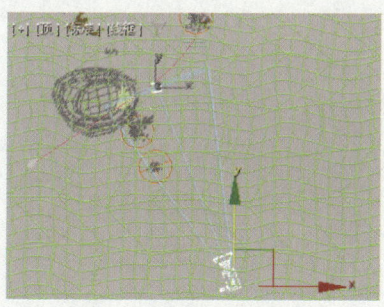

图6-5-8　物理摄影机的图标和目标点的位置（第220帧）

自测习题三　制作旋转木马动画

利用本项目所学知识制作如图6-5-9所示的旋转木马动画。

图 6-5-9　旋转木马动画效果截图

提示：

（1）素材文件中的木马已分为两组，利用"选择并移动"命令为两组木马分别制作上下移动动画（每 30 帧为一组动作），然后将两组木马的运动类型设为"往复"，以实现木马持续上下移动的动画效果。

（2）对木马、旋转木马主体上方的 VRay 球体灯（有 3 层，每层 6 个 VRay 球体灯）和旋转木马主体应用链接约束，然后为旋转木马主体制作旋转动画。

（3）选中任意一层 VRay 球体灯中的任意一个 VRay 球体灯，通过变换其灯光的颜色制作一组灯光动画（每 20 帧变换一次颜色，共变换 3 次），然后使用同样的方法为其他两层 VRay 球体灯制作灯光动画。注意：每一层 VRay 球体灯都是通过实例克隆制作的，因此只需要变换每一层中任意一个 VRay 球体灯的灯光颜色。

（4）选中每层 VRay 球体灯中的任意一个 VRay 球体灯，然后在轨迹栏中选中已有的所有关键点，根据灯光的变化规律对其进行克隆。

项目七
制作炫酷的动画特效

动画特效是一种特殊的视觉效果，可以模拟现实世界中的各种自然现象。在 3ds Max 中，利用粒子系统可以模拟下雨、降雪、火焰喷射、爆炸等自然现象中的粒子效果，而粒子之间的相互作用（如碰撞）和粒子在外力（如重力、风力）的作用下运动轨迹的改变等，则可以利用空间扭曲来实现。

本项目将介绍创建粒子系统的方法，常用的粒子系统及其功能，"力""导向器"和"几何/可变形"空间扭曲的有关知识。

知识目标

- 掌握创建粒子系统的方法。
- 了解常用的粒子系统及其功能。
- 了解"力""导向器""几何体/可变形"空间扭曲的功能。
- 掌握利用"涟漪""重力"和"导向板"空间扭曲制作动画的方法。

素质目标

- 通过观看优秀的影视作品并分析作品中的动画特效，提高自己的艺术审美能力。
- 出色的特效并不是一个作品的灵魂，在日常生活中，培养自己透过现象认识事物本质的能力。

任务一　制作粒子动画

【任务描述】

粒子系统是一种用于模拟云、雾、水滴、雪、火、烟、爆炸、落叶等特定的模糊现象的技术，广泛应用于三维计算机图形学中。3ds Max 中的粒子系统通常由粒子发射器、粒子属性和粒子行为组成，通过调整粒子发射器的参数和粒子的形状、大小、颜色、运动速度、运动方向、生命周期等，可以实现各种不同的动画效果。

本任务将先介绍创建粒子系统的方法、常用的粒子系统及其功能，然后通过制作漫天飞雪动画、海底气泡动画和火星迸发动画，学习制作粒子动画的方法。

一、创建粒子系统的方法

粒子系统包括"雪""暴风雪""粒子云""喷射""超级喷射""粒子阵列"和"粒子流源"7 种类型。根据算法的不同，可将粒子系统分为事件驱动型粒子系统和非事件驱动型粒子系统。其中，前 6 种粒子系统为非事件驱动型粒子系统，"粒子流源"为事件驱动型粒子系统。

单击"创建"面板"几何体"对象类别"粒子系统"分类中的按钮（见图 7-1-1），然后在视口中按住左键并拖动鼠标，可以指定粒子发射器的位置和粒子发射器或粒子发射器图标的大小，最后根据需要调整粒子发射器、粒子属性、粒子行为的参数，即可完成粒子动画的制作。如图 7-1-2 所示的烟花燃放动画就是利用"粒子流源"命令制作的。

图 7-1-1　"粒子系统"分类中的按钮

图 7-1-2　烟花燃放动画效果截图

二、常用的粒子系统及其功能

3ds Max 中常用的粒子系统有"雪""喷射""超级喷射"和"粒子流源"等。

（一）雪

利用"雪"和"喷射"命令制作粒子的方法类似，但是利用"雪"命令制作的粒子不是直线落下的，而会在落下过程中旋转翻滚，因此常用"雪"命令制作雪花飘落、投撒纸屑等动画。指定粒子发射器的位置和大小后，在"参数"卷展栏（见图 7-1-3）中可设置粒子的数量、大小、运动速度、翻滚效果、在视口中的显示方式、渲染输出后的外观和粒子运动的时间等。利用"雪"命令制作的雪花飘落动画如图 7-1-4 所示。

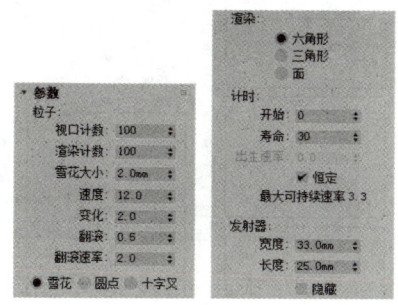

图 7-1-3 "参数"卷展栏 ①

图 7-1-4 雪花飘落动画效果截图

（二）喷射

利用"喷射"命令可创建垂直运动的粒子，常用该命令制作下雨、喷泉喷水等动画。指定粒子发射器的位置和大小后，在"参数"卷展栏（见图 7-1-5）中可设置粒子的数量、大小、运动速度、在视口中的显示方式、渲染输出后的外观和运动的时间等。利用"喷射"命令制作的下雨动画如图 7-1-6 所示。

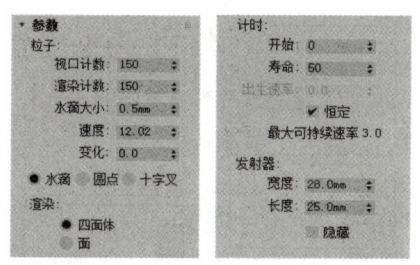

图 7-1-5 "参数"卷展栏 ②

图 7-1-6 下雨动画效果截图

（三）超级喷射

利用"超级喷射"命令可创建由一点向外喷射粒子的动画，常用该命令制作喷泉喷水、瀑布和烟花燃放等动画。指定粒子发射器的位置和粒子发射器图标的大小后，在"基本参数"卷展栏（见图 7-1-7）中可设置粒子的扩散角度和粒子在视口中的显示方式、显示数量等，在"粒子生成"卷展栏（见图 7-1-8）中可设置渲染输出的粒子的数量、运动速度、运动时间和大小等，在"粒子类型"卷展栏（见图 7-1-9）中可设置粒子的形状。

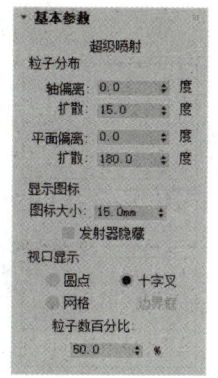

图 7-1-7 "基本参数"卷展栏

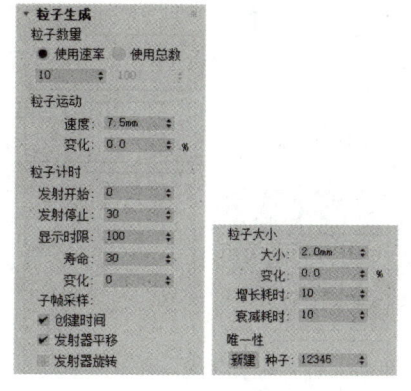

图 7-1-8 "粒子生成"卷展栏

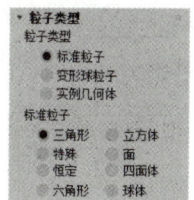

图 7-1-9 "粒子类型"卷展栏

（四）粒子流源

粒子流源是一种事件驱动型粒子系统，读者可以自定义粒子的行为。利用"粒子流源"命令可以制作复杂的粒子动画，如图 7-1-10 所示的冰雹降落动画就是利用该命令制作的。指定粒子发射器的位置和发射器图标的大小后，可在"粒子视图"对话框（见图 7-1-11）中利用事件驱动粒子，通过设置粒子的寿命、碰撞效果、运动速度等实现粒子的运动效果。

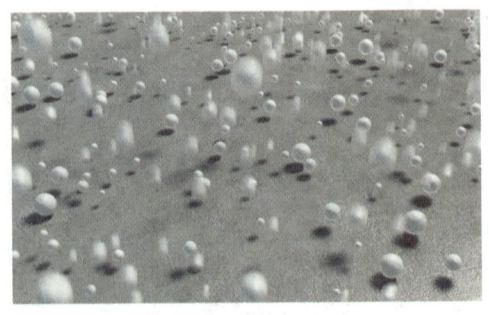

图 7-1-10　冰雹降落动画效果截图

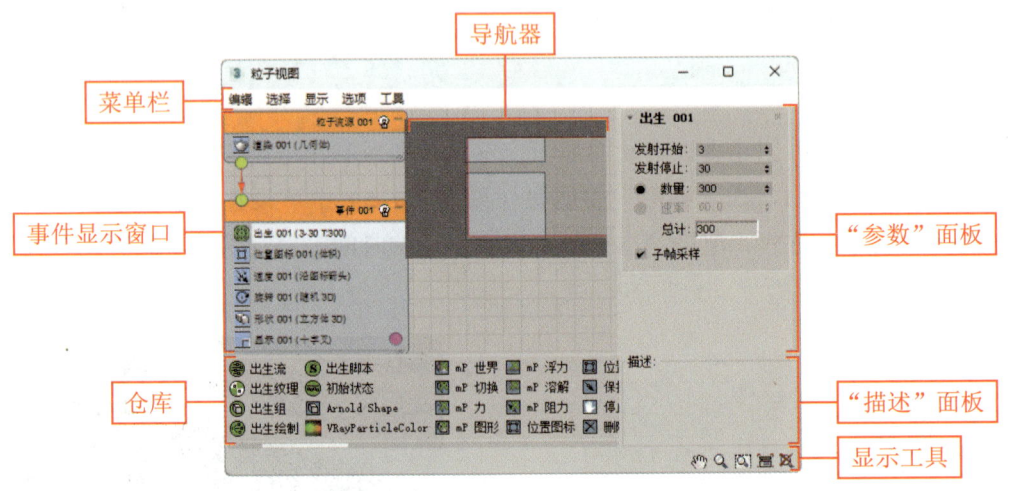

图 7-1-11　"粒子视图"对话框

"粒子视图"对话框由菜单栏、事件显示窗口、导航器、"参数"面板、仓库、"描述"面板、显示工具组成。菜单栏中的命令用于编辑粒子图表、选择粒子图表中的动作、调整粒子图表的显示样式等；事件显示窗口用于显示粒子图表和修改粒子系统；"参数"面板用于查看和设置所选动作的参数；仓库用于显示动作、操作符、粒子发射器等的名称，在将仓库中的某个动作拖至事件显示窗口中后，通过修改该动作的参数，可改变粒子动画的效果；"描述"面板用于描述仓库中动作的功能。

任务实施一　制作漫天飞雪动画——"雪"粒子系统

下面通过制作如图 7-1-12 所示的漫天飞雪动画，学习利用"雪"命令制作粒子动画的方法。

图 7-1-12　漫天飞雪动画效果截图

制作思路

打开素材文件,利用"雪"命令创建一个粒子系统,然后设置粒子的数量、大小、渲染输出后的外观、粒子运动的时间和粒子发射器的大小,接着调整粒子发射器的位置,最后创建"雪花"材质并将其赋予粒子。

制作步骤

步骤1 打开本书配套素材"素材与实例"→"项目七"→"漫天飞雪动画"→"雪景素材 .max"文件。

步骤2 单击"创建"面板"几何体"对象类别"粒子系统"分类中的"雪"按钮,然后在顶视图中的任一位置按住左键并拖动鼠标,指定粒子发射器的位置和大小,最后在"修改"面板的"参数"卷展栏中设置粒子的数量、大小、渲染输出后的外观、粒子运动的时间和粒子发射器的大小,如图7-1-13所示。

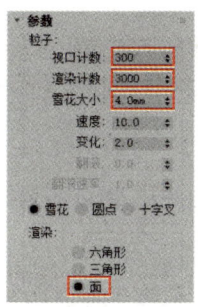
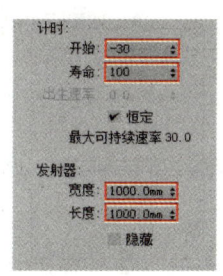

图 7-1-13 设置粒子系统的参数

知识库

如图7-1-13所示的"粒子"设置区中各文本框和单选钮的功能如下:

(1)"视口计数"和"渲染计数"文本框:分别用于设置视口和渲染画面中最多显示的粒子数。在同一时间节点处,这两个文本框中的数值越大,粒子数量就越多。通常在"视口计数"文本框中设置较小的数值,以减少计算机的运算量,防止软件崩溃。

(2)"雪花大小"文本框:用于设置粒子的大小。

(3)"速度"文本框:用于设置每个粒子离开发射器时的初始速度。

(4)"变化"文本框:用于改变粒子的初始速度和方向。该文本框中的数值越大,降雪的区域越大。

(5)"翻滚"文本框:用于设置粒子的随机旋转角度,每个粒子的旋转轴是软件随机生成的。旋转角度的取值范围为0~1,数值为0时粒子不旋转,数值为1时粒子的旋转角度最大。

(6)"翻滚速率"文本框:用于设置粒子的旋转速度。该文本框中的数值越大,粒子旋转越快。

(7)"雪花""圆点"和"十字叉"单选钮:这3个单选钮用于设置粒子在视口中的显示方式。此处的设置不影响粒子在渲染输出的画面中的外观。

如图 7-1-13 所示的"渲染""计时""发射器"设置区的功能如下：

（1）"渲染"设置区：用于设置粒子在渲染输出的画面中的外观。单击"六角形"单选钮或"三角形"单选钮，粒子将被渲染为六角形或三角形；单击"面"单选钮，粒子将被渲染为始终面向摄影机镜头的方形面片。

（2）"计时"设置区：用于控制粒子出生和消亡的速率。其中的"开始"文本框用于设置粒子出生的时间，"寿命"文本框用于设置粒子从出生到消亡所需的时间，"出生速率"文本框用于设置粒子出生速率的变化范围（取消勾选"恒定"复选框后，该文本框可用）。

（3）"发射器"设置区：用于设置粒子的喷射范围。不勾选"隐藏"复选框时，粒子发射器在视口中可见。

步骤 3　此时拖动时间滑块，可以在顶、前、左视图中看到粒子的运动效果。选中粒子发射器，在坐标显示区中的"X""Y"和"Z"文本框中设置其坐标位置（见图 7-1-14），使粒子的运动效果显示在摄影机视图中。

图 7-1-14　粒子发射器的坐标位置

步骤 4　按"M"键打开材质编辑器，选中任一未使用的材质球，将其名称设为"雪花"，然后选中粒子发射器，将"雪花"材质赋予粒子。

步骤 5　在"Blinn 基本参数"卷展栏中设置雪花的基本颜色和自发光效果，如图 7-1-15（a）所示；单击"不透明度"文本框右侧的"无"按钮，在弹出的"材质/贴图浏览器"对话框中双击"通用"列表中的"渐变"选项，然后在"渐变参数"卷展栏中设置渐变的颜色、渐变颜色之间的过渡效果和渐变类型，如图 7-1-15（b）所示。

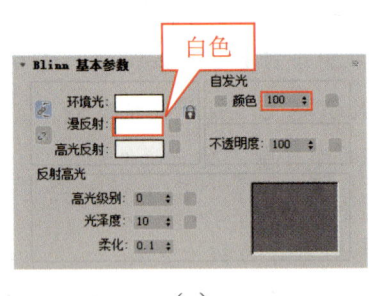 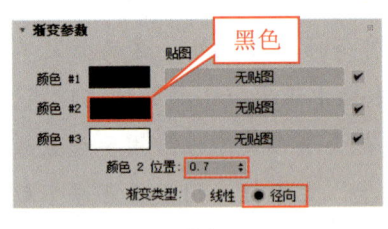

（a）　　　　　　　　　　　　　　　（b）

图 7-1-15　设置"雪花"材质的参数

步骤 6　按"F10"键，在弹出的"渲染设置"对话框中设置视频的长度、分辨率、储存位置、格式和名称，然后单击"渲染"按钮，等待一段时间后，即可在文件储存位置查看动画效果。

任务实施二　制作海底气泡动画——"超级喷射"粒子系统

下面通过制作如图 7-1-16 所示的海底气泡动画，学习利用"超级喷射"命令制作粒子动画的方法。

图 7-1-16 海底气泡动画效果截图

制作思路

打开素材文件,利用"超级喷射"命令创建一个粒子系统,并调整粒子发射器的位置,然后设置粒子的扩散角度、在视口中的显示方式、数量、运动速度、运动时间、大小和形状,接着创建"气泡"材质并将其赋予粒子,最后复制克隆"超级喷射"粒子系统,将副本移动和旋转至合适的位置后,调整其参数。

制作步骤

步骤1 打开本书配套素材"素材与实例"→"项目七"→"海底气泡动画"→"海底素材.max"文件。

步骤2 单击"创建"面板"几何体"对象类别"粒子系统"分类中的"超级喷射"按钮,然后在顶视图中按住左键并拖动鼠标,指定粒子发射器的位置和粒子发射器图标的大小,接着在顶、前视图中将粒子发射器图标移至合适的位置,结果如图7-1-17所示。

制作海底气泡动画

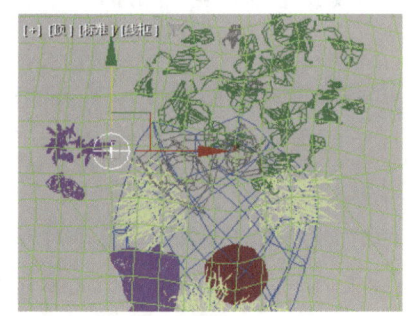 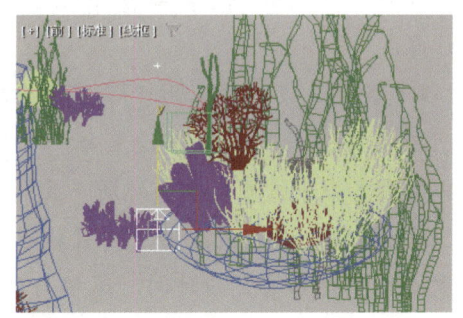

图 7-1-17 粒子发射器图标的位置

步骤3 选中粒子发射器图标,在"修改"面板的"基本参数"卷展栏中设置粒子的扩散角度和粒子在视口中的显示方式和显示数量,在"粒子生成"卷展栏中设置渲染输出的粒子的数量、运动速度、运动时间和大小,在"粒子类型"卷展栏中设置粒子的形状,如图7-1-18所示。拖动时间滑块,可以在视口中看到粒子的运动效果。

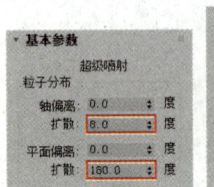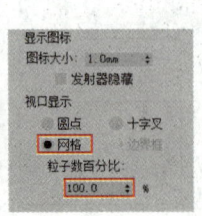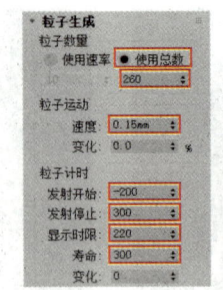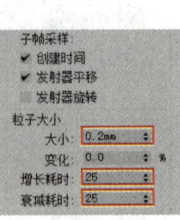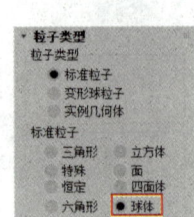

图7-1-18 设置粒子系统的参数①

知识库

如图7-1-18所示的"基本参数""粒子生成"和"粒子类型"卷展栏的部分设置区中,常用文本框、复选框和单选钮的功能如下:

(1)"粒子分布"设置区:该设置区中4个文本框的数值共同影响着粒子在运动时的扩散效果。其中,"轴偏离"文本框用于设置粒子流在xz平面内与z轴的夹角,其下方的"扩散"文本框用于设置粒子在xz平面内的扩散角度;"平面偏离"文本框用于设置粒子以发射器为中心,围绕z轴的发射角度,其下方的"扩散"文本框用于设置粒子围绕"平面偏离"轴的扩散角度。

(2)"显示图标"设置区:该设置区中的"图标大小"文本框用于设置粒子发射器图标的大小,该数值与粒子的大小无关。若在视口中对粒子发射器图标进行缩放,则会影响粒子的大小和扩散效果。

(3)"视口显示"设置区:该设置区中的"圆点""十字叉"和"网格"单选钮用于设置视口中粒子的显示方式。单击"网格"单选钮,粒子会显示为所指定的几何体;"粒子数百分比"文本框用于设置粒子在视口中显示的数量,该数量以渲染输出画面中粒子数量的百分比来计算。

(4)"粒子数量"设置区:用于设置渲染输出的画面中粒子的数量。单击"使用速率"单选钮,可在其下方的文本框中设置每一帧喷射粒子的数量;单击"使用总数"单选钮,可在其下方的文本框中设置粒子系统所产生的粒子总数。

(5)"粒子计时"设置区:用于设置粒子运动的时间范围。其中,"显示时限"文本框用于设置所有粒子将要消亡的时间,通常与动画的结束时间一致;"寿命"文本框用于设置每个粒子从出生到消亡的时间。

(6)"粒子大小"设置区:用于设置粒子的大小。其中,"大小"文本框用于设置粒子的最大尺寸,"增长耗时"文本框用于设置粒子由0增长到最大所需的时间,"衰减耗时"文本框用于设置粒子在消亡之前缩小到最大粒子的1/10所需的时间。

步骤4 按"M"键打开材质编辑器,选中任一未使用的材质球,然后单击"物理材质"按钮,在弹出的"材质/贴图浏览器"对话框中双击"扫描线"列表中的"标准(旧版)"选项,接着将材质的名称设为"气泡",最后将"气泡"材质赋予粒子。

步骤5 在"Blinn基本参数"卷展栏中设置气泡的基本颜色和高光的强度与范围,如图7-1-19(a)所示;单击"不透明度"文本框右侧的"无"按钮,在弹出的"材质/贴图浏览器"对话框中双击"通用"列表中的"衰减"选项,然后在"衰减参数"卷展栏中设置影响衰减效果的颜色，如图 7-1-19（b）所示。

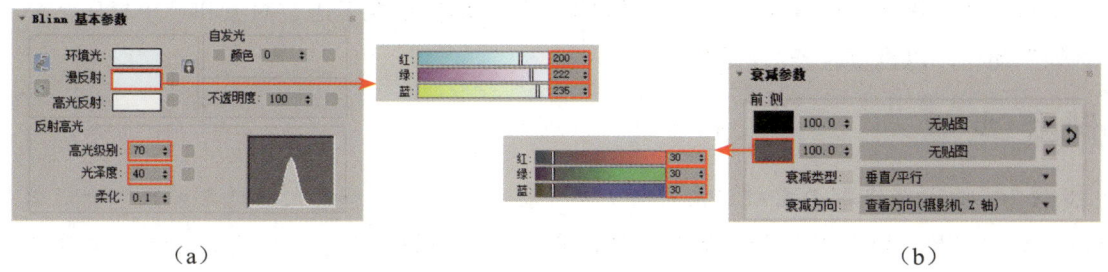

（a） （b）

图 7-1-19 设置"气泡"材质的参数

步骤 6 按"F9"键对摄影机视图进行渲染，然后查看气泡的渲染效果。视口中只有一组气泡，使得画面有些单调，因此需要将视口中的粒子系统复制克隆并进行摆放，以创建多组气泡。

步骤 7 选中视口中的粒子发射器图标，按住"Shift"键并拖动，将其复制克隆 5 份，然后参照图 7-1-20 将它们移动和旋转至合适的位置，最后参照图 7-1-21 调整靠近镜头的两个粒子系统中粒子的数量、运动速度和大小。

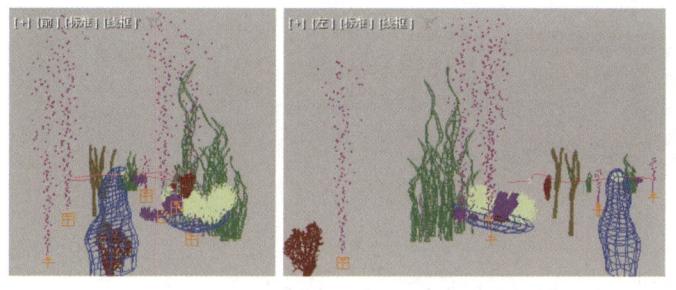 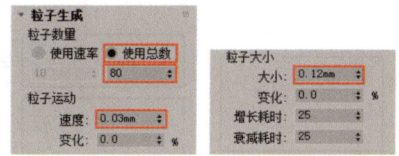

图 7-1-20 粒子发射器图标的位置　　　　图 7-1-21 设置粒子系统的参数 ②

步骤 8 激活摄影机视图，单击"播放动画"按钮，查看海底气泡动画。

任务实施三 制作火星迸发动画——"粒子流源"粒子系统

下面通过制作如图 7-1-22 所示的火星迸发动画，学习利用"粒子流源"命令制作粒子动画的方法。

图 7-1-22 火星跳跃动画效果截图

制作思路

打开素材文件，利用"粒子流源"命令创建一个粒子发射器并将其旋转 180°，使粒子的喷射方向垂直向上，接着在"粒子视图"对话框中设置粒子的运动时间、数量、运动速度、形状和显示方式等，通过添加"位置对象"和"材质静态"动作指定粒子迸发对象和粒子材质，最后添加"删除"动作，以设置粒子消亡的时间。

制作步骤

步骤1　打开本书配套素材"素材与实例"→"项目七"→"火星迸发动画"→"篝火素材.max"文件。按"F9"键渲染摄影机视图，在渲染得到的画面中可以看到该素材文件中的火焰燃烧动画已制作好了。

步骤2　单击"几何体"对象类别"粒子系统"分类中的"粒子流源"按钮，在顶视图中按住左键并拖动鼠标，创建一个粒子发射器，然后将其在 yz 平面内旋转180°，使粒子的喷射方向垂直向上。

步骤3　选中视口中的粒子发射器图标，单击"修改"面板"设置"卷展栏中的"粒子视图"按钮或按"6"键，打开"粒子视图"对话框，在事件显示窗口中选中"事件001"粒子图表中的"出生001"动作，在"参数"面板中设置粒子的运动时间和数量，如图7-1-23所示。

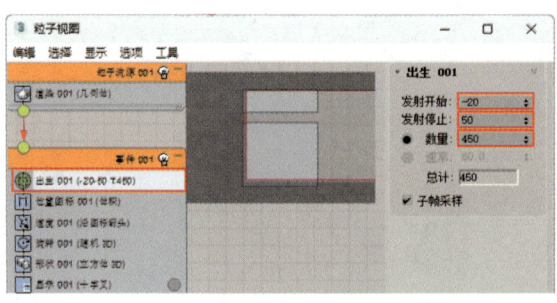

图7-1-23　设置粒子的运动时间和数量

如图7-1-23所示的"出生001"卷展栏中，"数量"文本框和"速率"文本框均可用于设置粒子的数量。其中，"数量"文本框用于设置在粒子运动时间范围内生成的粒子总数，"速率"文本框用于设置每秒生成的粒子数。

步骤4　按住左键并将仓库中的"位置对象"动作拖至"事件001"粒子图表中的"位置图标001"上，待出现红线时释放左键，以替换原来的位置图标动作。选中"事件001"粒子图表中的"位置对象001"动作，单击"参数"面板中的"按列表"按钮，在弹出的"选择发射器对象"对话框中双击"柴火"选项，将其设为粒子发射器，如图7-1-24所示。

选择粒子发射器时，若作为粒子发射器的对象为"组"对象，则可按照步骤4中的方法进行添加；若作为粒子发射器的对象为单个对象，则可单击"参数"面板中的"添加"按钮，然后在视口中选择要作为粒子发射器的对象。

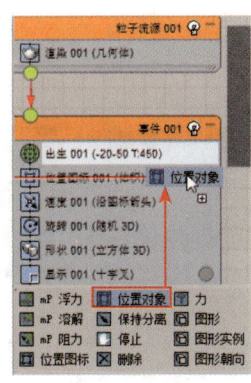 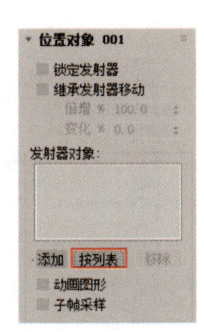 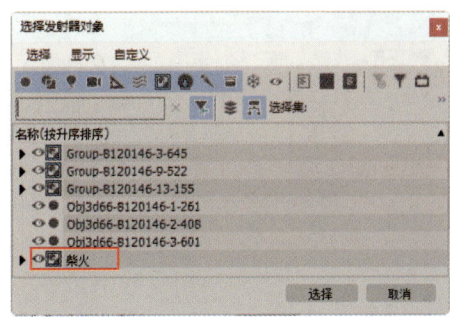

图 7-1-24 选择粒子发射器

步骤 5 选中"事件 001"粒子图表中的"速度 001"动作,在"参数"面板中设置粒子的运动速度和扩散角度,如图 7-1-25 所示。

步骤 6 选中"事件 001"粒子图表中的"形状 001"动作,在"参数"面板中设置粒子的形状和大小,如图 7-1-26 所示。

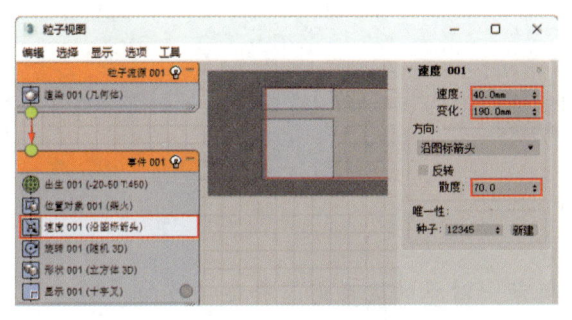 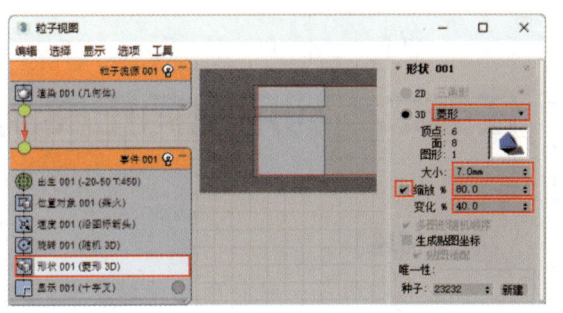

图 7-1-25 设置粒子的运动速度和扩散角度　　　图 7-1-26 设置粒子的形状和大小

步骤 7 选中仓库中的"材质静态"动作,将其拖至"事件 001"粒子图表中"形状 001"动作的下方,然后选中"材质静态"动作,按"M"键打开材质编辑器,将"火星"材质拖至"参数"面板中的"无"按钮上(见图 7-1-27),最后在弹出的对话框中依次单击"实例"单选钮和"确定"按钮。

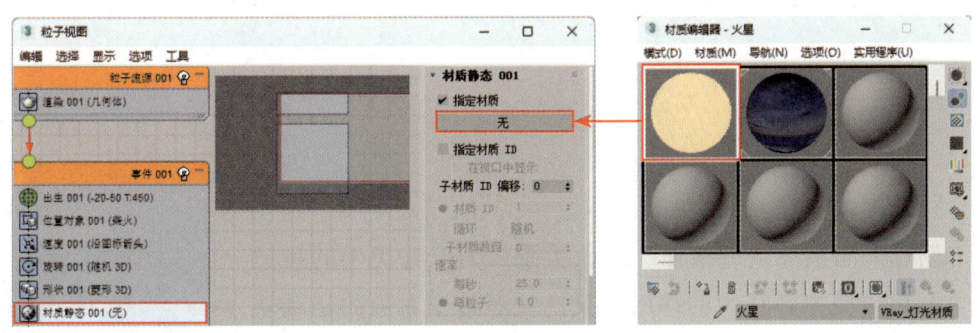

图 7-1-27 为粒子指定材质

步骤 8 选中"事件 001"粒子图表中的"显示 001"动作,然后在"参数"面板中将粒子在视口中的显示类型设为"线",颜色设为粉色(R:235,G:155,B:215),如图 7-1-28 所示。

步骤 9 选中仓库中的"删除"动作,将其拖至"事件 001"粒子图表中"显示 001"动作的下方,然后选中"删除 001"动作,在"参数"面板中设置粒子消亡的时间,如

图 7-1-29 所示。

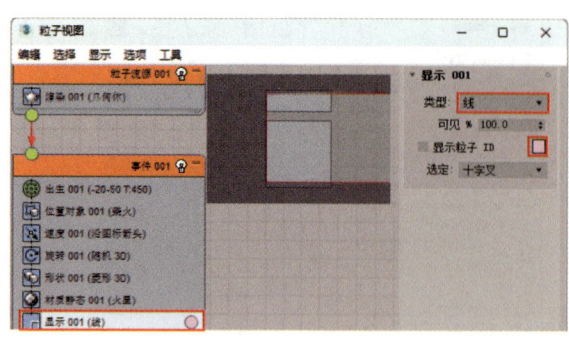

图 7-1-28 设置粒子在视口中的显示效果

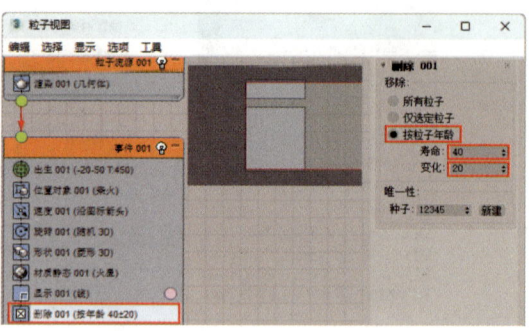

图 7-1-29 设置粒子消亡的时间

步骤 10 按 "F10" 键，在弹出的 "渲染设置" 对话框中设置视频的长度、分辨率、储存位置、格式和名称，然后单击 "渲染" 按钮，等待一段时间后，即可在文件储存位置查看动画效果。

任务二　利用空间扭曲制作动画

【任务描述】

空间扭曲是一种特殊的辅助工具，可以改变场景中对象的运动形态和运动方向。创建空间扭曲后，需要将其与要影响的对象绑定（可利用主工具栏中的 "绑定到空间扭曲" 按钮 绑定），该空间扭曲才能影响被绑定的对象。空间扭曲本身不可渲染，常常与粒子系统配合使用。

空间扭曲分为 "力" "导向器" "几何/可变形" "基于修改器" "粒子和动力学" 五大类。本任务将介绍前 3 类常用的空间扭曲的功能，然后通过制作水面涟漪动画和喷泉喷水动画，学习利用 "涟漪" "重力" 和 "导向板" 空间扭曲制作动画的方法。

一、力

利用 "创建" 面板 "空间扭曲" 对象类别 "力" 分类中的按钮（见图 7-2-1）可以模拟各种力的作用效果，从而改变对象的运动轨迹和形态。单击 "力" 分类中的任一按钮，然后在视口中按住左键并拖动鼠标，可创建相应的空间扭曲。其中，常用的空间扭曲及其功能如下：

（1）"推力" 空间扭曲。利用 "推力" 空间扭曲可以将正向力或负向力施加给指定的对象，使该对象的运动方向在力的作用下发生偏移。应用 "推力" 空间扭曲后，可在 "修改" 面板的 "参数" 卷

图 7-2-1 "力" 分类中的按钮

展栏（见图 7-2-2）中设置推力作用的时间和推力的强度、单位、发生变化的周期和对对象产生影响的范围等。在推力的作用下粒子的运动效果如图 7-2-3 所示。

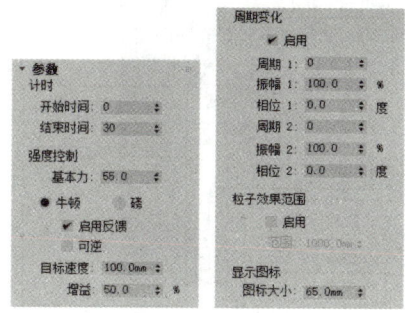

图 7-2-2 "参数"卷展栏 ①

图 7-2-3 粒子的运动效果截图

（2）"重力"空间扭曲。利用"重力"空间扭曲可以模拟物体在重力的作用下产生的运动效果。重力具有方向。在 3ds Max 中，粒子在重力箭头所指的方向上做加速运动，在与重力箭头所指方向相反的方向上做减速运动。应用"重力"空间扭曲后，可在"修改"面板的"参数"卷展栏（见图 7-2-4）中设置重力的强度、衰退程度等。在重力的作用下，树叶飘落效果如图 7-2-5 所示。

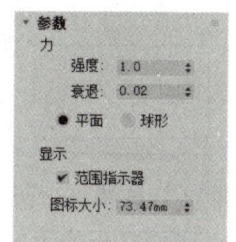

图 7-2-4 "参数"卷展栏 ②

图 7-2-5 树叶飘落动画效果截图

（3）"路径跟随"空间扭曲。"路径跟随"空间扭曲与路径约束的功能类似，都可以使对象沿着指定的路径运动。应用"路径跟随"空间扭曲后，在"修改"面板的"基本参数"卷展栏（见图 7-2-6）中可设置粒子运动的路径、时间、方向和速度等。应用了"路径跟随"空间扭曲的发光动画的效果如图 7-2-7 所示。

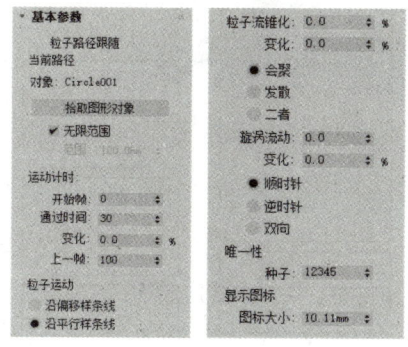

图 7-2-6 "基本参数"卷展栏

图 7-2-7 发光动画效果截图

（4）"风"空间扭曲。利用"风"空间扭曲可以模拟自然界中的风。应用"风"空间扭曲后，在"修改"面板的"参数"卷展栏（见图 7-2-8）中可设置风力的大小、减弱距离和对象在风的作用下运动的动画效果等。利用"风"空间扭曲制作的窗帘随风摆动动画如图 7-2-9 所示。

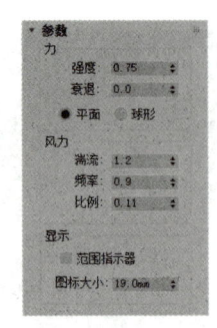

图 7-2-8 "参数"卷展栏 ③　　　　图 7-2-9 窗帘随风摆动动画效果截图

二、导向器

利用"创建"面板"空间扭曲"对象类别"导向器"分类中的按钮（见图 7-2-10）可以改变粒子的运动方向。粒子碰撞后的运动，如反弹、停止等，均可利用这些按钮来制作。单击"导向器"分类中的任一按钮，然后在视口中按住左键并拖动鼠标，可创建相应的空间扭曲。常用的空间扭曲及其功能如下：

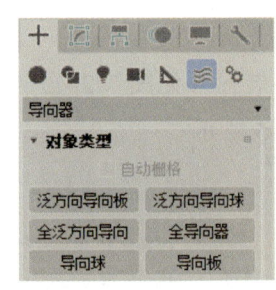

图 7-2-10 "导向器"分类中的按钮

（1）"导向板"空间扭曲。"导向板"空间扭曲就像一个平面防护板，会排斥粒子，可用于模拟对象在碰撞后产生的反弹或停止运动等效果，通常与重力配合使用。应用"导向板"空间扭曲后，在"修改"面板的"参数"卷展栏（见图 7-2-11）中可设置粒子反弹的速度、反弹后的运动状态、沿导向板表面移动时速度减小的程度等。在"导向板"空间扭曲的作用下的流体动画如图 7-2-12 所示。

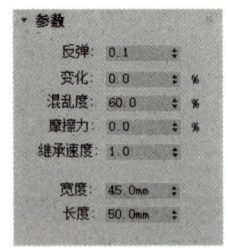

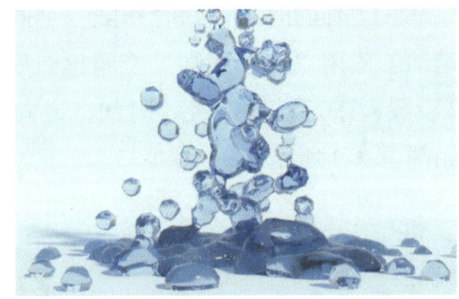

图 7-2-11 "参数"卷展栏　　　　图 7-2-12 流体动画效果截图

（2）"导向球"空间扭曲。"导向球"空间扭曲与"导向板"空间扭曲的功能类似，只是形状不同。

（3）"全导向器"空间扭曲。应用"全导向器"空间扭曲时，可以指定任意对象为导向器，粒子在碰到被指定为导向器的对象时会反弹或停止运动。

三、几何/可变形

利用"创建"面板"空间扭曲"对象类别"几何/可变形"分类中的按钮（见图 7-2-13）可

以创建使指定的对象产生形变的力场,主要用于制作波浪、涟漪、爆炸等动画。常用的空间扭曲及其功能如下:

(1)"FFD(长方体)"空间扭曲和"FFD(圆柱体)"空间扭曲。这两种空间扭曲和FFD修改器的功能类似,此处不再赘述。

(2)"波浪"空间扭曲。利用"波浪"空间扭曲创建的线性波浪可以使三维模型产生波浪效果,如图7-2-14所示。应用"波浪"空间扭曲后,在"修改"面板的"参数"卷展栏(见图7-2-15)中可设置波浪的振幅、波长和衰退程度等。

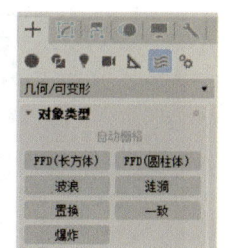

图7-2-13 "几何/可变形"
分类中的按钮

(3)"涟漪"空间扭曲。利用"涟漪"空间扭曲可以创建同心波纹,使三维模型产生涟漪效果。常用"涟漪"空间扭曲制作水面波纹。应用"涟漪"空间扭曲后,在"修改"面板的"参数"卷展栏(见图7-2-16)中可设置涟漪的振幅、波长和衰退效果等。

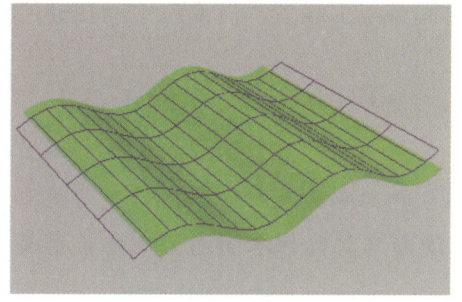

图7-2-14 三维模型产生的波浪效果

图7-2-15 "参数"卷展栏①

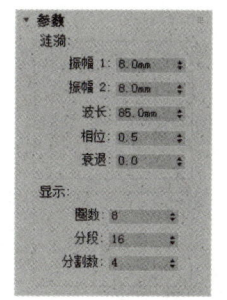

图7-2-16 "参数"卷展栏②

(4)"爆炸"空间扭曲。利用"爆炸"空间扭曲可以使指定的三维模型破裂并形成许多碎片。应用"爆炸"空间扭曲后,在"修改"面板的"参数"卷展栏(见图7-2-17)中可设置爆炸力的强度、碎片旋转的速率、爆炸的衰减距离、碎片的大小、碎片随机变化的程度和爆炸开始的时间等。利用"爆炸"空间扭曲制作的文字爆炸动画如图7-2-18所示。

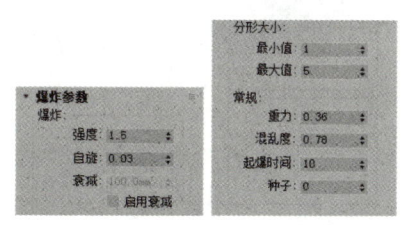

图7-2-17 "参数"卷展栏③

图7-2-18 文字爆炸动画效果截图

任务实施一 制作水面涟漪动画——"涟漪"空间扭曲

下面通过制作如图7-2-19所示的水面涟漪动画,学习利用"涟漪"空间扭曲制作动画的方法。

图 7-2-19　水面涟漪动画效果截图

制作思路

打开素材文件，将水面模型复制克隆一份并调整副本的参数和位置，然后创建一个"涟漪"空间扭曲，并将其与水面模型的副本绑定，最后通过在不同时间节点上设置"涟漪"空间扭曲的参数来制作水面涟漪动画。

制作步骤

步骤 1　打开本书配套素材"素材与实例"→"项目七"→"水面涟漪动画"→"荷花池素材.max"文件。该素材文件中已制作好了水滴滴落动画，读者只需制作水滴滴至池塘后水面泛起的涟漪。

步骤 2　在顶视图中选中水面模型，然后在前视图中将其沿 y 轴向上移动并复制克隆一份，接着在"修改"面板的"参数"卷展栏中调整水面模型副本的参数，最后在顶视图中调整水面模型副本的位置，使其充满摄影机视图，如图 7-2-20 所示。

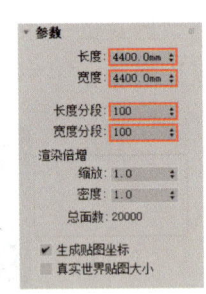

图 7-2-20　复制克隆水面模型并调整副本的参数和位置

步骤 3　单击"创建"面板"空间扭曲"对象类别"几何/可变形"分类中的"涟漪"按钮，然后在顶视图中按住左键并拖动鼠标，以指定涟漪的波长，释放左键后向上或向下移动光标至合适的位置并单击，以指定涟漪的振幅。

步骤 4　选中涟漪图标，然后利用"快速对齐"按钮将该图标与水滴模型以轴点为基准对齐，接着在前视图中将涟漪图标沿 y 轴向下移至合适的位置，结果如图 7-2-21 所示。

步骤 5　单击主工具栏中的"绑定到空间扭曲"按钮，然后在顶视图中将光标移至涟漪图标上，接着按住左键并拖动鼠标，以选中水面模型的副本，最后释放左键，即可将"涟漪"空间扭曲与水面模型的副本绑定，如图 7-2-22 所示。

步骤 6　选中涟漪图标，确认时间滑块位于第 0 帧，然后单击"自动关键点"按钮，在"修改"面板的"参数"卷展栏中设置涟漪的振幅、波长和衰退效果（见图 7-2-23），最后按

"K"键设置关键点。

图 7-2-21 涟漪图标的位置

 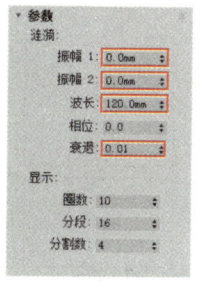

图 7-2-22 将"涟漪"空间扭曲与水面模型绑定　　图 7-2-23 设置"涟漪"空间扭曲的参数 ①

知识库

如图 7-2-23 所示的"参数"卷展栏的"涟漪"设置区中各文本框的功能如下：

（1）"振幅 1"和"振幅 2"文本框：用于设置涟漪在扭曲对象的局部 x 轴和 y 轴上的强度。

（2）"波长"文本框：用于设置每一圈波纹的长度。

（3）"相位"文本框：用于设置波纹从原点向四周扩散的程度。

（4）"衰退"文本框：用于设置振幅随涟漪中心到涟漪边界距离的增加而减小的程度。

如图 7-2-23 所示的"显示"设置区用于设置"涟漪"空间扭曲在视口中的显示效果，该设置区中的参数不影响涟漪的渲染效果。其中，"分割数"文本框用于设置"涟漪"空间扭曲图标的大小。

步骤7　将时间滑块拖至第 15 帧，按"K"键设置关键点，然后在第 20 帧和第 150 帧分别设置涟漪的振幅和相位，具体参数如图 7-2-24 所示。

　　第 20 帧　　　　　　第 150 帧

图 7-2-24 设置"涟漪"空间扭曲的参数 ②

步骤8　单击"自动关键点"按钮，关闭自动设置关键点功能，然后激活摄影机视图，在视口左上方的"明暗处理视口标签"菜单中选择"性能"菜单项,最后单击"播放动画"按钮,查看动画效果。或者设置好渲染参数后进行渲染,在渲染输出的视频中查看动画效果。

任务实施二 制作喷泉喷水动画——"重力"和"导向板"空间扭曲

下面通过制作如图 7-2-25 所示的喷泉喷水动画,学习利用"重力"和"导向板"空间扭曲制作动画的方法。

图 7-2-25 喷泉喷水动画效果截图

制作思路

打开素材文件,利用"超级喷射"命令创建一个粒子系统并调整粒子发射器的位置和粒子系统的参数,然后利用"重力"空间扭曲模拟水向上喷射后在重力的作用下向下运动的效果,接着利用"导向板"空间扭曲模拟水池中水花飞溅的效果,最后为粒子指定材质。

制作步骤

步骤1 打开本书配套素材"素材与实例"→"项目七"→"喷泉喷水动画"→"喷泉素材.max"文件。

步骤2 单击"创建"面板"几何体"对象类别"粒子系统"分类中的"超级喷射"按钮,在顶视图中按住左键并拖动鼠标,以指定粒子发射器的位置和大小,然后利用"快速对齐"按钮将粒子发射器和喷泉模型以轴点为基准对齐,最后在前视图中沿 y 轴方向移动粒子发射器,使其位于喷泉的出水口处,结果如图 7-2-26 所示。

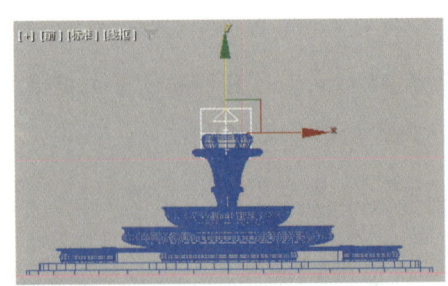

图 7-2-26 粒子发射器的位置

步骤3 选中粒子发射器图标,在"修改"面板的"基本参数"卷展栏中设置粒子的扩散角度和粒子在视口中的显示方式,在"粒子生成"卷展栏中设置粒子的数量、运动速度、运动时间、寿命和大小,在"粒子类型"卷展栏中设置粒子的形状,在"旋转和碰撞"卷展栏中设置粒子的运动模糊和拉伸效果,如图 7-2-27 所示。

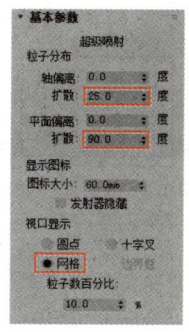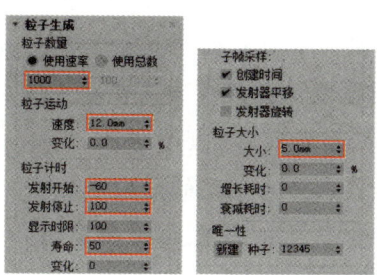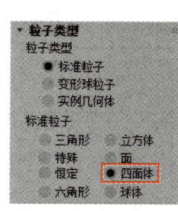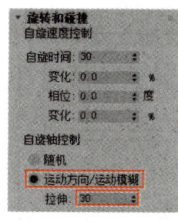

图 7-2-27　设置粒子系统的参数 ①

步骤 4　单击"创建"面板"空间扭曲"对象类别"力"分类中的"重力"按钮，在顶视图中按住左键并拖动鼠标，以指定"重力"空间扭曲的位置和大小，释放左键后利用主工具栏中的"绑定到空间扭曲"按钮将"重力"空间扭曲与"超级喷射"粒子系统绑定。

步骤 5　选中重力图标，在"修改"面板的"参数"卷展栏中设置重力的强度参数，如图 7-2-28 所示。此时，摄影机视图中的粒子效果如图 7-2-29 所示。

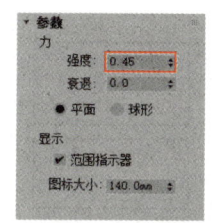

图 7-2-28　设置重力的强度参数　　　图 7-2-29　摄影机视图中的粒子效果

步骤 6　喷泉喷出的水会落在喷水口下方的圆形水池中，因此需要利用导向器制作圆形水池中水花飞溅的动画，单击"空间扭曲"创建面板"导向器"分类中的"导向板"按钮，在顶视图中按住左键并拖动鼠标，创建一个"导向板"空间扭曲，然后利用"快速对齐"按钮将导向板图标与喷泉模型以轴点为基准对齐，再在前视图中将导向板图标沿 y 轴方向移至第二层圆形水池的水面处，结果如图 7-2-30 所示。

步骤 7　利用主工具栏中的"绑定到空间扭曲"按钮将"重力"空间扭曲与"超级喷射"粒子系统绑定，然后在"修改"面板的"参数"卷展栏中设置粒子的反弹速度和导向板的大小，如图 7-2-31 所示。

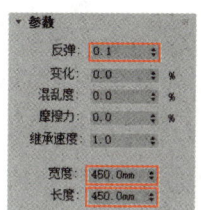

图 7-2-30　导向板图标的位置　　　图 7-2-31　粒子反弹速度和导向板的大小

知 识 库

如图7-2-31所示的"参数"卷展栏中，常用文本框的功能如下：

（1）"反弹"文本框：用于设置粒子的反弹速度。该文本框中的数值为1时，表示粒子在反弹前后的速度相同；数值为0时，表示粒子在碰到导向板后不反弹。

（2）"变化"文本框：用于设置粒子在反弹时偏移的程度。

（3）"混乱度"文本框：用于设置粒子反弹角度的变化范围。该文本框中的数值为100时，表示粒子反弹角度的最大变化范围为90°。

（4）"摩擦力"文本框：用于设置粒子在沿导向板表面移动时速度减小的程度。该文本框中的数值为100时，表示粒子在碰到导向板后将停止运动。

（5）"继承速度"文本框：用于设置运动的导向板的速度影响反弹的粒子的程度。

步骤8 单击"播放动画"按钮，在摄影机视图中可以看到粒子在反弹后，其大小并没有变化，不符合常理，因此需要对"超级喷射"粒子系统的参数进行设置。选中"超级喷射"粒子发射器图标，在修改器堆栈中选择"SuperSpray"选项，然后在"粒子繁殖"卷展栏中设置粒子在碰到导向板后繁殖的数量、繁殖速度、大小和寿命，如图7-2-32所示。

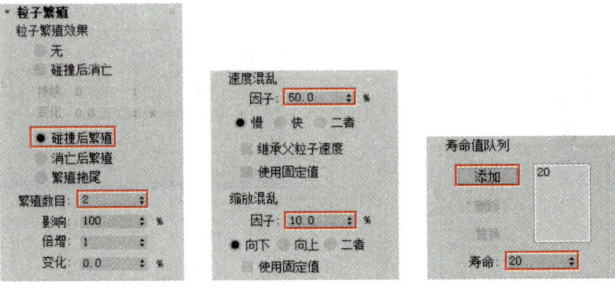

图7-2-32 设置粒子系统的参数 ②

步骤9 按"M"键打开材质编辑器，将"水滴"材质赋予粒子，然后激活摄影机视图，单击"播放动画"按钮，查看动画效果。

以艺载道

国产动画电影中炫目的特效技术

特效是动画电影中不可或缺的一部分，它能够为观众提供集视觉冲击、情绪卷入、意义认同和内涵思索为一体的复合观影体验。此外，特效还是一种独特的艺术表现手法，为电影创作者提供了广阔的创作空间。借助特效技术，电影制作者能够巧妙地将现实与幻想、真实与虚构相结合，从而使画面产生独特的艺术效果。特效不仅丰富了电影的呈现方式，还能让观众在欣赏电影时获得更多的审美享受。例如，动画电影《深海》讲述了一名少女误入深海世界的奇幻故事，该影片中就有上千个极致、唯美的特效镜头。《深海》独特的美术风格极具国风韵味，画面色彩艳丽，又具有水墨的张力和洒脱，这得益于《深海》应用的粒子水墨技术。

粒子水墨技术是一种三维水墨动画技术，它通过数亿大小和形状各异的三维粒子的聚合与分离来塑造形象、展现画面，以表现出传统水墨画因没有轮廓线而产生的灵动和恣意。从如图 7-2-33 所示的画面中可以看到粒子色彩混杂，互相干涉，边界却不融合。粒子扰动后如液体，影响了整个画面，这与水墨画中笔触会影响整幅画面一样，并且《深海》保留了岩彩的色彩和颗粒质感，完美地诠释了中国画风。

图 7-2-33 《深海》画面截图

7 年磨一剑。《深海》在特效方面展现出了电影制作者高超的技术水准和创意能力，它们通过大胆运用色彩，成功地打造了一个令人惊叹的深海世界，给观众带来了极致的视觉体验。

项目自测

自测习题一　制作花瓣飞舞动画

利用本项目所学知识制作如图 7-3-1 所示的花瓣飞舞动画。

图 7-3-1　花瓣飞舞动画效果截图

提示：（1）利用"超级喷射"命令创建一个粒子系统并调整粒子发射器图标的位置，使粒子发射器位于曲线上。

（2）创建"路径跟随"空间扭曲，然后单击"基本参数"卷展栏中的"拾取图形对象"按钮，再选择视口中的曲线，最后将"路径跟随"空间扭曲与粒子系统绑定。

（3）在"基本参数"卷展栏中设置粒子的扩散角度和其在视口中的显示方式、显示数量，在"粒子生成"卷展栏中设置渲染输出后的粒子的数量、运动速度、运动时间、大小，在"旋转和碰撞"卷展栏中将粒子旋转时间的变化量设为 30%。

(4) 选中粒子发射器,在"粒子类型"卷展栏中单击"实例几何体"单选钮,然后单击"拾取对象"按钮,再选择视口中的花瓣模型,最后单击"材质来源"按钮,粒子就会变成花瓣。

(5) 利用"超级喷射"命令制作树叶飘落动画。

自测习题二　制作茶壶倒水动画

利用本项目所学知识制作如图 7-3-2 所示的茶壶倒水动画。

图 7-3-2　茶壶倒水动画效果截图

提示：

(1) 利用"粒子流源"命令创建一个粒子系统,在"发射"卷展栏中将粒子发射器图标的形状设为圆形、直径设为 7 mm,然后将其移至壶嘴处,并在左视图中将粒子发射器绕 x 轴旋转,使其与壶嘴的倾斜角度大体一致,如图 7-3-3 所示。

(2) 在顶视图中创建"重力"空间扭曲。选中粒子发射器图标,打开"粒子视图"对话框,在粒子图表中添加"力"动作,然后单击"参数"面板中的"添加"按钮,再选择视口中的重力图标,将"重力"空间扭曲与粒子系统绑定。

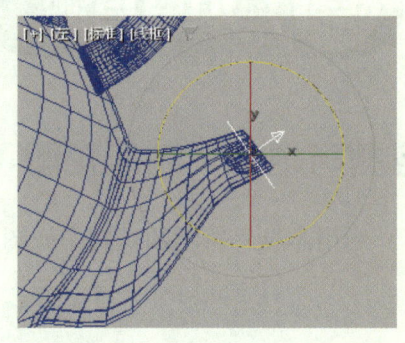

图 7-3-3　粒子发射器的位置和角度

(3) 在"粒子视图"对话框中选择"出生001"动作,将粒子开始发射的时间设为第 0 帧,停止发射的时间设为第 100 帧,速率设为每秒 200 个粒子；选择"速度001"动作,将粒子的运动速度设为每秒运动 100 mm；选择"形状001"动作,将粒子的形状设为 80 面球体,大小设为 2 mm,缩放变化程度设为 20%；选择"显示001"动作,将粒子在视口中的显示方式设为几何体。

(4) 在粒子图表中添加"材质静态"动作,将"水"材质赋予粒子。

(5) 为了防止粒子穿过杯底,需要创建"导向板"空间扭曲,然后将其移至茶杯底部并设置导向板的大小,使其与杯底大小相同。

(6) 将"碰撞"动作添加到粒子图表中,然后将视口中的"导向板"空间扭曲与粒子系统绑定,在"碰撞001"卷展栏的"速度"下拉列表中选择"停止"选项,使粒子沉积在杯底。

项目八
制作逼真的角色动画

角色动画是游戏、影视作品的重要组成部分，也是一种较为复杂的动画类型。使用 3ds Max 制作角色动画时，需要先为角色创建骨骼，然后对骨骼进行蒙皮。蒙皮后，通过操控骨骼就可以制作角色动画了。

本项目将介绍骨骼、骨架、蒙皮、权重和按照足迹模式与传统模式制作角色动画的相关知识。

知识目标

- 掌握骨骼和骨架的创建方法。
- 掌握蒙皮和调整骨骼权重的方法。
- 了解按照足迹模式和传统模式制作角色动画的方法。

素质目标

- 通过制作角色动画，培养观察能力、想象能力和动手能力，增强耐心和毅力。
- 通过学习动作捕捉技术在角色动画中的应用，培养科技创新意识。

任务一　创建骨骼和蒙皮

【任务描述】

3ds Max 中的角色动画主要由角色模型（即"皮肤"）和一组父子分层相连的关节层次链接骨骼（即"骨架"）组成。角色动画中的骨架用于控制角色的姿势，角色模型根据权重跟随绑定的骨骼进行变形。

使用 3ds Max 制作角色动画时，需要先创建骨架，然后对组成骨架的所有骨骼进行蒙皮，最后调整骨骼的权重。本任务将先介绍骨骼、骨架、蒙皮和权重的相关知识，然后通过为人物模型创建骨架和对骨骼进行蒙皮并调整权重，学习创建骨架、进行蒙皮和调整各骨骼对角色模型影响程度的方法。

一、骨骼和骨架

在使用 3ds Max 创建的一组骨骼或骨架中，每块骨骼都是与其连接的下一块骨骼的父对象。父对象的变换会影响其子对象，根骨骼的变换会影响其他所有骨骼。

利用"创建"面板"系统"对象类别"标准"分类中的"骨骼""Biped"按钮和"辅助对象"类别"CAT 对象"分类中的"CAT 父对象"按钮，可创建人和动物的骨骼与骨架。

（一）骨骼

单击"创建"面板"系统"对象类别"标准"分类中的"骨骼"按钮，然后在视口中单击，指定骨关节（根关节）的位置，接着移动光标并在合适的位置单击，即可完成第一根骨骼（根骨骼）的创建。此时，继续移动光标并在合适的位置单击，可创建第 2 根、第 3 根等多根骨骼，如图 8-1-1 所示。若要结束骨骼的创建，只需在视口中右击即可。

创建骨骼后，选中需要编辑的骨骼（一次只能选择一块骨骼），可在"修改"面板的"骨骼参数"卷展栏（见图 8-1-2）中修改其大小和形状。

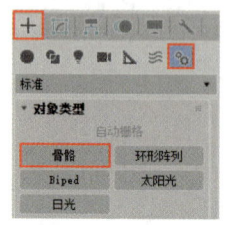 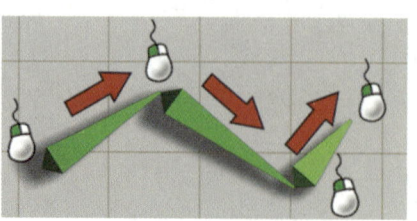 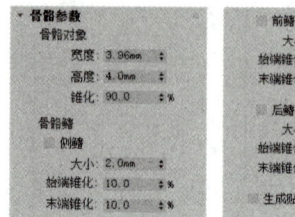

图 8-1-1　利用"骨骼"按钮创建骨骼　　　　图 8-1-2　"骨骼参数"卷展栏

（二）Biped

Biped 是 3ds Max 提供的专门用于创建人类和大猩猩、黑猩猩、长臂猿等动物的骨架的工具。

单击"创建"面板"系统"对象类别"标准"分类中的"Biped"按钮，然后在视口中按住左键并向上拖动鼠标至合适的位置后释放左键，即可创建 Biped 骨架，如图 8-1-3 所示。

单击"Biped"按钮或者创建 Biped 骨架（未终止执行"Biped"命令）后，可在"创建 Biped"卷展栏（见图 8-1-4）中修改 Biped 骨架的结构，如设置脊椎、手指、脚趾、马尾辫、尾巴等部位骨骼的数量，使 Biped 骨架的结构与角色模型匹配。如果角色模型的结构较简单或不需要制作复杂的手部、脚部动画，则可以减少脊椎、手指、脚趾等部位骨骼的数量。

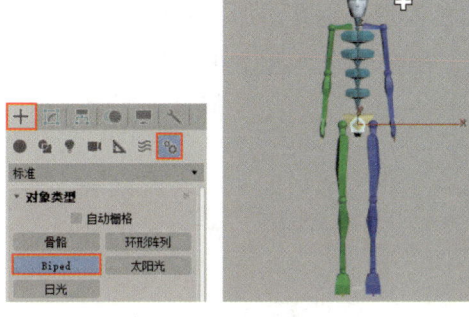

图 8-1-3　创建 Biped 骨架

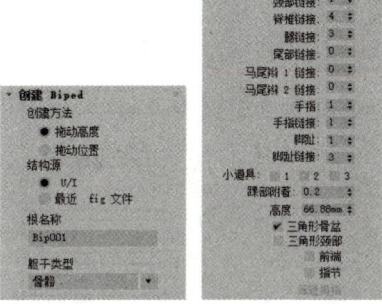

图 8-1-4　"创建 Biped"卷展栏

创建 Biped 骨架时，软件自动选中的骨骼为 Biped 骨架的重心，该骨骼是 Biped 骨架中其他所有骨骼的父对象。在将 Biped 骨架和角色模型进行位置匹配时，通常需要将 Biped 骨架的重心移至角色模型盆骨的中心处。

探索 与 分享

请读者创建一具 Biped 骨架，然后参照人在做出举手、抬脚、弯腰等动作时的姿势调整各部分的骨骼，学习 Biped 骨架的操控方法并感受各骨骼之间的联系。

（三）CAT 对象

CAT 对象是 3ds Max 提供的用于制作角色动画的插件，利用该插件可以创建人和恐龙、螃蟹、蜘蛛等多种动物的骨架。如图 8-1-5 所示的骨架就是利用 CAT 父对象创建的。单击"创建"面板"辅助对象"类别"CAT 对象"分类中的"CAT 父对象"按钮（见图 8-1-6），然后在"CATRig 加载保存"卷展栏（见图 8-1-7）中选择需要的骨架，接着在视口中按住左键并拖动鼠标至合适的位置，最后释放左键，即可完成骨架的创建。

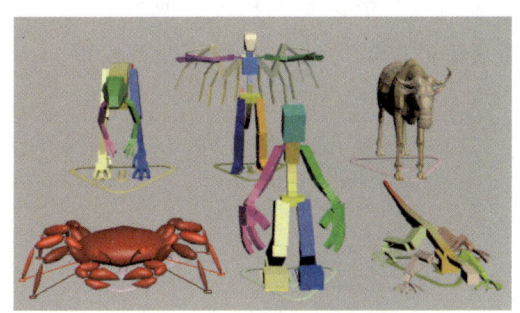

图 8-1-5　创建 CAT 父对象

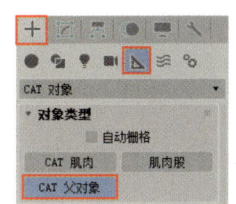

图 8-1-6　"CAT 父对象"按钮　图 8-1-7　"CATRig 加载保存"卷展栏

二、蒙皮

蒙皮是指将角色模型与骨骼绑定的过程。蒙皮后，骨骼的移动和旋转会直接反映到角色模型上，实现骨骼对角色模型的控制。

利用"蒙皮"修改器可以对骨骼进行蒙皮。添加"蒙皮"修改器后，指定需要蒙皮的骨骼，软件会自动为所指定的每根骨骼创建一个封套，骨骼周围的顶点被包裹在封套内。

利用"蒙皮"修改器蒙皮的具体操作为：选择角色模型，为其添加"蒙皮"修改器，然后在"修改"面板的"参数"卷展栏中单击"添加"按钮，在弹出的"选择骨骼"对话框中选择需要蒙皮的骨骼并单击"选择"按钮，如图 8-1-8 所示。

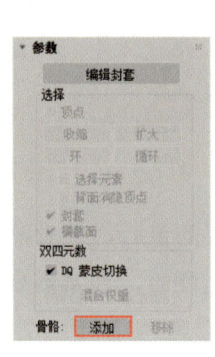
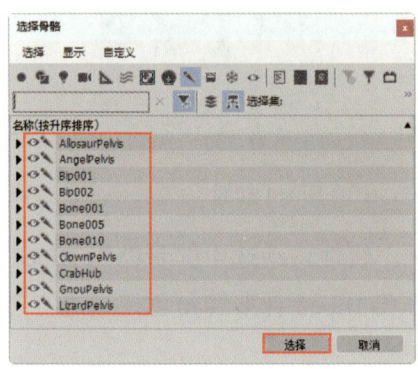

图 8-1-8　添加需要蒙皮的骨骼

三、权重

权重是指骨骼对角色模型的影响程度。蒙皮后，在编辑封套模式下选中骨骼，可查看该骨骼的权重（见图 8-1-9）。权重的大小用颜色来表示，红色表示权重大，蓝色表示权重小。对骨骼蒙皮时，"蒙皮"修改器会根据封套的大小自动赋予骨骼权重，但该权重往往不能达到预期的效果，需要在此基础上手动调整骨骼的权重。

选中要调整权重的骨架，然后单击"参数"卷展栏中的"编辑封套"按钮，再选中需要调整权重的骨骼，移动与该骨骼对应的封套上的控制点，可通过调整封套的大小调整该骨骼的权重。若角色模型较复杂，则需要单击"参数"卷展栏中的"权重工具"按钮，利用弹出的"权重工具"对话框（见图 8-1-10）中的按钮设置角色模型上各顶点受骨骼影响的程度；或者单击"参数"卷展栏中的"绘制权重"按钮，通过使用笔刷在模型表面绘制的方法，为骨骼调整权重。

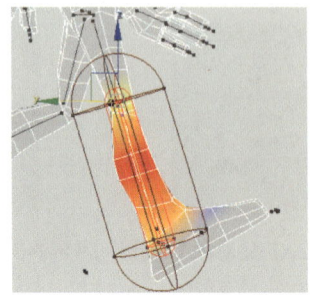
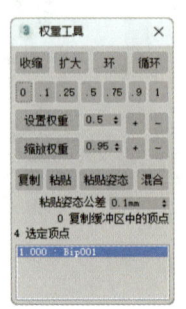

图 8-1-9　查看骨骼的权重　　　　图 8-1-10　"权重工具"对话框

任务实施一　为人物模型创建骨骼——Biped

下面通过为如图8-1-11（a）所示的人物模型创建骨骼[见图8-1-11（b）]，学习Biped骨架的创建方法。

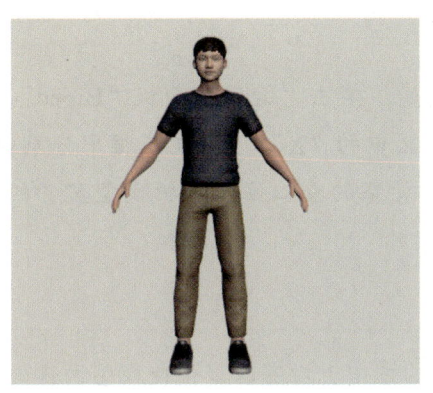　　　　　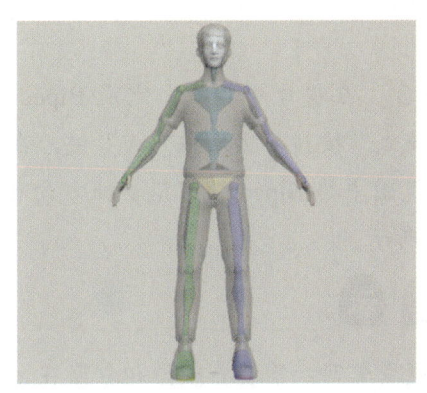

（a）人物模型　　　　　　　　　（b）创建骨骼后的效果

图8-1-11　人物模型及其骨骼

制作思路

打开素材文件，创建Biped骨架并修改该骨架的结构，然后调整Biped骨架的位置，使其与人物模型上下对齐，接着调整人物头部、颈部、躯干以及左侧上下肢处骨骼的姿态，使其与人物模型完全匹配，最后复制人物躯干和左侧上肢、下肢骨骼的姿态并粘贴，软件将自动生成人物右侧上肢和下肢的姿态。

制作步骤

步骤1　打开本书配套素材"素材与实例"→"项目八"→"为人物模型创建骨骼"→"人物模型素材.max"文件。

步骤2　单击"创建"面板"系统"对象类别"标准"分类中的"Biped"按钮，然后在前视图中按住左键并向上拖动鼠标至合适的位置后释放左键，创建一个高度接近人物模型身高的Biped骨架，最后在"创建Biped"卷展栏中修改Biped骨架的结构，如图8-1-12所示。

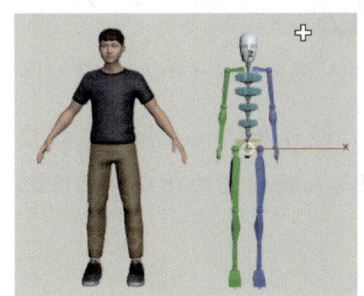　　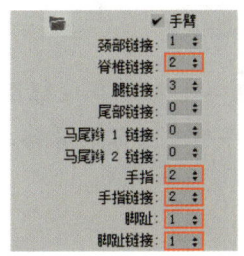

图8-1-12　创建Biped骨架并修改其结构

> **提示**
>
> 创建Biped骨架后若在视口中右击或执行"选择并移动""选择并旋转"等命令，就不能在"创建"面板中修改该骨架的结构了。此时，需要选中创建的Biped骨架，单击"运动"面板"Biped"卷展栏中的"体形模式"按钮 ，然后在该卷展栏上方的"结构"卷展栏中修改该骨架的结构。

步骤3 在视口中右击，完成Biped骨架的创建。单击"运动"面板"Biped"卷展栏中的"体形模式"按钮，然后按"W"键，在坐标显示区中的"X""Y"文本框中分别输入"0"，最后在前视图中将Biped骨架沿y轴方向移动，使该骨架的重心位于人物模型盆骨的中心，如图8-1-13所示。

> **提示**
>
> 创建骨骼时，需要将模型和骨骼在x轴和y轴的方向上对齐，以便使模型两侧的骨骼对称。为了方便操作，通常将模型和骨骼的x轴和y轴坐标设为0。由于Biped骨架的轴点位于其重心，因此还需要将该骨架沿z轴方向移至所需位置。

步骤4 选中人物模型，按"Alt+X"组合键，使人物模型呈半透明状态，然后在视口左上方的"按视图首选项视口标签"菜单中选择"边面"菜单项。

步骤5 在主工具栏中的"选择过滤器"下拉列表中选择"骨骼"选项，然后在"参考坐标系"下拉列表中选择"局部"选项，以方便选择和调整骨骼。

步骤6 参照图8-1-14，在前、左视图中移动、缩放、旋转人物腰部和胸部的骨骼，然后旋转、缩放人物颈部和头部的骨骼，使躯干部分的骨骼与人物模型匹配。

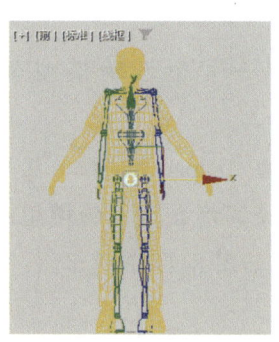

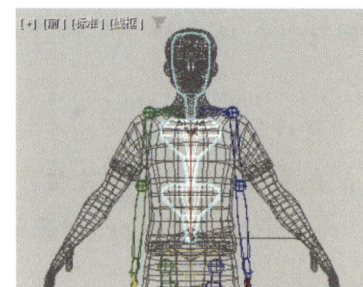

图8-1-13 重心的位置   图8-1-14 骨骼的位置①

步骤7 参照图8-1-15，在透视图中移动、旋转和缩放人物肩部的骨骼，然后在前、左视图中旋转和缩放人物手臂、手掌的骨骼，使它们与人物模型的相应部位匹配。

> **提示**
>
> 在调整肩部骨骼的位置时，要注意观察骨骼的朝向是否合理，肩关节的位置是否正确；在调整大臂和小臂的骨骼时，要注意观察肘关节的位置是否正确。由于我们的小臂无法单独向内、外侧旋转，因此在3ds Max中无法沿y轴旋转小臂的骨骼，只能通过旋转大臂的骨骼来调整小臂骨骼的角度。

步骤8 参照图8-1-16,在透视图中移动、旋转和缩放手指的骨骼。

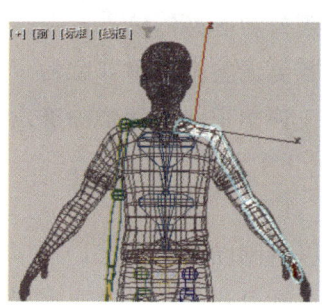 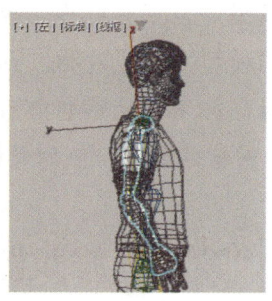 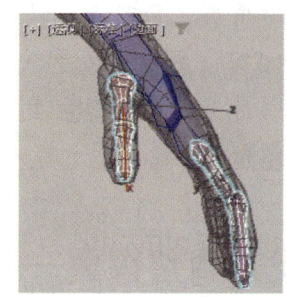 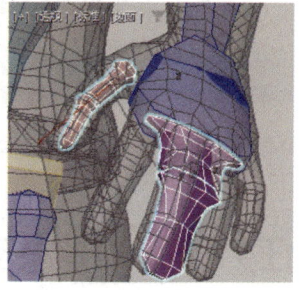

图 8-1-15　骨骼的位置②　　　　　　　　　图 8-1-16　骨骼的位置③

步骤9 参照图8-1-17,在前视图中沿z轴方向缩放盆骨,以确定髋关节和腿部骨骼的位置,然后在前、左视图中旋转、缩放腿部和脚部的骨骼。

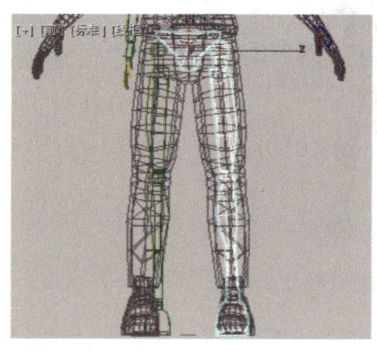 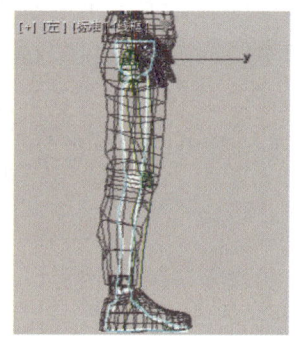

图 8-1-17　骨骼的位置④

步骤10 在前视图中框选在步骤3～步骤9中调整过的所有骨骼,然后单击"运动"面板"复制/粘贴"卷展栏中的"创建集合"按钮，接着单击"复制姿态"按钮和"向对面粘贴姿态"按钮，将人物左侧骨骼的姿态复制并粘贴到人物右侧的骨骼上,如图8-1-18所示。单击"体形模式"按钮退出体形模式。

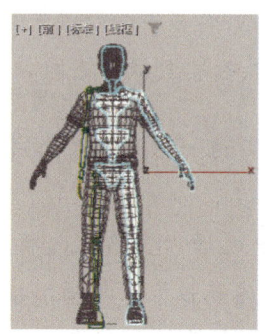  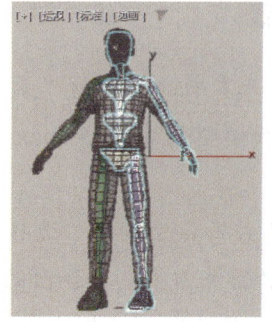

图 8-1-18　复制并粘贴骨骼的姿态

答疑解惑

问：骨骼是否需要完全在角色模型内？是否需要调整骨骼的粗细？

答：骨骼的位置和粗细决定了封套的位置和大小,并且会影响骨骼的权重。在调整骨骼的位置时,应尽量使骨骼位于模型相应部位的中心。骨骼边缘可以适当超出角色模型。若角色模型与Biped骨架的大小相差过大,则需要调整骨骼的粗细。

> 问：复制粘贴姿态后，若发现另一侧的骨骼与模型不匹配，该怎么办？
>
> 答：需要检查模型和骨骼是否对齐，以及模型是否左右对称。若模型和骨骼的位置未对齐，则需要调整它们的相对位置，使其对齐；若模型左右不对称，则需要调整不对称部位的骨骼，使其与模型匹配。此外，若模型左右对称，在复制粘贴姿态后又调整了一侧的部分骨骼的位置，则需要将调整过的骨骼的姿态再次复制粘贴到另一侧的骨骼上。

任务实施二　蒙皮并调整权重——"蒙皮"修改器

下面通过对图 8-1-19 中人物的骨骼蒙皮，学习利用"蒙皮"修改器蒙皮并调整权重的方法。

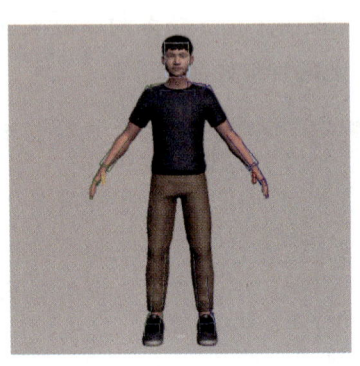

图 8-1-19　人物模型及其骨骼

制作思路

打开素材文件，设置骨骼的显示效果，并将骨骼的渲染状态设为不可渲染，然后添加"蒙皮"修改器，调整人物头部、颈部、躯干、左侧上肢和下肢处封套的大小和人物模型上各顶点受骨骼影响的程度，直至蒙皮的效果满足需求，接着将 Biped 骨架左侧骨骼的权重镜像到右侧骨骼上，再次检查蒙皮的效果并对蒙皮效果不理想的部位进行调整。

制作步骤

步骤 1　打开本书配套素材"素材与实例"→"项目八"→"蒙皮并调整权重"→"为人物模型创建骨骼.max"文件或打开在任务实施一中自己制作并保存的文件。

步骤 2　在主工具栏中的"选择过滤器"下拉列表中选择"骨骼"选项，然后框选所有的骨骼并右击，在弹出的快捷菜单中选择"对象属性"菜单项，接着在弹出的"对象属性"对话框中单击"按层"和"按对象"按钮，勾选"显示为外框"复选框，取消勾选"可渲染"复选框，最后单击"确定"按钮。

步骤 3　在主工具栏中的"选择过滤器"下拉列表中选择"全部"选项。选中人物模型，为其添加"蒙皮"修改器，然后单击"修改"面板"参数"卷展栏中的"添加"按钮，在弹出的"选择骨骼"对话框中按"Ctrl+A"组合键选中所有选项，接着按住"Ctrl"键在不需要的选项上单击，以选中该对话框中的所有骨骼（见图 8-1-20），最后单击"选择"按钮。

步骤 4　通过移动、旋转骨骼查看蒙皮的效果。经查看，发现模型部分部位上的顶点不受骨骼的控制，或者控制的效果未达到预期，因此需要手动调整骨骼的权重。选中人物模型，然后

扫一扫

蒙皮并调整权重

单击"修改"面板"参数"卷展栏中的"编辑封套"按钮，勾选"顶点"复选框。

步骤5 在"参数"卷展栏的列表框中选择人物头部的骨骼，然后通过移动封套上的控制点来调整骨骼的影响范围，如图8-1-21所示。

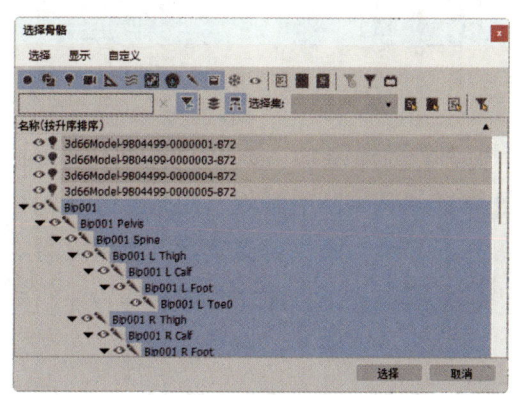

图8-1-20 选择骨骼

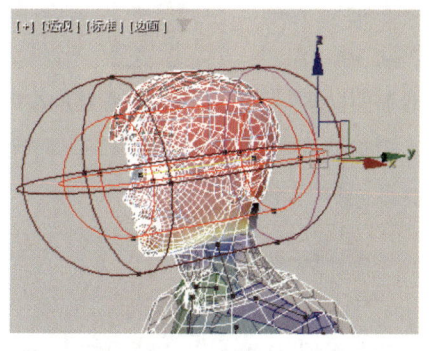

图8-1-21 调整骨骼的影响范围

步骤6 在"参数"卷展栏中勾选"选择元素"复选框，然后框选人物颈部和上衣的顶点，单击该卷展栏"权重属性"设置区中的"权重工具"按钮，在弹出的"权重工具"对话框中单击"0"按钮，使所选顶点不受人物头部骨骼的影响，如图8-1-22所示。

步骤7 框选人物头部的顶点，然后取消勾选"选择元素"复选框，按住"Alt"键框选或单击选择不需要的顶点，接着单击"权重工具"对话框中的"1"按钮，则所选顶点处模型的颜色变为红色，最后参照图8-1-23，使用同样的方法设置人物头部和颈部交界处的顶点受骨骼影响的程度（黄色部分的权重值为0.5，蓝色部分的权重值为0.1）。

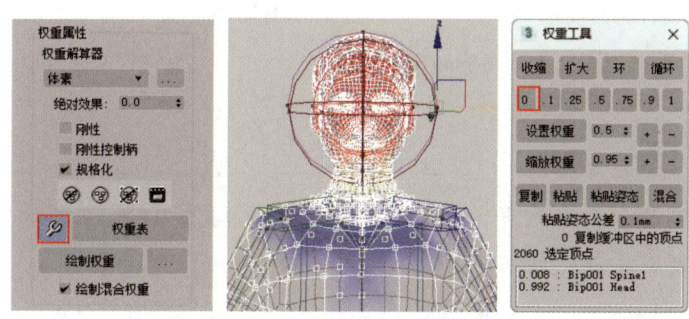

图8-1-22 设置顶点受骨骼影响的程度

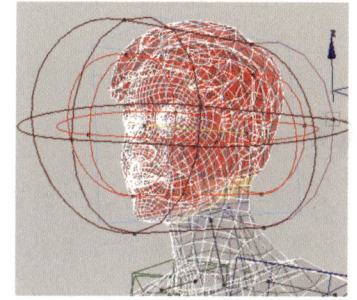

图8-1-23 头部骨骼的权重

> 在调整权重时，应将不受骨骼影响的顶点的权重值设为0，完全受骨骼影响的顶点的权重值设为1。对于位于两个骨骼交界处的顶点，需要根据不同的模型和所需要的动画效果来设置该顶点的权重值，通常将其权重值设为0.5~0.75；对于受骨骼影响较小的顶点，通常将其权重值设为0.1~0.25。
>
> 在设置权重时，可根据需要随时切换模型的显示效果，以便通过模型的颜色观察权重的分配情况。

步骤8 参照如图8-1-24和步骤5~步骤7中调整人物头部骨骼权重的方法，调整人物颈部、左侧肩部、胸部、腰部、髋部、左侧上肢与下肢骨骼的权重。

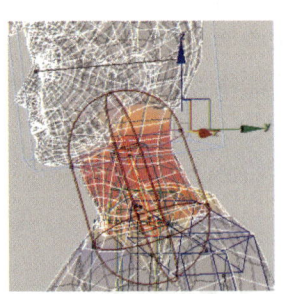  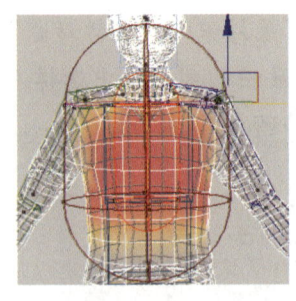 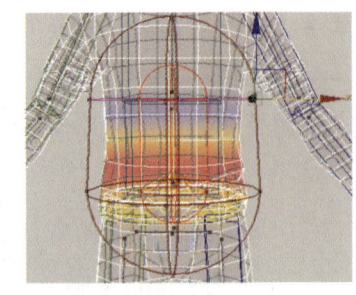

颈部骨骼的权重　　左侧肩部骨骼的权重　　胸部骨骼的权重　　腰部骨骼的权重

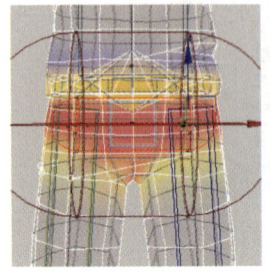 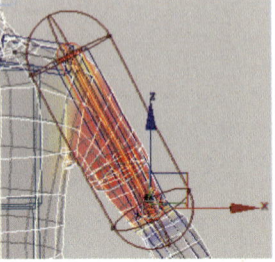 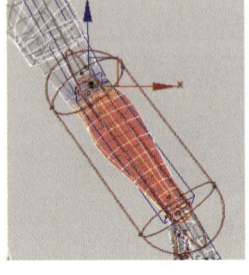 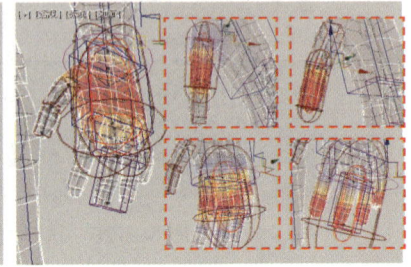

髋部骨骼的权重　　大臂骨骼的权重　　小臂骨骼的权重　　手部骨骼的权重

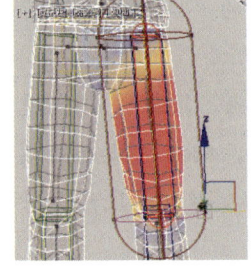 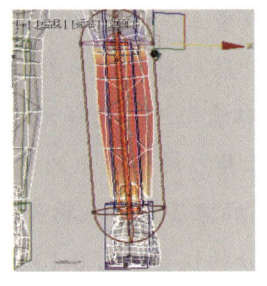 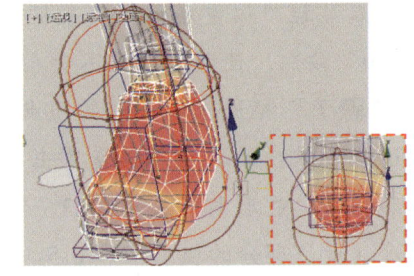

左侧大腿骨骼的权重　　左侧小腿骨骼的权重　　左脚骨骼的权重

图8-1-24　人物身体各部位骨骼的权重

> **提示**
>
> 利用"权重工具"对话框设置权重值时，存在无法设置部分顶点的权重值的情况。此时可单击"参数"卷展栏中的"权重表"按钮，打开"蒙皮权重表"对话框，然后按下列操作设置这些顶点的权重值：① 在视口中框选需要设置权重值的顶点；② 在"蒙皮权重表"对话框左下角的下拉列表中选择"选定顶点"选项，然后将光标移至"顶点 ID"列下的第一个单元格上，按住左键并向下移动鼠标，直至选中该对话框中的所有单元格；③ 在对话框中选择与所选顶点对应的骨骼的名称，在其下方的任一单元格中输入合适的权重值并按回车键，如图8-1-25所示。
>
>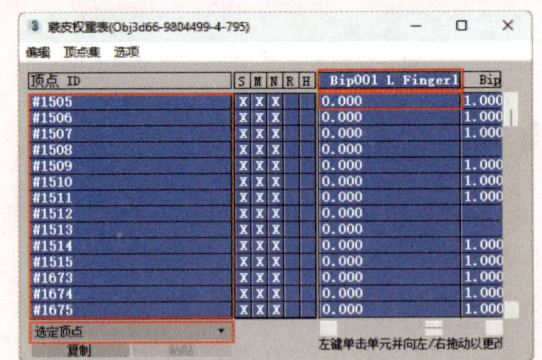
>
> 图8-1-25　在"蒙皮权重表"中设置顶点的权重值

步骤9　　单击"编辑封套"按钮，退出编辑封套模式。通过移动、旋转骨骼查看蒙皮的效果，确认蒙皮效果无误后选中人物模型，单击"编辑封套"按钮，然后单击"镜像参数"卷展栏中的"镜像模式"按钮，模型上的顶点会自动分为蓝色和绿色两部分。单击"镜像参数"卷展栏中的"将蓝色粘贴到绿色"按钮，可将 Biped 骨架左侧骨骼的权重镜像到右侧的骨骼上，如图 8-1-26 所示。

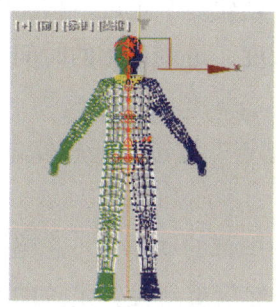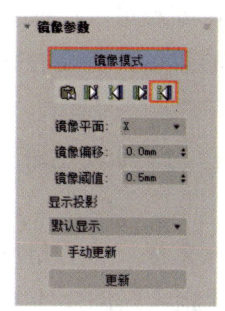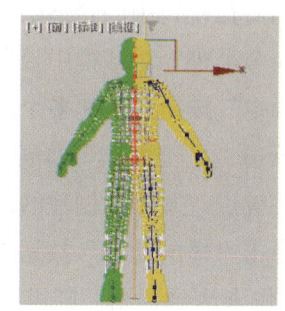

图 8-1-26　镜像骨骼的权重

步骤 10　由于镜像得到的权重值可能存在偏差，因此需要单击"编辑封套"按钮，退出编辑封套模式，然后通过移动、旋转骨骼再次检查蒙皮的效果，并对蒙皮效果不理想的部位进行调整。

任务二　制作角色动画

【任务描述】

3ds Max 包含两套完整的、为各类角色设置动画的系统，即 character studio 系统和 CAT 系统。Biped 是 character studio 系统中最常用、功能最强大的组件，为角色创建骨骼并且蒙皮后，就可以通过操控骨骼来制作角色动画了。对于使用了 Biped 骨架的角色，可根据需要，按照足迹模式或传统模式为其制作动画。

本任务将先介绍按照足迹模式和传统模式制作角色动画的基础知识，然后通过制作人物行走动画和老鹰翱翔动画，学习按照这两种模式制作角色动画的具体操作。

一、按照足迹模式制作角色动画

按照足迹模式制作角色动画时，软件会根据设置的足迹和步态自动生成动作。按照足迹模式可以制作角色行走、奔跑、跳跃动画。

单击"Biped"卷展栏中的"足迹模式"按钮，"运动"面板中出现"足迹创建"卷展栏和"足迹操作"卷展栏（见图 8-2-1），利用这两个卷展栏中的按钮可以设置步态、创建足迹，也可以禁用、删除和复制足迹。

按照足迹模式制作动画的流程如下：

（1）选中利用"Biped"命令创建的 Biped 骨架，然后单击"运动"面板"Biped"卷展栏中的"足迹模式"按钮，选择足迹模式。

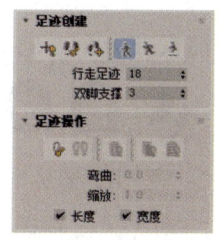

图 8-2-1　卷展栏

（2）根据需要单击"足迹创建"卷展栏中的"行走"按钮、"跑动"按钮或"跳跃"按钮，以选择运动方式。

（3）将时间滑块拖至动画开始处，单击"足迹创建"卷展栏中的"创建足迹（在当前帧上）"按钮，然后在视口中的合适位置单击，创建足迹；或者单击"创建多个足迹"按钮，在弹出的"创建多个足迹"对话框中设置足迹的数量、步幅的宽度和长度、足迹开始的时间等参数，然后单击"确定"按钮，创建多个足迹。

（4）单击"足迹操作"卷展栏中的"为非活动足迹设置关键点"按钮，软件自动为Biped骨架设置关键点，并激活创建的足迹。

（5）单击"播放动画"按钮查看动画效果，检查角色腿部和脚部的动作（可忽略上半身的动作）。若动作未达到预期，则需要撤回或删除已创建的关键点，然后重新设置足迹的参数、创建足迹并为Biped骨架设置关键点；若动作达到预期，则可退出足迹模式。

（6）在角色运动时间范围内为角色上半身制作动画，或者选中已有的关键点，利用"Biped"卷展栏中的"转化"按钮将其转化为自由形式的关键点，然后在动画和时间控件中的任一时间点上，为角色上半身制作动画。

二、按照传统模式制作动画

与制作属性动画的方法类似，按照传统模式制作角色动画时，需要在不同时间节点上调整角色的姿态并设置关键点。

在为Biped骨架设置关键点时，既可以单击"自动关键点"按钮（处于激活状态），然后在不同时间节点上调整角色的姿态；也可以先调整角色的姿态，然后单击"运动"面板"关键点信息"卷展栏中的"设置关键点"按钮（见图8-2-2），以设置关键点，但是不能利用动画和时间控件中的"设置关键点"按钮来设置关键点。

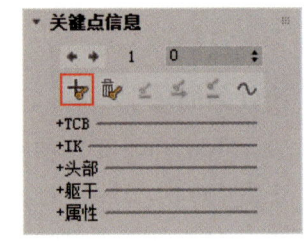

图8-2-2 "设置关键点"按钮

制作角色动画时，除使用上述方法外，还可以根据需要，为角色脚部和手部的骨骼设置踩踏关键点或滑动关键点。例如，选中脚部或手部的某块骨骼并调整其位置，然后单击"关键点信息"卷展栏中的"设置踩踏关键点"按钮，软件会自动设置一个踩踏关键点，同时视口中出现一个轴点（红色小点）。此时，"关键点信息"卷展栏的"IK混合"文本框中的数值为1，"连接到上一个IK关键点"复选框被勾选，"对象"单选钮被选中，并且所选骨骼被固定在视口中。常利用"设置踩踏关键点"按钮制作下蹲、弯腰等动画。

"设置踩踏关键点"按钮与"设置滑动关键点"按钮的使用方法基本相同，二者的主要区别在于：利用"设置踩踏关键点"按钮制作动画时，骨骼的运动轨迹为曲线；利用"设置滑动关键点"按钮制作动画时，骨骼的运动轨迹为直线。常利用"设置滑动关键点"按钮制作抬脚等骨骼仅在一个方向上运动的动作。

提 示

IK是反向动力学的英文缩写，由子对象带动父对象的运动。由父对象带动子对象的运动称为正向动力学，英文缩写为"FK"。

任务实施一 制作人物行走动画——足迹模式

下面通过制作如图 8-2-3 所示的人物行走动画，学习按照足迹模式制作角色动画的方法。

图 8-2-3　人物行走动画效果截图

制作思路

打开素材文件，选择足迹模式，然后选择步态，设置步幅和其他有关足迹的参数，以制作人物行走动画，最后退出足迹模式，开启自动设置关键点功能，制作人物手臂的动作和人物行走时左顾右盼的动作。

制作步骤

步骤1　打开本书配套素材"素材与实例"→"项目八"→"人物行走动画"→"人物及场景素材 .max"文件。

步骤2　在主工具栏中的"选择过滤器"下拉列表中选择"骨骼"选项，然后选中 Biped 骨架，再单击"运动"面板"Biped"卷展栏中的"足迹模式"按钮，选择足迹模式。

制作人物行走动画

步骤3　确认时间滑块位于第 0 帧，依次单击"足迹创建"卷展栏中的"行走"按钮和"创建多个足迹"按钮，然后在弹出的"创建多个足迹：行走"对话框中设置足迹的数量、步幅的宽度和长度、足迹开始的时间、同一只脚从抬起到落下所需的时间，最后单击"确定"按钮，如图 8-2-4 所示。

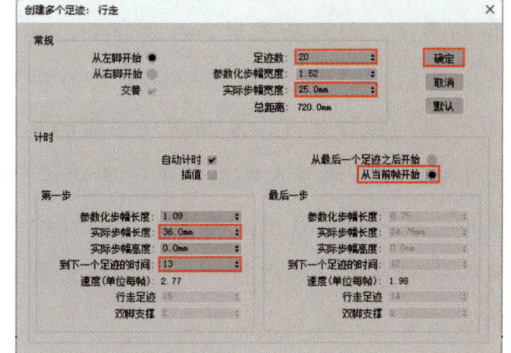

图 8-2-4　创建足迹

知 识 库

如图8-2-4所示的"创建多个足迹：行走"对话框中的常用文本框和复选框的功能如下：

（1）"参数化步幅宽度"和"实际步幅宽度"文本框：用于设置步幅的宽度，两个文本框中的数值互相影响。前者以骨盆宽度的百分比表示步幅的宽度，数值为1时，步幅的宽度与骨盆的宽度相等；后者以当前工程文件所使用的单位表示步幅的宽度。

（2）"自动计时"复选框：勾选该复选框后，"行走足迹"和"双脚支撑"文本框不可用，此时可通过设置"到下一个足迹的时间"文本框中的数值来调整角色行走的速度。

（3）"插值"复选框：勾选该复选框后，可通过设置第一步和最后一步的参数来控制角色的步幅和行走速度；取消勾选该复选框后，软件将按照设置的第一步的参数创建所有足迹。

（4）"参数化步幅长度"和"实际步幅长度"文本框：用于设置步幅的长度，两个文本框中的数值互相影响。前者以腿部骨骼长度的百分比表示步幅的长度，数值为0时，角色将在原地行走；后者以当前工程文件所使用的单位表示步幅的长度。

（5）"实际步幅高度"文本框：用于设置相邻足迹的高度差，常用于控制角色上（下）坡和上（下）楼梯时的足迹。正值表示向上行走，负值表示向下行走。

（6）"到下一个足迹的时间"文本框：用于设置同一只脚从抬起到落下所需的时间，该数值影响角色的行走速度。

（7）"行走足迹"文本框：用于设置角色在行走期间单脚着地后停留的时间。该数值越大，每只脚接触地面的时间越长，行走速度越慢。

（8）"双脚支撑"文本框：用于设置角色在行走期间双脚都着地后停留的时间。该数值越大，双脚都着地后停留的时间越长，行走速度越慢。

步骤4　单击"足迹操作"卷展栏中的"为非活动足迹设置关键点"按钮，激活所创建的足迹，然后单击"播放动画"按钮，在摄影机视图中可以看到人物腿部和脚部的动作比较协调，但手臂在摆动时会穿进身体里（俗称"穿模"），因此需要调整手臂的动作。

步骤5　单击"运动"面板"Biped"卷展栏中的"足迹模式"按钮，退出足迹模式。确认时间滑块位于第0帧，然后单击"自动关键点"按钮，选中人物右侧大臂的骨骼，在透视图中将其绕x轴旋转至合适的角度，使人物手臂与身体分开，如图8-2-5所示。

步骤6　参照步骤5，将时间滑块分别拖至人物右侧大臂骨骼的所有关键点处，调整各关键点处人物右侧大臂骨骼的旋转角度，从而解决穿模的问题。

步骤7　使用同样的方法调整人物左侧手臂的动作。

步骤8　将时间滑块拖至第0帧，选中人物头部的骨骼，在透视图中将其按照顺时针方向绕z轴旋转35°，使人物向右看，然后将时间滑块拖至第60帧，将人物头部骨骼按照逆时针绕z轴旋转30°，使人物向前看，如图8-2-6所示。

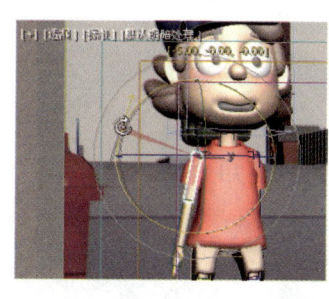  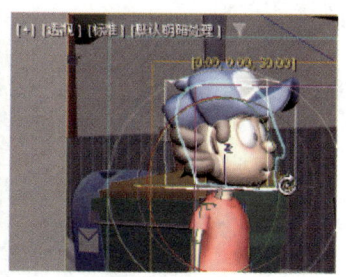

图 8-2-5　调整人物手臂的动作　　　　　　图 8-2-6　调整人物头部的动作

步骤 9　在轨迹栏中选中第 73 帧处的关键点并右击，在弹出的快捷菜单中选择"删除选定关键点"菜单项（见图 8-2-7），将所选的关键点删除，以调整人物摆头的速度。

步骤 10　单击"自动关键点"按钮，关闭自动设置关键点功能，然后激活摄影机视图，单击"播放动画"按钮查看人物行走动画。

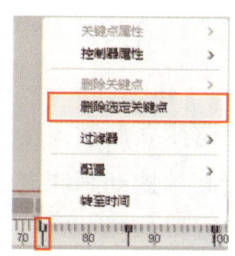

图 8-2-7　删除关键点

素养提升

近年来，一部部取材传统文化的国产动画电影相继问世，在观众口碑和票房收益方面屡创佳绩。在类型上，既有《熊出没》等以儿童为主要受众群，元素丰富、角色鲜明活泼的影片，也出现了许多面向全年龄段受众的动画作品。在题材和内容上，既有《白蛇：缘起》《姜子牙》《新神榜：哪吒重生》《新神榜：杨戬》等经典神话的故事新编，在想象力的驰骋中展示中华审美风尚，也出现了不同方向的突围与探索。如《长安三万里》探向历史长河，以历史人物和文学经典作为创作对象；《我们的冬奥》尝试当代题材，展现现实关怀；《深海》深入情感世界深处，探索艺术疗愈功能。

国产动画电影品质的提升离不开创作者的敬业精神和文化自信。动画电影《新神榜：杨戬》中的太极图大战镜头，创作者从设计到最终制作完成，共花费了 23 个月的时间。《深海》中的"劈海"镜头，特效师做了足足 15 个月，最终才以粒子水墨的形式把缤纷绚烂、波涛翻滚的大海景象淋漓尽致地表现出来。国产动画电影之所以能够屡创佳绩，与创作者的文化自信密切相关。这种自信不是戾气的张扬，也不是虚妄的野心，而是海纳百川的胸怀，是正视自身的不足并持续进步的行为体现。读者在不断提高自身的专业能力之外，还应不断提高思想境界，坚定自己的文化自信，练好内功。

任务实施二 制作老鹰翱翔动画——传统模式

下面通过制作如图 8-2-8 所示的老鹰翱翔动画，学习按照传统模式制作角色动画的方法。

图 8-2-8 老鹰翱翔动画效果截图

制作思路

打开素材文件，将老鹰模型及其骨骼孤立显示，然后开启自动设置关键点功能，通过在不同时间节点上调整老鹰的姿态来制作老鹰扇翅动画和老鹰滑翔动画，接着调整物理摄影机的位置，制作摄影机动画，最后通过移动、旋转与老鹰模型链接的虚拟对象，调整老鹰的飞翔轨迹和姿态。

制作步骤

1. 制作老鹰扇翅动画

步骤 1 打开本书配套素材"素材与实例"→"项目八"→"老鹰翱翔动画"→"老鹰素材 .max"文件。该素材文件中老鹰模型主体部分的骨骼是利用"Biped"命令创建的，翅膀和尾羽部分的骨骼为基础骨骼（Bone）。

步骤 2 框选老鹰模型及其骨骼，按"Alt+Q"组合键使其孤立显示，然后在主工具栏中的"选择过滤器"下拉列表中选择"骨骼"选项。确认时间滑块位于第 0 帧，然后单击"自动关键点"按钮，参照图 8-2-9 移动、旋转骨骼，以调整老鹰扇翅的初始姿态。

 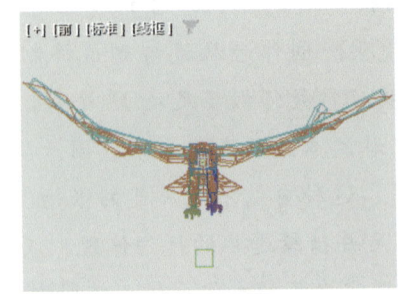 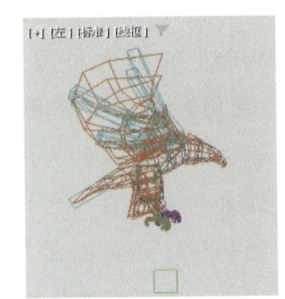

图 8-2-9 老鹰的姿态（第 0 帧）

步骤 3 将时间滑块拖至第 20 帧，参照图 8-2-10，将 Biped 骨架的重心微微上移，以调整老鹰飞行的高度，然后通过移动、旋转骨骼调整老鹰的姿态，使其翅膀上扬、爪子后缩。

步骤 4 参照图 8-2-11 和图 8-2-12，通过移动、旋转骨骼分别调整老鹰在第 7 帧和第 13 帧的姿态，以制作老鹰双翅向下扇动的动作。

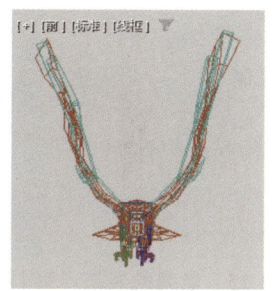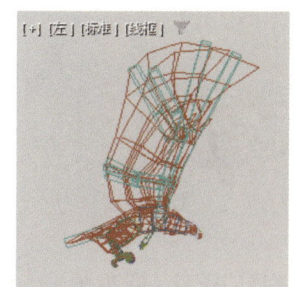

图 8-2-10 老鹰的姿态（第 20 帧）

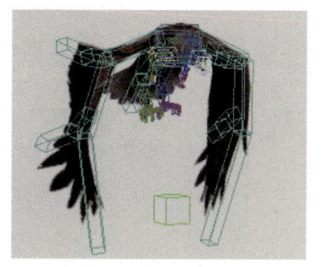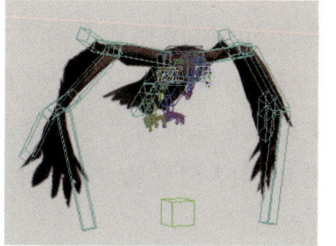

图 8-2-11 老鹰的姿态（第 7 帧）　　图 8-2-12 老鹰的姿态（第 13 帧）

答疑解惑

问：为什么要先调整第 20 帧处老鹰的姿态？

答：从第 0 帧到第 20 帧为一组扇翅动作，先调整第 0 帧和第 20 帧处老鹰的姿态，可以更好地把控一组动作的节奏。

步骤 5　框选老鹰的所有骨骼，在轨迹栏中分别选中第 7，13，20 帧处的关键点，然后按住"Shift"键将它们依次拖至第 30，36，43 帧。此时，老鹰扇翅的两组动作就制作完成了。单击"播放动画"按钮，可查看动画效果。

2．制作老鹰滑翔动画

步骤 1　将时间滑块拖至第 55 帧，参照图 8-2-13 移动、旋转骨骼，以制作老鹰滑翔时的姿态。

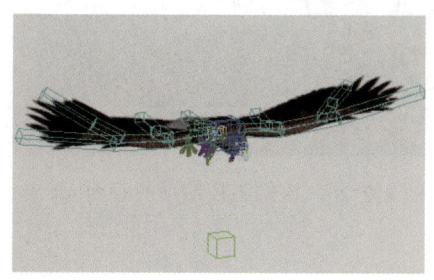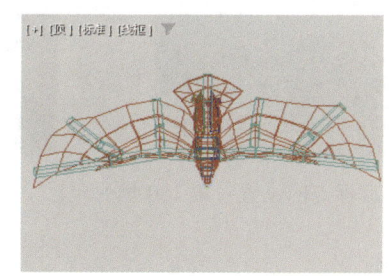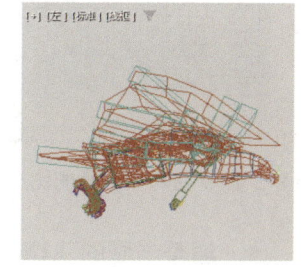

图 8-2-13　老鹰的姿态（第 55 帧）

步骤 2　参照图 8-2-14～图 8-2-16，通过旋转骨骼调整老鹰在第 70，115，140 帧的姿态，以制作老鹰在滑翔时扭头的动作，以及在飞行时翅膀受风吹和扭头动作影响而产生的细微变化。

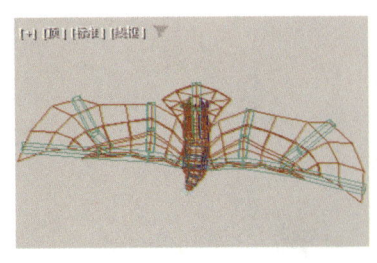 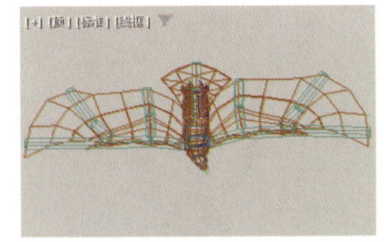 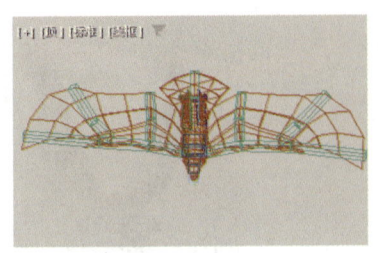

图 8-2-14　老鹰的姿态（第70帧）　　图 8-2-15　老鹰的姿态（第115帧）　　图 8-2-16　老鹰的姿态（第140帧）

3．制作摄影机动画

步骤1　单击3ds Max操作界面下方的"孤立当前选择"按钮，退出模型孤立显示模式，然后按"C"键，将透视图切换为摄影机视图。

步骤2　在主工具栏中的"选择过滤器"下拉列表中选择"全部"选项。将时间滑块拖至第95帧，参照图8-2-17调整物理摄影机的图标和目标点的位置，使摄影机视图的画面接近如图8-2-18所示的画面。

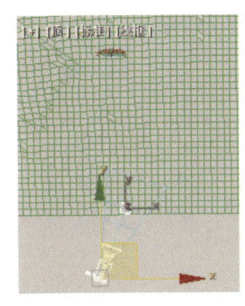 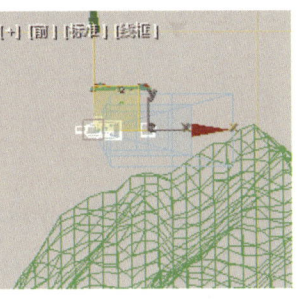 

图 8-2-17　物理摄影机的图标和目标点的位置（第95帧）　　图 8-2-18　摄影机视图中的画面①

步骤3　将时间滑块拖至第150帧，参照图8-2-19调整物理摄影机的图标和目标点的位置，使摄影机视图的画面接近如图8-2-20所示的画面。

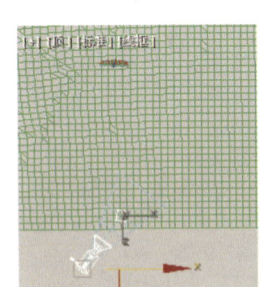  

图 8-2-19　物理摄影机的图标和目标点的位置（第150帧）　　图 8-2-20　摄影机视图中的画面②

4．调整老鹰的飞翔轨迹

步骤1　将时间滑块拖至第0帧，在前视图中选中与老鹰模型链接的虚拟对象（见图8-2-21），然后在顶视图中将其按照逆时针方向绕z轴旋转40°。

步骤2　参照图8-2-22～图8-2-24，分别在第40，95，150帧调整虚拟对象的位置，使老鹰位于合适的位置（在第150帧，老鹰位于摄影机视图外）。

步骤3　单击"自动关键点"按钮，关闭自动设置关键点功能，然后单击"播放动画"按钮，查看老鹰翱翔动画。

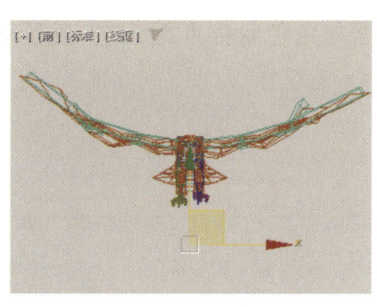
图 8-2-21　选中虚拟对象

图 8-2-22　老鹰的位置（第 40 帧）

图 8-2-23　老鹰的位置（第 95 帧）

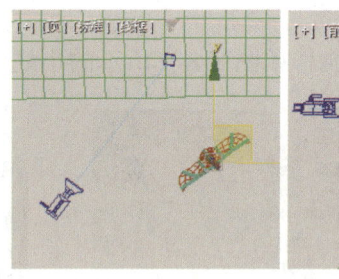

图 8-2-24　老鹰的位置（第 150 帧）

★ 经验之谈——动作捕捉技术的应用

动作捕捉技术是一种借助外部设备对人体或者其他物体在真实世界中的运动轨迹进行跟踪、测量和记录，然后将所获得的数据应用于虚拟世界中的角色模型上，使其获得相应动作的技术。动作捕捉技术是制作角色动画的一项关键技术，利用该技术不仅能够大大提高角色动画的制作效率，还能够得到更加逼真的动画效果。动作捕捉技术的应用效果如图 8-2-25 所示。

图 8-2-25　动作捕捉技术的应用效果

动作捕捉主要有光学动作捕捉和惯性动作捕捉两种方式。光学动作捕捉的原理为：在演员的身体上标记一些点，通过红外摄影机检测、记录这些点的位置，形成这些点的运动轨迹。惯性动作捕捉的原理为：将感应芯片封装后绑在演员身体的重要关节处，利用芯片捕捉关节的运动，进而通过算法分析将所采集的数据转化为演员的动作数据。采用光学动作捕捉方式获得的数据精度更高，并且可以捕捉更精细的动作，但是采用惯性捕捉方式获得数据的操作更简单。

利用动作捕捉技术制作角色动画的流程大致为：① 演员规范穿戴动作捕捉设备，或者在演员的身体上标记一些点；② 将动作捕捉设备与相应的动作捕捉软件连接；③ 演员进行表演；④ 动作捕捉软件保存并输出数据；⑤ 动画制作者检查角色的模型和骨骼是否与采集到的数据一致；⑥ 将数据导入三维软件或引擎中，通过操作使该数据与角色骨骼匹配；⑦ 查看动画效果，根据需要进行调整。

自测习题一　制作小蛇爬行动画

利用本项目所学知识制作如图 8-3-1 所示的小蛇爬行动画。

图 8-3-1　小蛇爬行动画效果截图

提示：　　开启自动设置关键点功能，分别在第 40，70，100 帧调整小蛇的位置和姿态。调整小蛇的位置时，需要选中小蛇模型和小蛇的骨骼与 IK 链，然后进行移动；调整小蛇的姿态时，只需要移动 IK 链。

自测习题二　制作小男孩过马路动画

利用本项目所学知识制作如图 8-3-2 所示的小男孩过马路动画。

图 8-3-2　小男孩过马路动画效果截图

提示：　　（1）按照足迹模式制作小男孩奔跑的动画。选择足迹模式后，选择"奔跑"步态，然后利用"创建多个足迹"按钮创建足迹。足迹的数量为 10 个，实际步幅宽度为 37 mm，实际步幅长度为 89 mm，相邻足迹间的时间间隔为 10 帧。

（2）退出足迹模式，开启自动设置关键点功能，调整小男孩手臂摆动动作，防止其手臂穿过身体，然后对小男孩的腿部和脚部的动作进行调整，使奔跑动作更加自然。

项目九
通过实战锤炼过硬本领

前面 8 个项目介绍了使用 3ds Max 制作三维动画的基础知识。为了使读者能够将所学知识更好地应用到实践中,本项目将通过几个案例,介绍产品展示动画、节日主题动画、角色动画的制作思路和制作步骤。

知识目标

- 掌握制作产品展示动画的方法。
- 掌握制作节日主题动画的方法。
- 掌握制作角色动画的方法。

素质目标

- 通过制作端午节片头动画,感受中国传统文化的魅力,坚定文化自信。
- 通过制作综合案例,提高思维能力,提升专业素养。

任务一　制作产品展示动画——汽车展示动画

【任务描述】

产品展示动画是现代市场营销中不可或缺的一环，不仅能够直观地展示产品的外观、结构、功能、工作原理、使用方法等，还能够吸引潜在消费者的注意力，帮助其更好地理解产品的特性和优势。此外，生动、精美的产品展示动画还能够展现产品生产企业的实力，增强消费者对该企业的信任，提升企业的品牌形象，提高企业的市场竞争力。

下面通过制作如图9-1-1所示的汽车展示动画，介绍使用3ds Max制作产品展示动画的思路和步骤。

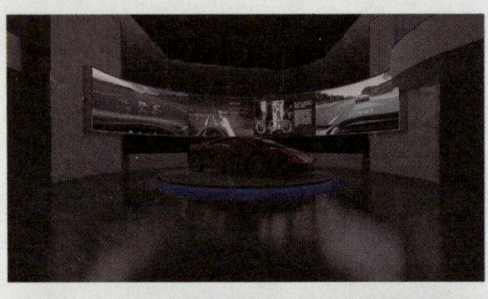

图9-1-1　汽车展示动画效果截图

案 例 展 示

人们认识事物的过程是一个从宏观到微观逐步深入的过程，因此在制作产品展示动画时，也应按照先宏观再微观的顺序依次展示产品。本任务中的汽车展示动画由7个镜头构成，每个镜头的内容如下：

（1）镜头1：汽车整体展示动画。动画开始时，场景中一片漆黑，接着展示台下方和汽车上方的灯依次被点亮，同时汽车后方的屏幕变亮。随后，镜头慢慢拉近，汽车开始旋转并且最终以侧面面向观众。镜头停止运动后，汽车上方左右两侧的聚光灯被点亮，灯光聚焦在汽车上，突出汽车的主体地位。

（2）镜头2：车身颜色变化动画。聚光灯熄灭后，镜头慢慢拉近，接着汽车车身的颜色开始在红、黄、白、灰4种间切换。

（3）镜头3～镜头6：依次为车头展示动画、车轮展示动画、车尾展示动画、主驾驶位展示动画。这4组动画均为摄影机动画。

（4）镜头7：汽车全貌展示动画。汽车各个部分展示结束后，镜头由车内移至车外，以展示汽车的全貌，最后，汽车按顺时针方向旋转一定角度后停止。

制 作 思 路

（1）镜头1的制作思路：分别调整VRay平面灯、VRayIES灯、VRay圆形灯的灯光强度和发光屏幕的自发光强度，以制作动画开场时灯光由熄灭到亮起的动画；然后移动摄影机并旋转汽车，制作镜头推进、汽车旋转动画；接着通过调整目标聚光灯的参数及其目标点的位置，制作聚光灯动画；最后调整场景中主光源的亮度，以提高整个场景的亮度。

（2）镜头2的制作思路：移动摄影机并调整摄影机视图的视角，然后打开材质编辑器，通过调整车漆的颜色，制作车身颜色变化动画。

（3）镜头3～6的制作思路：通过调整摄影机的图标、目标点的位置并旋转镜头，依次展示车头、车轮、车尾和主驾驶位。

（4）镜头7的制作思路：调整摄影机视图的视角，使镜头由车内移至车外，然后旋转汽车，制作汽车展示结束时的动画。

制 作 步 骤

1. 制作汽车整体展示动画

打开本书配套素材"素材与实例"→"项目九"→"汽车展示动画"→"汽车素材.max"文件，先制作第0～25帧的灯光动画，然后制作第26～180帧的摄影机动画和汽车旋转动画，接着制作第170～210帧的聚光灯动画，最后在第220帧调整VRayIES灯和VRay圆形灯的灯光强度，以提高整个场景的亮度。为了方便地选中场景中的对象，在制作动画的过程中，读者可根据需要，在主工具栏的"选择过滤器"下拉列表中选择相应的选项。

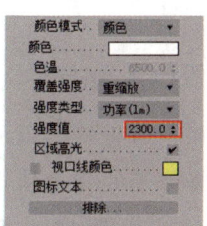

制作汽车展示动画

步骤1 将时间滑块拖至第5帧，单击"自动关键点"按钮，然后选中汽车展示台下方的一组VRay平面灯，在"修改"面板的"常规"卷展栏中将灯光的强度值设为2，最后在轨迹栏中选中第0帧处的关键点，将其移至第3帧。

> **提示**
>
> 如果动画时间较长，可在"时间配置"对话框中将动画的持续时间设置得短些，以便在轨迹栏中选中需要编辑的关键点。

步骤2 将时间滑块拖至第15帧，然后选中汽车上方的一组VRayIES灯，在"修改"面板的"VRayIES参数"卷展栏中将灯光的强度值设为2 300（见图9-1-2），接着在轨迹栏中选中第0帧处的关键点，将其移至第13帧。

步骤3 确保时间滑块位于第15帧，然后选中汽车后方的屏幕，按"M"键打开材质编辑器，接着选中其中

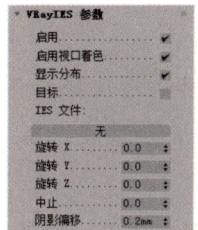

图9-1-2 VRayIES灯的参数

的"发光屏幕"材质球,将"发光屏幕"材质的自发光强度值设为0.6,最后在轨迹栏中选中第0帧处的关键点,将其移至第13帧。

步骤4 将时间滑块拖至第25帧,然后选中汽车上方的VRay圆形灯,在"修改"面板的"常规"卷展栏中将灯光的强度值设为2,接着在轨迹栏中选中第0帧处的关键点,将其移至第23帧。

步骤5 将时间滑块拖至第26帧,按住"Ctrl"键在场景资源管理器中选中物理摄影机的图标和目标点,按"K"键设置关键点,然后将时间滑块拖至第160帧,在前视图中将物理摄影机的图标移至合适的位置(见图9-1-3),使摄影机视图中的画面接近如图9-1-4所示的画面。

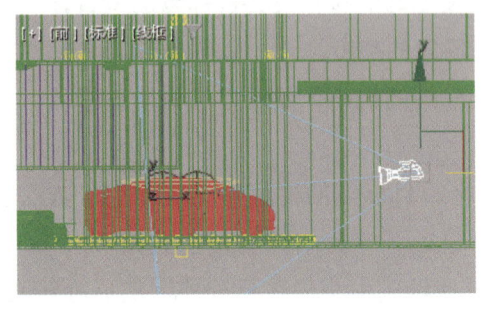 

图9-1-3 物理摄影机图标的位置(第160帧)   图9-1-4 摄影机视图中的画面(第160帧)

步骤6 将时间滑块拖至第26帧,选中汽车模型并按"K"键设置关键点,然后将时间滑块拖至第160帧,在顶视图中将汽车模型按逆时针方向绕z轴旋转360°。

步骤7 将时间滑块拖至第180帧,然后在顶视图中将汽车模型按逆时针方向绕z轴旋转35°,以展示汽车的侧面。

步骤8 将时间滑块拖至第175帧,然后在左视图中选中该视图左侧的目标聚光灯,在"修改"面板的"强度/颜色/衰减"卷展栏中将该灯光的强度值设为3,接着在轨迹栏中选中第0帧处的关键点,将其移至第170帧。

步骤9 确认时间滑块位于第175帧,在左视图中选中位于该视图左侧的目标聚光灯的目标点,按"K"键设置关键点,然后将时间滑块拖至第190帧,在左视图中将该目标聚光灯的目标点沿x轴方向移至合适的位置(见图9-1-5),使目标聚光灯的光束照在汽车上。

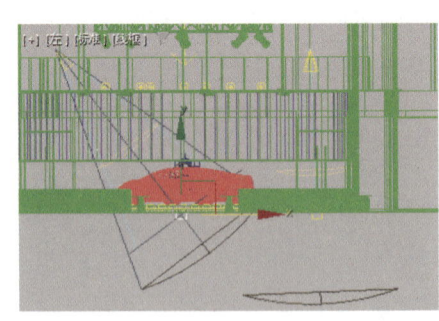

图9-1-5 目标聚光灯目标点的位置(第190帧)

步骤10 将时间滑块拖至第210帧,在左视图中选中该视图左侧的目标聚光灯,在"修改"面板的"强度/颜色/衰减"卷展栏中将灯光的强度值设为0,然后将时间滑块拖至第205帧,将灯光的强度值设为3。

步骤11 参照步骤8~步骤10,为另一个目标聚光灯制作相同的动画。

步骤12 目标聚光灯熄灭后,场景变暗,不能很好地展示汽车,因此需要提高场景的亮度。将时间滑块拖至第 220 帧,然后选中汽车上方的 VRay 圆形灯,在"修改"面板的"常规"卷展栏中将灯光的强度值设为 10,接着将时间滑块拖至第 205 帧,将灯光的强度值设为 2。

步骤 13 将时间滑块拖至第 220 帧,然后选中汽车上方的一组 VRayIES 灯,在"修改"面板的"VRayIES 参数"卷展栏中将灯光的强度值设为 4 000,接着将时间滑块拖至第 205 帧,将灯光的强度值设为 2 300。

2. 制作车身颜色变化动画

第 221~299 帧为车身颜色变化动画。为了能够使观众更清楚地看到车身颜色的变化,在制作车身颜色变化动画前,需要先将镜头拉近。车身颜色的变化可通过在材质编辑器中调整车漆的颜色来制作。

步骤 1 将时间滑块拖至第 205 帧,选中物理摄影机的图标和目标点并按"K"键设置关键点,然后将时间滑块拖至第 220 帧,在前视图中将物理摄影机的图标移至合适的位置(见图 9-1-6),使摄影机视图中的画面接近如图 9-1-7 所示的画面。

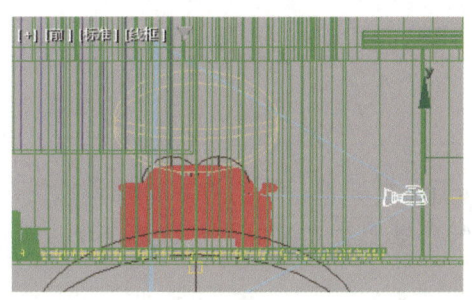 

图 9-1-6　物理摄影机图标的位置(第 220 帧)　　图 9-1-7　摄影机视图中的画面(第 220 帧)

步骤 2 单击"关键点过滤器"按钮,在弹出的"设置关键点过滤器"对话框中勾选"全部"复选框。将时间滑块拖至第 234 帧,选中汽车模型并按"K"键设置关键点,然后将时间滑块拖至第 235 帧,按"M"键打开材质编辑器,选中其中的"车漆"材质球,接着在"基础层参数"卷展栏和"亮片层参数"卷展栏中将车漆的颜色设为黄色,如图 9-1-8 所示。

步骤 3 将时间滑块拖至第 255 帧,在"基础层参数"卷展栏和"亮片层参数"卷展栏中将车漆的颜色设为白色(见图 9-1-9),然后在轨迹栏中选中第 235 帧处的关键点,按住"Shift"键将其克隆并移至第 254 帧。

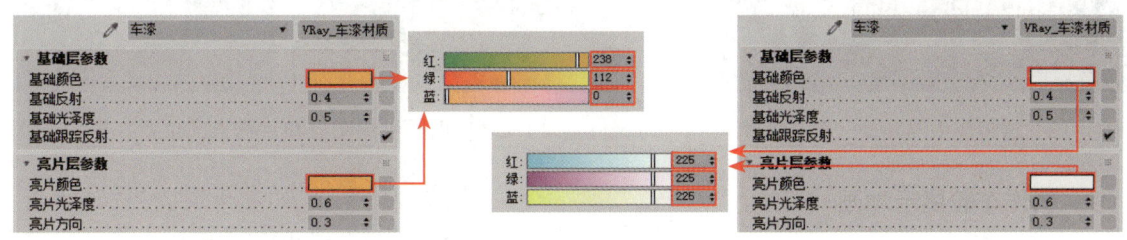

图 9-1-8　车漆的颜色(第 235 帧)　　图 9-1-9　车漆的颜色(第 255 帧)

步骤 4 将时间滑块拖至第 275 帧,在"基础层参数"卷展栏和"亮片层参数"卷展栏中将车漆的颜色均设为深灰色(R:15,G:15,B:15),然后在轨迹栏中选中第 255 帧处的关键点,按住"Shift"键将其克隆并移至第 274 帧。

步骤 5 在轨迹栏中选中第 275 帧处的关键点,按住"Shift"键将其克隆至第 294 帧。选中第 234 帧处的关键点,按住"Shift"键将其克隆至第 295 帧,使汽车的颜色变回红色。

3. 制作车头展示动画

第300～359帧为车头展示动画。车头展示动画是利用摄影机位置的变化制作的。

步骤1 将时间滑块拖至第300帧，选中物理摄影机的图标和目标点并按"K"键设置关键点，然后将时间滑块拖至第315帧，按"P"键将摄影机视图切换为透视图，接着调整透视图的视角，当透视图中的画面接近如图9-1-10所示的画面时，选中物理摄影机的图标并激活透视图，按"Ctrl+C"组合键，再按"C"键将透视图切换为摄影机视图，最后参照图9-1-11，在顶、左视图中调整物理摄影机的图标和目标点的位置。

 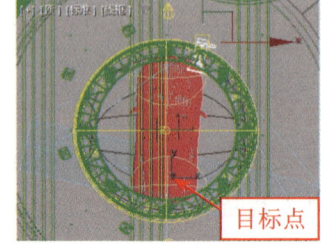 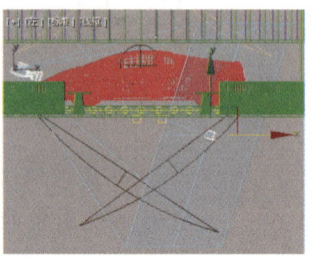

图 9-1-10　透视图中的画面（第315帧）　　图 9-1-11　物理摄影机的图标和目标点的位置（第315帧）

激活透视图后选中物理摄影机的图标并按"Ctrl+C"组合键，可创建一个摄影机视图，但是不会创建一个新的物理摄影机。使用这种方法制作摄影机动画时，可以更便捷地调整摄影机的视角。

步骤2 将时间滑块拖至第355帧，按"P"键将摄影机视图切换为透视图，然后调整透视图的视角，当透视图中的画面接近如图9-1-12所示的画面时，选中物理摄影机的图标并激活透视图，按"Ctrl+C"组合键，再按"C"键将透视图切换为摄影机视图，最后参照图9-1-13，在顶、左视图中调整物理摄影机的图标和目标点的位置。

 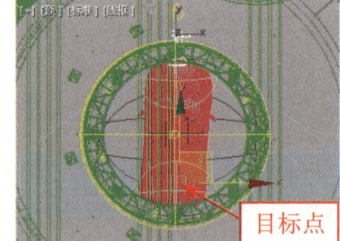 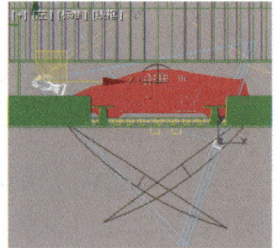

图 9-1-12　透视图中的画面（第355帧）　　图 9-1-13　物理摄影机的图标和目标点的位置（第355帧）

4. 制作车轮展示动画

第360～435帧为车轮展示动画。与车头展示动画相同，车轮展示动画也是利用摄影机位置的变化制作的。

步骤1 将时间滑块拖至第360帧，按"P"键将摄影机视图切换为透视图，然后调整透视图的视角，当透视图中的画面接近如图9-1-14所示的画面时，选中物理摄影机的图标并激活透视图，接着按"Ctrl+C"组合键，再按"C"键将透视图切换为摄影机视图，最后参照图9-1-15，在前、顶视图中调整物理摄影机的图标和目标点的位置。

图 9-1-14 透视图中的画面（第 360 帧）　　图 9-1-15 物理摄影机的图标和目标点的位置（第 360 帧）

步骤 2　将时间滑块拖至第 400 帧，在前视图中将物理摄影机的图标沿 x 轴向右移至合适的位置，然后适当向下移动物理摄影机的目标点（见图 9-1-16），最后在左视图中将物理摄影机的图标按逆时针方向绕 x 轴旋转约 20°。此时摄影机视图中的画面如图 9-1-17 所示。

图 9-1-16 物理摄影机的图标和目标点的位置（第 400 帧）　　图 9-1-17 摄影机视图中的画面（第 400 帧）

步骤 3　将时间滑块拖至第 435 帧，在前视图中将物理摄影机的图标沿 x 轴向左移至合适的位置（见图 9-1-18），最后在左视图中将其按顺时针方向绕 x 轴旋转约 20°。此时，摄影机视图中的画面如图 9-1-19 所示。

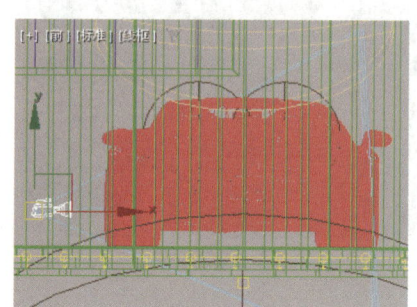 

图 9-1-18 摄影机图标的位置（第 435 帧）　　图 9-1-19 摄影机视图中的画面（第 435 帧）

5．制作车尾展示动画

第 436～515 帧为车尾展示动画。与车轮展示动画相同，车尾展示动画也是利用摄影机位置的变化制作的。

步骤 1　将时间滑块拖至第 445 帧，然后参照制作车轮展示动画的方法，利用"Ctrl+C"组合键创建摄影机视图。物理摄影机的位置和摄影机视图如图 9-1-20 所示。

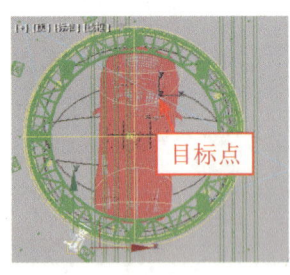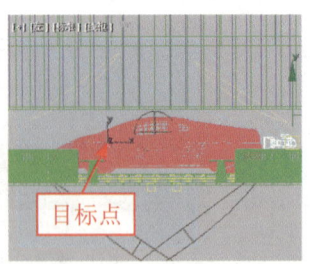

图 9-1-20　物理摄影机的位置和摄影机视图（第 445 帧）

步骤 2　将时间滑块拖至第 515 帧，然后参照制作车轮展示动画的方法，利用"Ctrl+C"组合键创建摄影机视图。物理摄影机的位置和摄影机视图如图 9-1-21 所示。

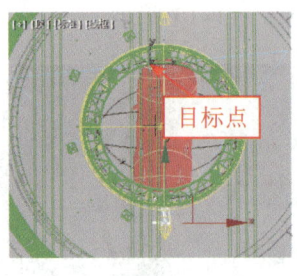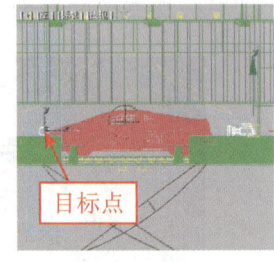

图 9-1-21　物理摄影机的位置和摄影机视图（第 515 帧）

6．制作主驾驶位展示动画

第 516～645 帧为主驾驶位展示动画。调整物理摄影机的位置，使镜头对准控制面板，然后向前慢慢推摄影机，以充分展示方向盘和控制面板。

步骤 1　将时间滑块拖至第 535 帧，利用"Ctrl+C"组合键创建摄影机视图。物理摄影机的位置和摄影机视图如图 9-1-22 所示。

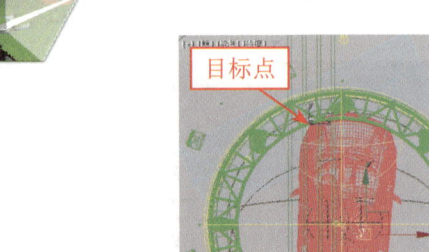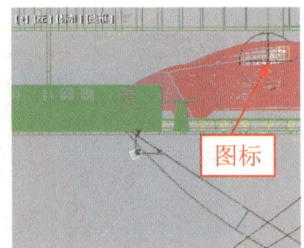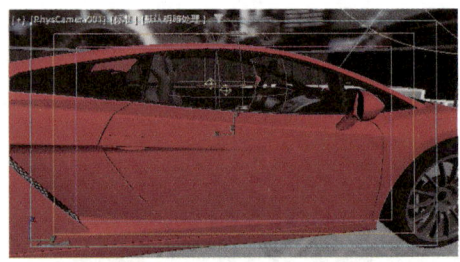

图 9-1-22　物理摄影机的位置和摄影机视图（第 535 帧）

步骤 2　将时间滑块拖至第 595 帧，利用"Ctrl+C"组合键创建摄影机视图。物理摄影机的位置和摄影机视图如图 9-1-23 所示。

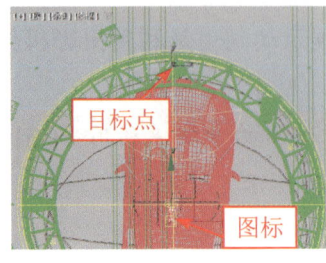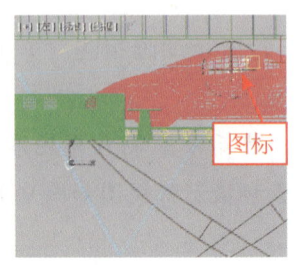

图 9-1-23　物理摄影机的位置和摄影机视图（第 595 帧）

步骤3 拖动时间滑块，在摄影机视图中观察第535~595帧间的动画，若发现画面有被座椅遮挡的情况，则需要调整物理摄影机的位置。具体做法：将时间滑块拖至摄影机视图中开始出现被座椅遮挡的画面处，然后释放左键，在顶视图中调整物理摄影机图标的位置，使摄影机视图中不再出现被座椅遮挡的画面。

步骤4 将时间滑块拖至第645帧，在顶视图中将摄影机的图标沿 y 轴向上移至合适的位置（见图9-1-24），使摄影机视图中的画面接近如图9-1-25所示的画面。

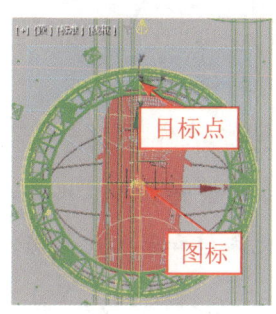

图9-1-24 物理摄影机图标的位置（第645帧）

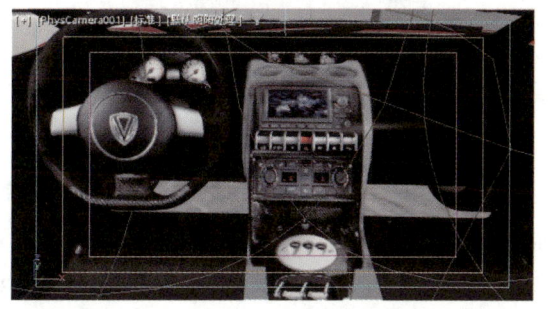

图9-1-25 摄影机视图中的画面（第645帧）

7. 制作汽车全貌展示动画

主驾驶位展示结束后，还需要将镜头移至车外，以展示汽车的全貌。第646~800帧为汽车展示结束时的动画，该段动画也是利用摄影机位置的变化制作的。

步骤1 将时间滑块拖至第665帧，按"P"键将摄影机视图切换为透视图，接着调整透视图的视角，当透视图中的画面接近如图9-1-26所示的画面时，选中物理摄影机的图标并按"Ctrl+C"组合键，最后参照图9-1-27，在顶、左视图中调整物理摄影机的图标和目标点的位置。

图9-1-26 透视图中的画面（第665帧）

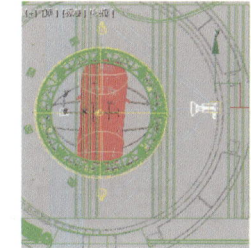
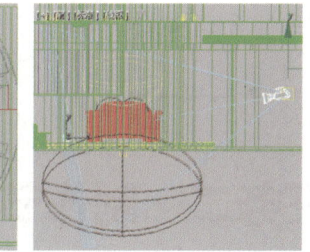

图9-1-27 物理摄影机的图标和目标点的位置（第665帧）

步骤2 将时间滑块拖至第675帧，选中汽车模型并按"K"键设置关键点，然后将时间滑块拖至第705帧，在透视图中将汽车模型按顺时针方向绕 z 轴旋转30°。

步骤3 激活摄影机视图，然后按"/"键，检查动画效果。确认动画无误后，单击"自动关键点"按钮，关闭自动设置关键点功能。

8. 渲染动画并输出视频

步骤1 按"F10"键，在弹出的"渲染设置"对话框的"公用"选项卡中设置视频的时长和画面的大小（见图9-1-28），然后单击"渲染输出"设置区中的"文件..."按钮，在弹出的"渲染输出文件"对话框中设置渲染输出的文件的名称、储存位置和储存格式（"*.avi"格式），采用软件默认的Gamma值，最后单击"保存"按钮。

步骤2 在"渲染设置"对话框"V-Ray"选项卡的"图像采样器（抗锯齿）"卷展栏中设置图像采样器的类型和最小着色比率，然后在"渲染块图像采样器"卷展栏中设置最大采样值和噪波阈值，如图 9-1-29 所示。

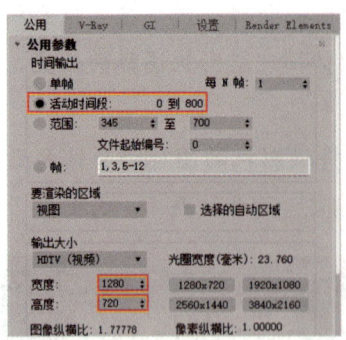
图 9-1-28　设置视频的时长和画面的大小

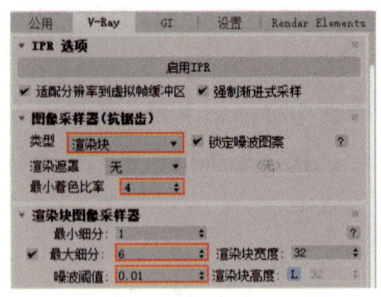
图 9-1-29　设置图像采样器的参数

步骤3　在"GI"选项卡的"全局照明"卷展栏中设置渲染引擎的类型，然后在"发光贴图"卷展栏中将发光贴图的预设类型设为"自定义"并设置最小比率值和最大比率值，在"灯光缓存"卷展栏中设置细分值和采样值，如图 9-1-30 所示。

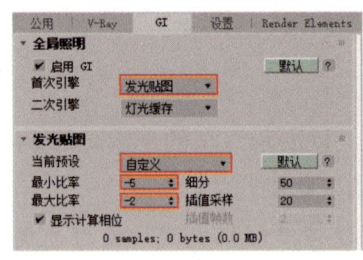
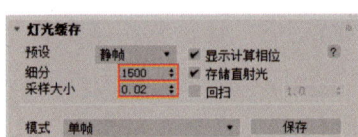

图 9-1-30　设置渲染引擎的参数

步骤4　激活摄影机视图，单击"渲染"按钮或按"F9"键进行渲染。渲染完成后，视频会自动储存在设置的位置。

任务二　制作节日主题动画——端午节片头动画

【任务描述】

中国的传统节日是中华民族悠久历史的文化沉淀，蕴含着丰富的文化内涵。通过动画这种生动有趣的视觉形式，可以展示节日的历史渊源、传统习俗以及特色活动，使人们更加直观地了解和感受节日的文化内涵。节日主题动画不仅能够营造出浓厚的节日氛围，还能够传弘扬中华优秀传统文化，增强人们对中华传统文化的认同。

下面通过制作如图 9-2-1 所示的端午节片头动画，介绍使用 3ds Max 制作节日主题动画的思路和步骤。

图 9-2-1 端午节片头动画效果截图

案例展示

本案例为端午节片头动画，该动画中包含竹叶、荷花、粽子、龙舟等与端午节相关的元素，展现了端午节吃粽子、赛龙舟的传统习俗。本任务中的端午节片头动画由 3 个镜头构成，每个镜头的内容如下：

（1）镜头 1：龙舟在竹林中穿行。动画开始时，镜头缓缓推进，竹叶纷飞，龙舟从镜头左侧的竹林中慢慢划过湖面。

（2）镜头 2：龙舟在荷花丛中穿行。随着镜头的切换，场景转换为荷花丛。荷花开、粽叶香，龙舟在荷花丛中穿行。

（3）镜头 3：画卷展开动画。龙舟进入荷花丛中后，画卷从画面上方向下移至画面中的合适位置并徐徐展开，最后出现节日宣传语。

制作思路

（1）镜头 1 的制作思路：创建物理摄影机，通过移动物理摄影机的图标和目标点，制作镜头推进动画，然后利用"超级喷射"命令制作竹叶纷飞动画，接着利用"链接约束"命令、"选择并移动"命令和"选择并旋转"命令制作划龙舟动画。

（2）镜头 2 的制作思路：通过调整场景中荷花和粽子的位置来切换场景，然后移动摄影机的图标和目标点，制作镜头旋转和推进动画，最后利用"选择并移动"命令和"选择并旋转"命令制作划龙舟动画。

（3）镜头 3 的制作思路：移动卷轴和画卷，使它们出现在镜头中，然后利用"切片"修改器制作画卷展开动画，最后移动文字模型，使其位于画面中的合适位置。

制作步骤

1. 制作龙舟在竹林中穿行动画

第 0~140 帧为龙舟在竹林中穿行动画。在该时间段内，镜头中显示第 1 组模型。打开本书配套素材"素材与实例"→"项目九"→"端午节片头动画"→"场景素材 .max"文件，调整透视图的视角，创建物理摄影机并制作摄影机动画，然后创建粒子发射器，制作竹叶纷飞动画，接着对船桨与龙舟应用链接约束，通过旋转船桨、移动和旋转龙舟，制作划龙舟动画。

制作端午节片头动画

步骤 1　在透视图中调整视角，当透视图中的画面接近如图 9-2-2 所示的画面时，按 "Ctrl+C"组合键创建物理摄影机。此时，透视图将自动切换为摄影机视图。参照图 9-2-3，在左视图中调整物理摄影机的图标和目标点的位置。

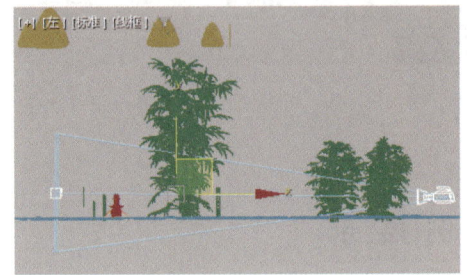

图 9-2-2　透视图中的画面　　　　　图 9-2-3　物理摄影机的图标和目标点的位置

步骤 2　单击"自动关键点"按钮，将时间滑块拖至第 140 帧，然后在左视图中调整物理摄影机图标的位置，结果如图 9-2-4 所示。

步骤 3　将时间滑块拖至第 0 帧，单击"创建"面板"几何体"对象类别"粒子系统"分类中的"超级喷射"按钮，然后在顶视图中按住左键并拖动鼠标，指定粒子发射器的位置和大小，接着在前视图中将粒子发射器按顺时针方向绕 y 轴旋转 40°，最后在前、左视图中将其移至合适的位置，结果如图 9-2-5 所示。

图 9-2-4　物理摄影机图标的位置（第 140 帧）　　　图 9-2-5　粒子发射器的位置

步骤 4　选中粒子发射器，在"修改"面板的"基本参数"卷展栏中设置粒子的扩散角度、粒子在视口中的显示样式和显示的数量，在"粒子生成"卷展栏中设置在渲染时粒子的数量、运动速度、运动时间和每个粒子的寿命、大小，如图 9-2-6 所示。

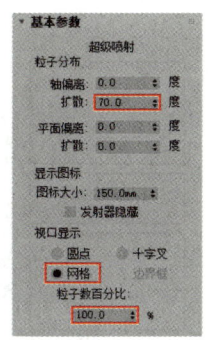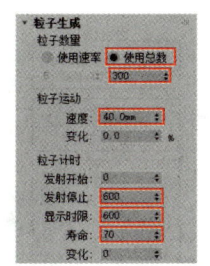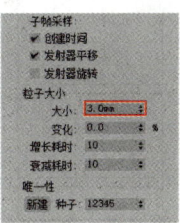

图 9-2-6　设置粒子系统的参数

步骤 5　在"粒子类型"卷展栏中单击"实例几何体"单选钮,然后单击"拾取对象"按钮,再单击左视图中的竹叶模型(粉色线框),最后单击"材质来源"按钮,即可使粒子变成竹叶,如图 9-2-7 所示。

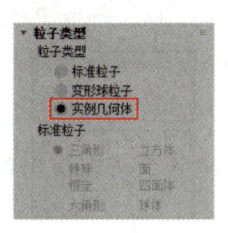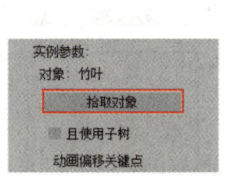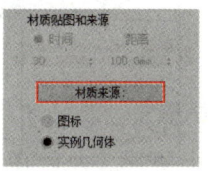

图 9-2-7　指定粒子的形状和材质

步骤 6　选中龙舟上的 3 组船桨,然后选择"动画"→"约束"→"链接约束"菜单,再选中龙舟,对龙舟和船桨应用链接约束。

步骤 7　将时间滑块拖至第 20 帧,选中 3 组船桨并按"K"键设置关键点,然后将时间滑块拖至第 0 帧,在前视图中分别将 3 组船桨模型按逆时针方向绕 y 轴旋转 75°,最后选中 3 组船桨,单击主工具栏中的"曲线编辑器"按钮,选择打开的"轨迹视图 - 曲线编辑器"中的"编辑"→"控制器"→"超出范围类型"菜单项,最后在弹出的"参数曲线超出范围类型"对话框中选择"往复"选项并单击"确定"按钮。

步骤 8　选中龙舟,将时间滑块拖至第 140 帧,然后在顶视图中将龙舟按顺时针方向绕 z 轴旋转 30°并移至合适的位置,结果如图 9-2-8 所示。

2. 制作龙舟在荷花丛中穿行动画

第 141～500 帧为龙舟在竹林中穿行动画。在该时间段内,镜头中显示第 2 组模型。先调整两组模型的位置,以切换镜头中的画面,然后调整摄影机的位置,制作摄影机动画,最后移动、旋转龙舟,制作划龙舟动画。

步骤 1　确认时间滑块位于第 140 帧,在场景资源管理器中选中第一组模型和第二组模型,然后按"K"键设置关键点,接着将时间滑块拖至第 141 帧,在前视图中将第一组模型沿 y 轴向上移至镜头外,将第二组模型沿 y 轴向下移至水面上。此时,摄影机视图中的画面如图 9-2-9 所示。

步骤 2　确认时间滑块位于第 141 帧,然后参照图 9-2-10,在顶视图中调整物理摄影机图标的位置,使摄影机视图中的画面接近如图 9-2-11 所示的画面。

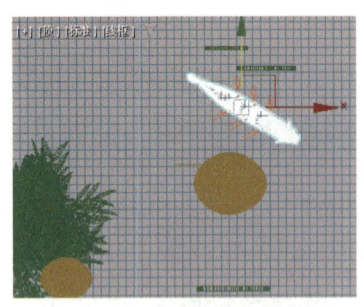
图 9-2-8　龙舟的位置（第 140 帧）

图 9-2-9　摄影机视图中的画面（第 141 帧）①

图 9-2-10　物理摄影机图标的位置（第 141 帧）

图 9-2-11　摄影机视图中的画面（第 141 帧）②

步骤 3　将时间滑块拖至第 175 帧，然后参照图 9-2-12，在顶视图中调整物理摄影机图标的位置，使摄影机视图中的画面接近如图 9-2-13 所示的画面。

图 9-2-12　物理摄影机图标的位置（第 175 帧）

图 9-2-13　摄影机视图中的画面（第 175 帧）

步骤 4　确认时间滑块位于第 175 帧，选中物理摄影机的目标点并按"K"键设置关键点，然后将时间滑块拖至第 500 帧，参照图 9-2-14，在左视图中调整物理摄影机的图标和目标点的位置，使镜头向前推进，物理摄影机的目标点位于画卷（紫色线框）的下方。

步骤 5　将时间滑块拖至第 141 帧，在顶视图中将龙舟按顺时针方向绕 z 轴旋转 150°，并将其移至摄影机视图右侧粽子的后方，结果如图 9-2-15 所示。

图 9-2-14　物理摄影机的图标和目标点的位置（第 500 帧）

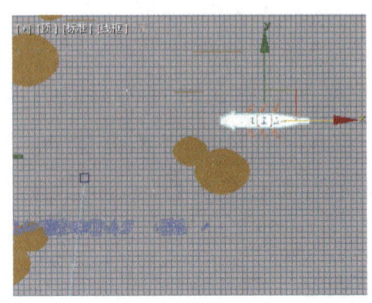
图 9-2-15　龙舟的位置（第 141 帧）

步骤6 将时间滑块拖至第180帧,然后在顶视图中将龙舟按逆时针方向绕z轴旋转30°并移至如图9-2-16所示的位置。

步骤7 将时间滑块拖至第500帧,然后在顶视图中将龙舟移至如图9-2-17所示的位置。

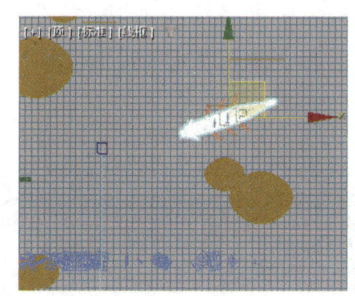
图9-2-16 龙舟的位置(第180帧)

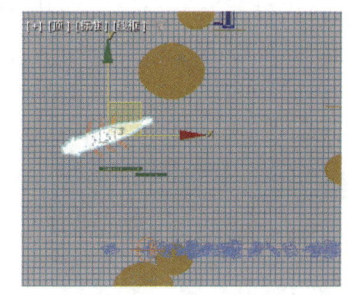
图9-2-17 龙舟的位置(第500帧)

3. 制作画卷展开动画

第300~500帧为画卷展开动画。调整画卷和卷轴的位置,使它们出现在摄影机视图中,然后为画卷添加"切片"修改器,通过移动切片平面,制作画卷展开动画,最后移动文字,使其位于画面中的合适位置。

步骤1 将时间滑块拖至第340帧,在前视图中选中画卷和卷轴并按"K"键设置关键点,然后将时间滑块拖至第350帧,在前视图中将画卷和卷轴沿y轴向下移至摄影机视图中的合适位置,如图9-2-18所示。

步骤2 选中画卷,为其添加"切片"修改器,然后选择修改器堆栈中的"切片平面"选项,然后在"切片"卷展栏中单击"x"按钮和"移除正"单选钮(见图9-2-19),以制作沿x轴方向移除切片平面右侧的画卷的动画。

图9-2-18 画卷模型和卷轴模型的位置(第350帧)

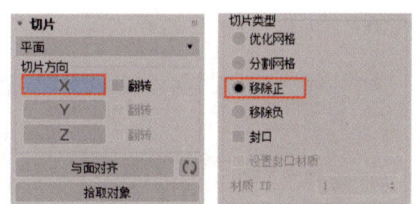
图9-2-19 "切片"卷展栏

步骤3 确认时间滑块位于第350帧,在透视图中将切片平面沿x轴方向移至两个卷轴之间(见图9-2-20),使画卷卷起。

步骤4 将时间滑块拖至第420帧,在前视图中将切片平面沿x轴方向移至如图9-2-21所示的位置,使画卷完全展开。

图9-2-20 切片平面的位置(第350帧)

图9-2-21 切片平面的位置(第420帧)

步骤5 选择修改器堆栈中的"切片"修改器并在任一视口中单击,退出编辑模式。将时间滑块拖第350帧,选中右侧的卷轴并按"K"键设置关键点,然后将时间滑块拖至第420帧,在前视图中将该卷轴沿 x 轴方向移至如图9-2-22所示的位置。

步骤6 确认时间滑块位于第420帧,在前视图中选中文字模型并按"K"键设置关键点,然后将时间滑块拖至第480帧,在该视图中将文字模型沿 y 轴向下移动,使其位于如图9-2-23所示的位置。

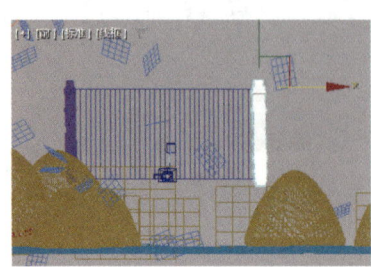 

图9-2-22 卷轴的位置(第420帧)　　　　图9-2-23 文字模型的位置(第480帧)

步骤7 激活摄影机视图,然后按"/"键,查看动画效果。确认动画无误后,单击"自动关键点"按钮,关闭自动设置关键点功能。

4. 渲染动画并输出视频

步骤1 按"F10"键,在弹出的"渲染设置"对话框的"公用"选项卡中设置视频的时长和画面的大小(见图9-2-24),接着单击"渲染输出"设置区中的"文件…"按钮,在弹出的"渲染输出文件"对话框中设置渲染输出的文件的名称、储存位置和储存格式("*.avi"格式),采用软件默认的Gamma值,最后单击"保存"按钮。

步骤2 在"渲染设置"对话框"V-Ray"选项卡的"图像采样器(抗锯齿)"卷展栏中设置图像采样器的类型和最小着色比率,然后在"渲染块图像采样器"卷展栏中设置最大采样值和噪波阈值,如图9-2-25所示。

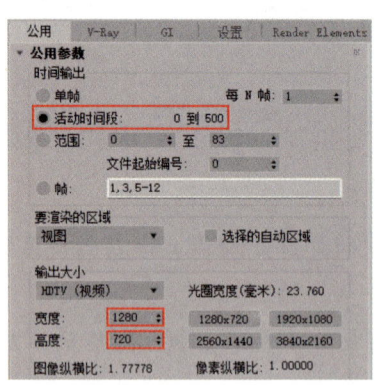 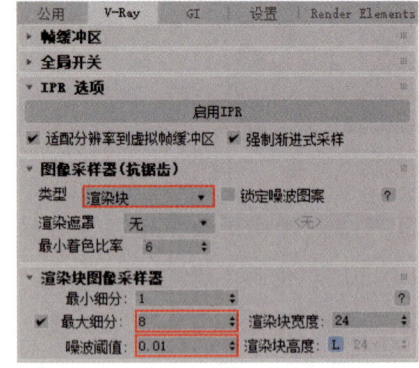

图9-2-24 设置视频的时长和画面的大小　　图9-2-25 设置图像采样器的参数

步骤3 在"GI"选项卡的"全局照明"卷展栏中设置渲染引擎的类型,在"发光贴图"卷展栏中将发光贴图的预设类型设为"中动画",在"灯光缓存"卷展栏中设置细分值和采样值,如图9-2-26所示。

步骤4 激活摄影机视图,单击"渲染"按钮或按"F9"键进行渲染。渲染完成后,视频会自动储存在设置的位置。

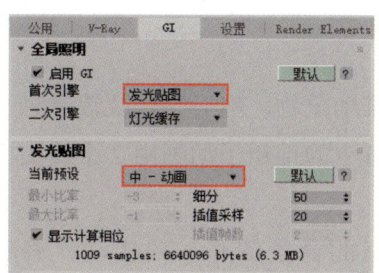
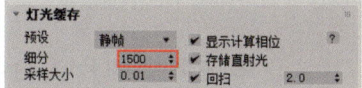

图 9-2-26　设置渲染引擎的参数

素养提升

端午节是中国四大传统节日之一，承载着丰厚的文化内涵和民族精神。在这个节日里，人们赛龙舟、饮雄黄酒、吃粽子、插艾蒲、在小儿衣襟上系香袋等。这些习俗是中华民族智慧的结晶，学习和传承这些习俗，能更好地了解中华民族的优秀文化，增强文化自信。此外，端午节还是纪念爱国诗人屈原的节日，人们通过吃粽子、赛龙舟的方式纪念屈原，弘扬他的爱国主义精神。

任务三　制作角色动画——推箱子动画

【任务描述】

角色动画在游戏、影视作品中的重要性不言而喻。在本书项目八中，读者制作了一些简单的人物行走、跑步动画和动物飞翔动画，下面通过制作如图 9-3-1 所示的推箱子动画，介绍使用 3ds Max 制作角色动画的思路和步骤。

图 9-3-1　推箱子动画效果截图

案例展示

本案例围绕"推箱子"这一主题,通过工人推动重物,然后手扶膝盖休息,最后看向镜头的一系列动作,描绘了工人辛勤劳动的场景。本任务中的推箱子动画由 2 个镜头构成,每个镜头的内容如下:

(1)镜头 1:片头。本任务中的片头由静态的背景图和一段生动、有趣文字动画组成,"推""箱""子"3 个有一定倾斜角度的文字由画面的左侧快速移至画面中间偏右的位置,然后立即沿逆时针方向转正。

(2)镜头 2:正片。片头结束后,幕布拉起,镜头推进,工人和箱子位于画面中间,工人费劲地推着一人高的箱子向前走了两步后,双手扶膝休息,最后手扶箱子并扭头看向镜头。

制作思路

(1)镜头 1:创建一个作为背景的平面和文字"推箱子"并赋予它们材质,然后利用卷展栏中的"分离"按钮将文字拆分,接着调整每个文字的轴点,通过移动、旋转文字和移动背景制作片头动画。

(2)镜头 2:通过移动摄影机的图标和目标点制作转场动画,然后通过调整工人的骨骼依次制作工人推箱子时的动作、手扶膝盖时的动作、手扶箱子看向镜头时的动作。

制作步骤

1. 制作片头

第 0~50 帧为片头。本任务中的片头为简单的属性动画,可通过移动、旋转文字和移动平面来制作。

步骤 1 打开本书配套素材"素材与实例"→"项目九"→"推箱子动画"→"工人及场景素材 .max"文件。

制作推箱子动画

步骤 2 在前视图中创建一个 1 080 mm×1 920 mm 的平面,然后按"M"键打开材质编辑器,选中"背景"材质,将其赋予所创建的平面,最后在前视图中将该平面移至镜头前,如图 9-3-2 所示。

步骤 3 单击"图形"对象类别"样条线"分类中的"文本"按钮,在"参数"卷展栏中输入文字"推箱子",然后设置字体和文字的大小,接着在前视图中单击,以创建二维文本,如图 9-3-3 所示。

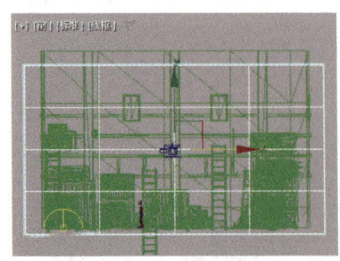 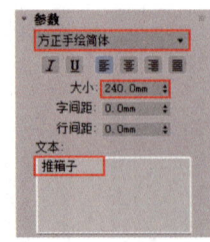 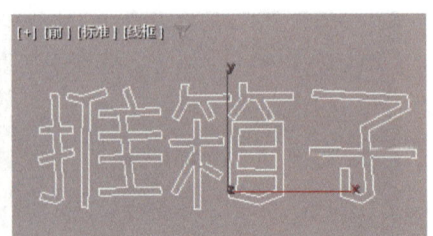

图 9-3-2 平面的位置　　　　　　　　　图 9-3-3 创建二维文本

> "方正手绘简体"字体在本书配套素材"素材与实例"→"项目九"→"工人推箱子动画"文件夹中。

步骤4 选中在步骤3中创建的二维文本,为其添加"倒角"修改器,然后在"参数"卷展栏和"倒角值"卷展栏中进行相关设置(见图9-3-4),最后将材质编辑器中的"文字"材质赋予文字"推箱子"。

步骤5 选中文字"推箱子"并右击,在弹出的快捷菜单中选择"转换为"→"转换为可编辑多边形"菜单项,将文字转换为可编辑多边形对象,然后按"5"键选择编辑元素模式,在前视图中框选文字"推"并在"编辑几何体"卷展栏中单击"分离"按钮(见图9-3-5),最后在弹出的"分离"对话框中单击"确定"按钮。

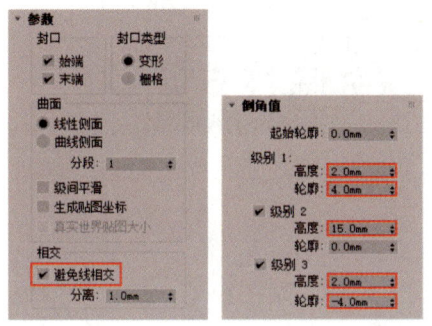

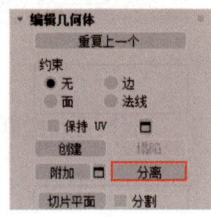

图9-3-4 设置倒角参数　　　　　　　　　　图9-3-5 分离文字"推"

步骤6 参照步骤5,将文字"箱"与文字"子"分离,然后按"5"键退出编辑元素模式。

步骤7 选中文字"推",然后单击"层次"面板"轴"选项卡中的"仅影响轴"按钮和"居中到对象"按钮,将文字"推"的轴点移至其中心。使用同样的方法调整文字"箱"和文字"子"的轴点。再次单击"仅影响轴"按钮,关闭轴点调整功能。

步骤8 确认时间滑块位于第0帧,单击"自动关键点"按钮,然后在前视图中将3个文字移至画面左侧的合适位置,并使它们位于镜头外,最后将文字"推"按顺时针方向绕y轴旋转15°,结果如图9-3-6所示。

步骤9 将时间滑块拖至第40帧,然后选中3个文字,在前视图中将它们沿x轴方向移至画面中间偏右的位置,接着选中文字"箱"和文字"子",将它们按顺时针方向绕y轴旋转15°,结果如图9-3-7所示。

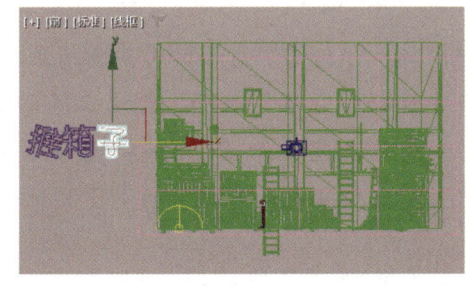
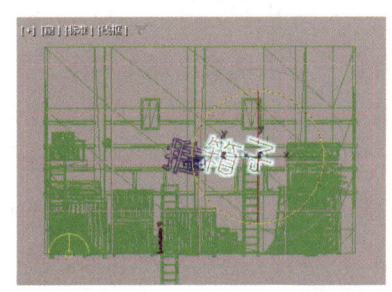

图9-3-6 文字的位置和角度(第0帧)　　　　图9-3-7 文字的位置和角度(第40帧)

步骤10 将时间滑块拖至第 45 帧,然后选中 3 个文字,将它们沿 x 轴方向移至画面的中间,接着按逆时针方向绕 y 轴旋转 15°,最后分别将文字"推"和文字"子"向画面的左侧和右侧移动,以调整文字的间距,结果如图 9-3-8 所示。

步骤11 将时间滑块拖至第 0 帧,单击"播放动画"按钮,在摄影机视图中可以看到"推"字模型的旋转动画不合理,因此,需要将时间滑块拖至第 40 帧,在前视图中选中"推"字模型并将其按顺时针方向绕 y 轴旋转 15°。

步骤12 将时间滑块拖至第 50 帧,选中 3 个文字和在步骤 2 中创建的平面,按"K"键设置关键点,然后将时间滑块拖至第 80 帧,在前视图中将所选的对象沿 y 轴向上移至合适的位置,结果如图 9-3-9 所示。

图 9-3-8　文字的位置、角度和间距(第 45 帧)

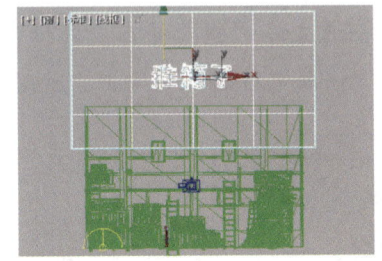
图 9-3-9　文字和平面的位置(第 80 帧)

2. 制作工人推箱子时的动作

第 51~160 帧为工人推箱子时的动作。在该时间段内,工人将手贴在箱子一侧,费劲地向前跨步并推动箱子。

步骤1 选中物理摄影机的图标和目标点,然后将时间滑块拖至第 50 帧并按"K"键设置关键点。

步骤2 将时间滑块拖至第 80 帧,然后在顶、左视图中调整物理摄影机的图标和目标点的位置(见图 9-3-10),使摄影机视图中的画面接近如图 9-3-11 所示的画面。

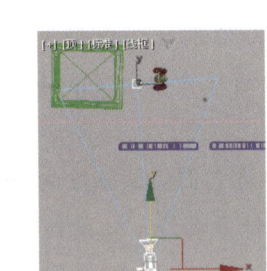 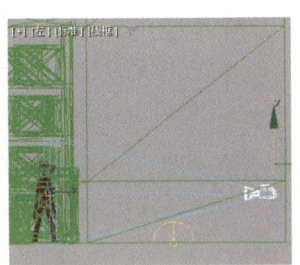 

图 9-3-10　物理摄影机的图标和目标点的位置(第 80 帧)　　图 9-3-11　摄影机视图(第 80 帧)

步骤3 在顶视图中框选箱子、工人及其骨骼,然后按"Alt+Q"组合键将其孤立显示。

步骤4 在主工具栏的"选择过滤器"下拉列表中选择"骨骼"选项,框选工人的骨骼,确认时间滑块位于第 80 帧,然后单击"运动"面板"关键点信息"卷展栏中的"设置关键点"按钮,接着采用框选方式选中工人脚掌的骨骼,单击"关键点信息"卷展栏中的"设置踩踏关键点"按钮,从而将工人的双脚固定在地面上。

步骤5 将时间滑块拖至第 90 帧,然后参照图 9-3-12,将工人骨骼的重心略微向摄影视图的左下方移动,接着旋转、移动工人脚部、腰部、胸部、手部、颈部和头部的骨骼,以调整工人的姿态。

> **提示**
>
> 调整工人的姿态时，可根据需要切换透视图和摄影机视图，以便从不同的视角进行观察。

步骤6 将时间滑块拖至第100帧，参照图9-3-13，将工人右脚掌的骨骼向摄影机视图的左下方移动，使工人的右脚落在地面上，然后将工人骨骼的重心向摄影机视图的左下方移动，使工人呈右弓步，最后通过旋转工人腰部、胸部、颈部和头部的骨骼，调整工人在推箱子时上半身的姿态。

 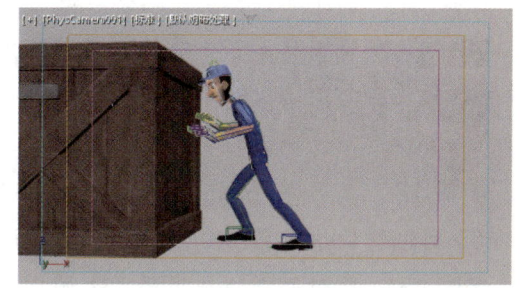

图9-3-12 工人的姿态（第90帧）　　　　　图9-3-13 工人的姿态（第100帧）

步骤7 将时间滑块拖至第105帧，参照图9-3-14，将工人骨骼的重心向摄影机视图的左下方移动，然后旋转工人腰部、胸部的骨骼，再移动、旋转工人手掌和手指的骨骼，使工人微微下蹲，手掌贴在箱子的侧面，做出"推"的动作，最后选中工人手掌的骨骼，单击"设置踩踏关键点"按钮，将工人的手掌固定在箱子的侧面。

步骤8 将时间滑块拖至第112帧，参照图9-3-15旋转工人骨骼的重心以及工人盆骨、腰部、胸部、颈部和头部的骨骼，然后选中工人手掌的骨骼，单击"设置踩踏关键点"按钮。

图9-3-14 工人的姿态（第105帧）　　　　　图9-3-15 工人的姿态（第112帧）

步骤9 将时间滑块拖至第125帧，参照图9-3-16（a），将工人骨骼的重心向摄影机视图的左侧移动，使工人的左腿绷直，然后通过旋转工人腰部、胸部、颈部和头部的骨骼调整工人上半身除手部以外的动作，最后选中工人左脚掌的骨骼，单击"设置踩踏关键点"按钮。

步骤10 在主工具栏的"选择过滤器"下拉列表中选择"全部"选项，然后选中箱子，将时间滑块拖至第112帧，按"K"键设置关键点，接着将时间滑块拖至第125帧，按住"Ctrl"键加选工人手掌的骨骼，最后将箱子和工人手掌的骨骼沿 x 轴方向向摄影机视图的左侧移动，直至工人的手臂绷直，结果如图9-3-16（b）所示。

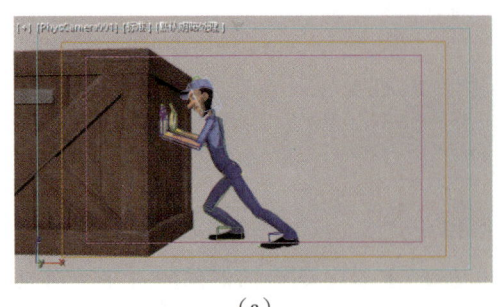 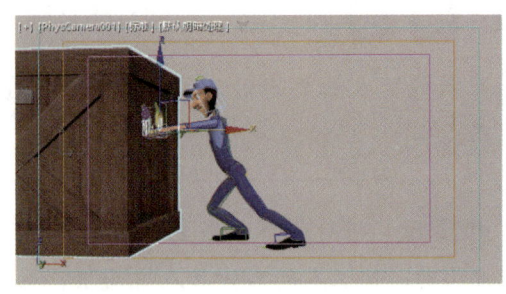

（a） （b）

图 9-3-16　工人的姿态（第 125 帧）

步骤 11　在主工具栏的"选择过滤器"下拉列表中选择"骨骼"选项，然后将时间滑块拖至第 140 帧，参照图 9-3-17，将工人骨骼的重心向摄影机视图的左侧移动，然后移动工人左脚处的骨骼，使左脚向前迈出一步，接着旋转工人腰部、胸部、颈部和头部的骨骼，以制作工人微微弯腰、头部贴近箱子侧面的动作。

步骤 12　工人的手因受其上半身骨骼的影响穿到了箱子里，因此需要选中工人手掌的骨骼，确认时间滑块位于第 140 帧后，单击"设置踩踏关键点"按钮。

步骤 13　将时间滑块拖至第 133 帧，选中工人左脚掌的骨骼并将其向上移动，然后将其按逆时针方向绕 y 轴旋转适当的角度，再将其移至合适的位置，以制作工人抬脚时的动作，结果如图 9-3-18 所示。

图 9-3-17　工人的姿态（第 140 帧）　　　　图 9-3-18　工人的姿态（第 133 帧）

步骤 14　将时间滑块拖至第 160 帧，参照图 9-3-19 调整工人的姿态。第 160 帧处工人的姿态和第 125 帧处工人的姿态类似，读者也可参照步骤 9 的方法进行调整。在第 140 帧为箱子设置关键点，然后在第 160 帧同时移动工人手掌的骨骼和箱子，最后选中工人脚掌的骨骼，单击"设置踩踏关键点"按钮。

> **提示**
>
> 在第 140～160 帧，若工人的手没有贴在箱子的侧面，则可在不合理的地方通过移动工人手部的骨骼进行调整。

3．制作工人手扶膝盖休息时的动作

第 161～210 帧为工人手扶膝盖休息时的动作。在该时间段内，工人转过身子，半蹲并双手扶膝，休息了一阵。

步骤 1　将时间滑块拖至第 170 帧，参照图 9-3-20，将工人骨骼的重心向摄影机视图的右侧移动，并将其按逆时针方向绕 z 轴旋转适当的角度，然后旋转工人盆骨、腰部、胸部、颈部和

头部的骨骼，接着旋转、移动工人右脚掌的骨骼，旋转左脚掌的骨骼，最后选中工人手掌的骨骼，单击"设置自由关键点"按钮后移动、旋转该骨骼。

图 9-3-19　工人的姿态（第 160 帧）

图 9-3-20　工人的姿态（第 170 帧）

步骤2　将时间滑块拖至第 165 帧，将工人手掌的骨骼向摄影机视图的右侧移动，以免工人的手穿到箱子里。

步骤3　将时间滑块拖至第 180 帧，参照图 9-3-21，将工人骨骼的重心向下移动，并将其按逆时针方向绕 z 轴旋转适当的角度，然后旋转工人盆骨、腰部、胸部、颈部和头部的骨骼，接着选中工人右脚掌的骨骼，单击"设置自由关键点"按钮后旋转、移动该骨骼，使工人的右脚落在地面上，最后选中工人手掌的骨骼，单击"设置滑动关键点"按钮后移动、旋转该骨骼。

步骤4　参照图 9-3-22～图 9-3-24，通过移动工人骨骼的重心和旋转工人盆骨、胸部、腰部、颈部和头部的骨骼，分别调整工人在第 190，200，210 帧的姿态，以制作工人手扶膝盖休息时的动作。

图 9-3-21　工人姿态（第 180 帧）

图 9-3-22　工人的姿态（第 190 帧）

图 9-3-23　工人的姿态（第 200 帧）

图 9-3-24　工人的姿态（第 210 帧）

4．制作工人手扶箱子看向镜头时的动作

第 221～250 帧为工人手扶箱子看向镜头时的动作。在该时间段内，工人右手扶着箱子，扭头看向镜头。

步骤1　将时间滑块拖至第 225 帧，参照图 9-3-25，将工人骨骼的重心向上移动，然后旋转工人盆骨、腰部、胸部、颈部和头部的骨骼，使工人直立，接着选中工人手掌的骨骼，单击

"设置自由关键点"按钮,再移动、旋转该骨骼,使工人的右手贴在箱子的侧面,左手靠近腰部。

步骤2 查看工人站立时的动画,发现工人在抬起右手时,右手会穿到箱子里,因此需要对右手的骨骼进行调整。选中工人右手掌的骨骼,单击"设置自由关键点"按钮,然后参照图9-3-26和图9-3-27,通过移动、旋转工人右手掌和手指的骨骼分别调整工人在第215帧和第220帧的姿态,最后将时间滑块拖到至第225帧,选中工人右手掌的骨骼并单击"设置踩踏关键点"按钮。

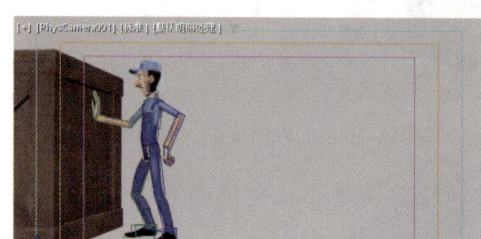 

图9-3-25 工人的姿态(第225帧) 图9-3-26 工人的姿态(第215帧)

步骤3 将时间滑块拖至第235帧,参照图9-3-28,将工人骨骼的重心略微向摄影机视图的左侧移动,然后旋转胸部的骨骼,最后移动工人左手掌的骨骼,使其左手紧贴在他的腰旁。

图9-3-27 工人的姿态(第220帧) 图9-3-28 工人的姿态(第235帧)

步骤4 参照图9-3-29和图9-3-30,分别在第240帧和第250帧旋转工人颈部和头部的骨骼,使工人看向镜头。

图9-3-29 工人的姿态(第240帧) 图9-3-30 工人的姿态(第250帧)

步骤5 激活摄影机视图,然后按"/"键,查看动画效果。确认动画无误后,单击"自动关键点"按钮,关闭自动设置关键点功能。

5. 渲染动画并输出视频

步骤1 按"F10"键,在弹出的"渲染设置"对话框的"公用"选项卡中设置视频的时长和画面的大小(见图9-3-31),接着单击"渲染输出"设置区中的"文件..."按钮,在弹出的

"渲染输出文件"对话框中设置渲染输出的文件的名称、储存位置和储存格式（"*.avi"格式），采用软件默认的 Gamma 值，最后单击"保存"按钮。

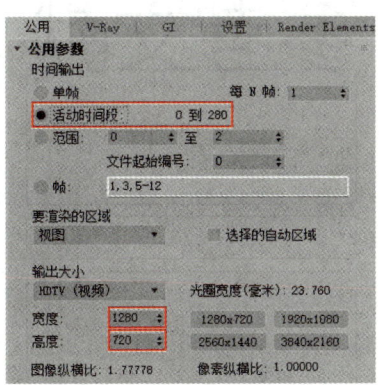

图 9-3-31　设置视频的时长和画面的大小

步骤 2　本案例中模型的材质较简单，无须调整其他渲染参数。激活摄影机视图，单击"渲染"按钮或按"F9"键进行渲染。渲染完成后，视频会自动储存在设置的位置。

参考文献

[1] 郜玉金，宁辉华，杜雪娟．中文版 3ds Max 2016 动画制作案例教程［M］．上海：上海交通大学出版社，2017．

[2] 李彩霞，张建琴，刘敬龙．3ds Max 动画制作实例精讲教程［M］．北京：中国铁道出版社，2019．

[3] 刘小莹，佘伟，文晓丹．中文版 3DS MAX［M］．沈阳：东北大学出版社，2020．

[4] 王涛，任媛媛，孙威，徐小明．中文版 3ds Max 2021 完全自学教程［M］．北京：人民邮电出版社，2021．

[5] 王琦．Autodesk 3ds Max 2018 标准教材［M］．北京：人民邮电出版社，2021．

[6] 师晶，孙明灿．3ds Max 2022 三维动画制作标准教程［M］．北京：清华大学出版社，2023．

[7] 来阳．3ds Max+VRay 动画制作［M］．北京：人民邮电出版社，2023．